湖南栎
次生林经营

曾思齐 朱光玉 吕勇 肖化顺 等著

中国林业出版社
China Forestry Publishing House

图书在版编目(CIP)数据

湖南栎类次生林经营/曾思齐等著. —北京：
中国林业出版社，2020.9
ISBN 978-7-5219-0793-3

Ⅰ.①湖…　Ⅱ.①曾…　Ⅲ.①栎属-次生
林-林业经营-湖南　Ⅳ.①S792.180.8

中国版本图书馆CIP数据核字(2020)第175202号

中国林业出版社·自然保护分社(国家公园分社)

策划编辑：刘家玲　　　　　　责任编辑：刘家玲　甄美子
电　　话：(010)83143519　83143616

出版发行　中国林业出版社(100009　北京市西城区德内大街刘海胡同7号)
　　　　　http://www.forestry.gov.cn/lycb.html
印　　刷　北京中科印刷有限公司
版　　次　2020年10月第1版
印　　次　2020年10月第1次印刷
开　　本　787mm×1092mm　1/16
印　　张　17
字　　数　425千字
定　　价　60.00元

前　言
PREFACE

我国栎类资源十分丰富，据第八次全国森林资源清查统计，以栎类为优势树种的林分占全国乔林面积的 10.15%，占乔林蓄积的 12.94%，在全国各主要优势树种（组）林分面积、蓄积排名中均居首位，是我国非常重要的树种。湖南省栎类次生林分布广泛，资源丰富，以其为优势树种的天然林面积有 8 万多 hm²，蓄积达 500 多万 m³，其面积、蓄积及占比仅低于马尾松、杉木优势树种（组）。此外，在很多其他混交林类型中都有栎类树种的分布。

目前，绝大多数栎林结构都较差，林分的生态效益和经济效益偏低，天然更新不理想，群落稳定性低，林地的生产潜力没有得到充分发挥。

书中所述内容皆以湖南栎类次生林为研究对象，比较系统地研究了栎类次生林的基本结构特征、群落的稳定性、群落的天然更新、立地质量评价、林分竞争与生长模型、结构优化等问题，编制了栎林地位指数表、林分现实收获表等数表，以期为提高栎类次生林质量和效益提供理论指导和应用技术。

本书是林业公益性行业科研专项重点项目"闽楠、青冈栎次生林提质增量关键技术研究与示范（201504301）"的部分研究内容，项目由中南林业科技大学主持，湖南省林业科学院、江西农业大学参与。在项目的研究过程中，中南林业科技大学芦头实验林场、中南林业调查规划设计院，以及湖南省青羊湖林场、桑植县八大公山自然保护区、沅江市龙虎山林场、郴州市五盖山林场等单位在样地选择、试验区建设、数据获取和外业调查等工作上给予了大力协助，提供了真诚的帮助，谨此表示衷心感谢！

全书共分 6 章，各章撰写人员为：第 1 章，曾思齐、朱光玉、刘洵、黄朗；第 2 章，肖化顺、敬阳、胡满；第 3 章，朱光玉、罗小浪；第 4 章，吕勇、刘发林、韩宇、陈昊泓、徐奇刚；第 5 章，朱光玉、曾思齐、胡松、刘洵；第 6 章，曾思齐、吕勇、龙时胜、石振威、吕飞舟、钱升平、罗小浪、卢侃、向博文、王帅玲。全书由曾思齐、朱光玉统稿。

由于研究人员的水平和经验有限，书中难免有疏漏之处，敬请读者批评指正。

著 者

2020 年 6 月

目 录
CONTENTS

前言

第1章 国内外研究综述 ··· 1

1.1 立地质量评价国内外研究现状 ································ 1

1.1.1 森林立地生产力评价指标和方法 ················· 1

1.1.2 立地质量评价方法分析与面临的挑战 ········· 4

1.1.3 发展趋势 ··· 5

1.2 林分生长和收获模型研究进展 ································ 6

1.2.1 林分生长和收获模型分类 ························· 7

1.2.2 混合效应模型及其在林业上的应用 ·········· 10

1.3 次生林天然更新综述 ··· 11

1.3.1 树种特性对更新的影响 ····························· 12

1.3.2 林分因子对更新的影响 ····························· 12

1.3.3 环境因子对更新的影响 ····························· 13

1.3.4 干扰对更新的影响 ···································· 14

第2章 栎类次生林分布与结构特征 ································· 15

2.1 栎类次生林时空分布与林分质量动态变化 ········· 15

2.1.1 数据来源 ··· 15

2.1.2 研究方法 ··· 15

2.1.3 栎类次生林分布时空变化 ························· 18

2.1.4 栎类次生林林分质量时空动态 ················· 24

2.1.5 小结 ··· 33

2.2 青冈栎次生林种群结构及空间格局 ···················· 33

2.2.1 数据来源 ··· 33

2.2.2 研究方法 ··· 34

2.2.3 树种组成及径级结构 ································· 37

2.2.4 青冈栎种群结构及动态分析 ······························ 41

2.2.5 空间分布格局 ··· 45

2.2.6 空间关联性 ··· 49

2.2.7 空间异质性 ··· 51

第3章 湖南栎类次生林立地质量评价 ································ 56

3.1 数据来源 ·· 56

3.1.1 样地基本情况 ··· 56

3.1.2 树高—年龄模型数据 ·· 57

3.1.3 树高—胸径数据 ··· 58

3.2 研究方法 ·· 59

3.2.1 林分类型划分 ··· 59

3.2.2 立地类型划分 ··· 60

3.2.3 基础模型 ·· 63

3.2.4 基于林分类型混合效应树高—年龄模型的表达 ············ 64

3.2.5 基于立地类型混合效应树高—年龄模型的表达 ············ 64

3.2.6 模型评价与检验 ··· 65

3.3 基于树高—年龄模型的湖南栎类次生林立地质量评价 ······· 65

3.3.1 基础模型的确定 ··· 65

3.3.2 基于林分类型混合效应的树高—年龄模型构建 ············ 66

3.3.3 基于立地类型混合效应的树高—年龄模型构建 ············ 70

3.3.4 小结 ··· 82

3.4 基于树高—胸径模型的湖南栎类次生林立地质量评价 ······· 83

3.4.1 立地形基础模型的确定 ·· 83

3.4.2 基于林分类型混合效应的立地形模型构建 ················· 83

3.4.3 基于立地类型混合效应的立地形模型构建 ················· 88

3.4.4 小结 ··· 98

第4章 栎类次生林生物量与生物多样性 ···························· 99

4.1 青冈栎次生林的生物量与碳密度 ································· 99

4.1.1 材料来源 ·· 99

4.1.2 青冈栎单株生物量 ·· 101

4.1.3 青冈栎混交林的生物量 ·· 102

4.1.4 青冈栎混交林的碳密度 ·· 108

4.1.5 小结 ··· 114

4.2 林分结构对栎类次生林林下植被生物量的影响 ············· 115

4.2.1　数据来源 ……………………………………………………… 115

4.2.2　栎类次生林的林分类型划分 ………………………………… 115

4.2.3　栎类次生林的林分结构特征分析 …………………………… 116

4.2.4　栎类次生林的林下植被生物量特征分析 …………………… 117

4.2.5　栎类次生林林分结构与林下植被生物量的相关分析 ……… 118

4.2.6　栎类次生林林下植被生物量预估模型构建 ………………… 120

4.3　林分空间结构对栎类次生林林下植被多样性的影响 …………… 122

4.3.1　数据来源 ……………………………………………………… 123

4.3.2　栎类次生林空间结构特征分析 ……………………………… 123

4.3.3　栎类次生林林下植被多样性分析 …………………………… 124

4.3.4　林分空间结构对林下植被多样性的影响 …………………… 128

4.3.5　小结 …………………………………………………………… 131

第5章　栎类次生林林分生长模型 ……………………………………… 133

5.1　栎类次生林林分断面积生长模型 ………………………………… 133

5.1.1　数据采集 ……………………………………………………… 134

5.1.2　研究方法 ……………………………………………………… 136

5.1.3　栎类次生林立地指数模型构建 ……………………………… 139

5.1.4　栎类次生林林分断面积生长模型构建 ……………………… 145

5.2　栎类次生林生长收获模型研究 …………………………………… 150

5.2.1　数据采集 ……………………………………………………… 150

5.2.2　研究方法 ……………………………………………………… 151

5.2.3　栎类次生林年龄估算 ………………………………………… 153

5.2.4　栎类次生林胸径地位指数表研制 …………………………… 157

5.2.5　相容性林分生长和收获模型 ………………………………… 163

5.2.6　基于相容性林分生长和收获的混合效应模型 ……………… 167

5.2.7　讨论 …………………………………………………………… 173

第6章　栎类次生林结构调整与经营技术 ……………………………… 175

6.1　栎类次生林更新 …………………………………………………… 175

6.1.1　栎类次生林类型划分及树种组成 …………………………… 176

6.1.2　栎类次生林天然更新特征 …………………………………… 183

6.1.3　栎类次生林天然更新影响因子分析 ………………………… 190

6.2　栎类次生林的生长竞争 …………………………………………… 193

6.2.1　林木竞争单元构建 …………………………………………… 193

6.2.2　青冈栎次生林种内与种间竞争 ……………………………… 196

6.2.3 次生林林木综合竞争压力指数 ·· 200

6.2.4 基于 Hegyi 改进模型的青冈栎次生林竞争 ······················ 206

6.3 栎类次生林林层划分方法 ·· 214

6.3.1 研究背景 ·· 214

6.3.2 国内外研究现状 ·· 214

6.3.3 数据来源 ·· 217

6.3.4 研究方法 ·· 218

6.3.5 林层划分新方法的提出 ··· 222

6.3.6 林层划分新方法的检验与分析 ··· 224

6.3.7 新方法与现有方法的比较 ··· 227

6.3.8 讨论 ·· 232

6.4 栎类次生林林分结构调整优化 ·· 232

6.4.1 数据来源与数据处理 ·· 232

6.4.2 研究方法 ·· 233

6.4.3 林分非空间结构分析 ·· 236

6.4.4 现实林分生长过程表 ·· 239

6.4.5 林分空间结构分析 ·· 241

主要参考文献 ··· 251

第1章
国内外研究综述

1.1 立地质量评价国内外研究现状

立地质量(site quality)是指某一立地上既定森林或其他植被类型的生产潜力(potential productivity),是随树种(森林类型)不同而变化的。森林立地生产力(site productivity)指立地生产植物生物量潜力的量化估计指标,包括两个方面的概念:立地潜力(site potential)和对于一个既定林分所能实现的部分立地潜力即现实生产力。因此,立地质量与立地生产力在使用时,是相互兼容的,但并不是等同的,目前,关于立地评价的研究主要集中于现实生产力,而对于立地质量(或生产潜力)的研究甚少,这也是我们现有的评价方法和结果难以直接用于林分生长收获的原因(Vanclay,1992;Skovsgaard and Vanday,2008,2013;Bontemps and Bcuriand,2014;孟宪宇,2006)。评价森林立地生产力的指标和方法有多种,常用的指标可以归纳为:①林分高;②林分的蓄积或者断面积生长量;③林分特征评价;④立地属性。至今,森林立地生产力评价研究成熟的方法和结果主要集中于简单林分(如纯林),而对于复杂林分(尤其是天然混交林)仍处于探索阶段,其混交格局规律、年龄问题表达是研究中的难点。

1.1.1 森林立地生产力评价指标和方法

立地质量和立地生产力评价目的是为森林经营管理者提供选择产量最高、价值最大的树种。关于立地评价分类的方法有多种,Skovsgaard 和 Vanclay(2008)将纯林的立地生产潜力从 4 个方面进行了论述:①立地分级采用树高;②艾希霍恩规则(Eichhorn's rule);③间伐响应假设(the thinning response hypothesis);④阿斯曼理论(Assmann's yield level theory)。Vanclay(1992)对热带雨林的立地生产力评价指标进行了分类:①林分表现;②自然断面积;③林分高;④高—胸径关系;⑤蓄积产量;⑥生长指数;⑦立地属性;⑧植被特征。各种分类方法均是基于测树因子指标、立地因子指标或者综合指标。因此,本研究将评价指标归纳为 4 类：林分高、林分蓄积或者断面积生长量、林分特征和立地属性。

1.1.1.1　林分高

最初提出将高作为立地生产力的评价指标，是假设林分平均高随年龄变化的关系，与林分蓄积量随年龄的变化关系是类似的。立论的有效性是基于当时的实际情况。在那时候，森林很少受到间伐，间伐的也仅是枯死木和被压木。尽管如此，其关键问题是林分高生长和蓄积量的生长要紧密相关。

（1）林分平均高

19 世纪末，既定年龄下的林分平均高是一种可以用于衡量、测定、计量立地生产力的指标。Henriksen（1958）采用此方法评价阿拉斯加云杉的立地生产力。将 50 年的林分平均高划分为 4 级：1、2、3、4，分别对应树高 28m、24m、20m、16m。这种方法称为立地级法，立地级法最初通过描述立地因子的属性（如低海拔—黏壤土）来划分立地等级（Paulsen，1795）。在更加广义的层次上来看，使用林分高作为生产力指标，通常在这样的前提下，同龄纯林中最粗树的高生长基本不受林分密度的影响。这就要求范围广的初始空间和间伐（强度/等级），通常在许多物种的森林实践中采用（Sjolte‑Jørgensen，1967；Evert，1971；Bredenkamp，1984；Lanner，1985）。但是，高和林分密度，是由于空间或间伐决定的，在"正常"的林分密度下，同样的林分密度，林分高会受到影响（Harrington and Reukema，1983；Bryndum，1987；Johannsen，1999；MacFarlane et al.，2000；DeBell and Harrington，2002；Kerr，2003）。这些取决于好几个因素，包括立地条件、年龄和树种的耐阴性。国内也做过相关的研究工作（周春国等，1997；林昌庚等，1997）。这种评价方法缺点是林分的平均高容易受到干扰，逐渐被立地指数取代。

（2）优势高

林分优势木的高受林分密度影响较少，是目前立地质量评价采用最广泛的指标。当前利用优势高来评价立地质量的方法有两种，一种是利用林分的优势高和年龄的关系（立地指数法）；另外一种是利用林分的优势高和胸径的关系。立地指数的概念最早产生于 18 世纪（Perthuis de Laillevault，1803），并被作为评价立地生产潜力的指标（Oettelt，1764）。利用林分中的平均优势高和年龄的关系，以基准年龄时的优势高作为衡量立地生产潜力的指标。Calamaa 等（2003）考虑了区域对立地指数曲线的影响，建立了西班牙石松纯林立地指数曲线。Andrés 等（2008）在建立优势高曲线时，考虑了气候因子，结果表明气候对模型有显著性影响，提高了模型的精度。Johansson（2013）对瑞典的 27 块白杨林树干解析木数据进行了分析，建立优势高曲线模型的时候考虑了 3 种土壤类型对模型的影响，结果表明土壤类型对该地区的优势高—年龄曲线模型无显著影响。我国进行了大量人工纯林的立地指数曲线研究，李希菲等和段爱国等（李希菲等，1997；段爱国等，2004；Zhu et al.，2019）。马炜和孙玉军采用相对优势高法编制了长白落叶松人工林的立地指数表，并采用数式法编制了胸径地位级表。有些树种的生长习性相近，其立地质量之间也存在紧密的相关性。早期，Foster（1959）对白皮松和红枫的立地指数的相关关系进行了模拟，发现两者存在线性关系。Nigh（2002）对混交林中的优势树种进行了立地指数转化研究。Kahriman 等（2013）对瑞典的 5 种阔叶树的立地指数相关关系进行了模拟。骆其邦（1990）和朱光玉等（2010）对南方的杉木和马尾松立地指数转

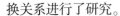

换关系进行了研究。

由于树木的树高与胸径存在密切的关系，而树木年龄不易获取，可以利用它们之间的关系，选取基准胸径时的优势高作为立地评价指标(site form)。McLintock(1957)建议采用此指标评价立地质量。Huang 和 Titus(1993)采用差分方程研究了混交林优势高和胸径的相关关系模型。Adame 等(2008)以西班牙 950 块国家森林资源清查样地数据为基础，建立了基于混合效应的非线性树高—胸径模型，提高了模型的精度。孟宪宇和张弘(1993)采用此指标评价了兴安落叶松立地质量。陈永富和杨秀森(2000)分析了海南岛热带天然山地雨林3 个群系的树高和胸径之间的相关关系，并编制了相应的立地评价数表。

(3)树高生长截距

定期的高生长被作为森林立地生产力的可选指标，有相关的研究(Bull，1931；Brown and Stires，1981；Economou，1990；Mailly et al.，2005；Guo et al.，2006)。后被称为高生长截距法(height growthintercept method)，如胸高后 5 年内树高生长量作为评价指标，对于幼龄林，高生长截距法是一种值得信赖的方法。在林分年龄未知的情况下，林分蓄积生长目前的潜力，并不能很好地反映在林分高中(例如，高生长受到了阻碍：霜冻和放牧)。当林分幼龄林受到霜冻和放牧的影响时，立地指标估计通常是基于年龄和高的，并在某种确定的水平上(典型的如 1.3m 处)，如 1.3m 处以上固定年龄的树高。这种方法多用于幼龄针叶纯林。采用高和高生长作为立地生产力指标，其前提是林分高或高生长与蓄积生长紧密相关。此外，高易于测量、测量费用不贵、受经营管理影响较小。采用林分高的立地分级，要求种植同质的规则林分：良好的经营记录、同龄纯林、已知年龄和较好的保留木蓄积。然而，也有用于复杂或异质的林分类型(Vanclay et al.，1988；Vanclay，1992)。

(4)建模方法

建立树高—年龄或树高—胸径方程时，除了采用常规的回归分析方法之外，还有基于哑变量或者混合效应的回归分析方法(李希菲等，1997；Uzoh et al.，2006；Adame et al.，2008)，在树种立地指数转换时，考虑了自变量和因变量均含误差的度量误差模型(朱光玉等，2010)。

1.1.1.2 林分蓄积/断面积生长量

Eichhorn 于 1902 年，最先提出用既定的树种和林分高的蓄积产量作为标识不同的立地分类等级，即艾希霍恩规则(Eichhorn's rule)。在低间伐强度的欧洲银杉林中，最先发现其蓄积与林分高(不论年龄和胸高断面积)存在函数关系。随后被在其他 3 个树种中也得到了证实(Eichhorn，1904；Gehrhardt，1909)，并被扩展用于全林分蓄积量或毛蓄积收获量(Gehrhardt，1921)。扩展的艾希霍恩规则被广泛用于构建林分收获表和生长模型(Mitchell，1975；Alder，1980；Holten-Andersen，1989；Philip，1994；Peterson et al.，1997)。扩展的规则假设，任意两林分只要具有相同的高生长和初高，其蓄积生长相同。这就意味着林分蓄积量的生长可以通过高生长估计，给定可用的通用模型和标准林分(reference stand)，其林分物种相同。1923 年美国林协所属的一个委员会曾确认材积生长量是立地质量的主要量度方法，并建议为生长良好的天然林制订收获表。Sammi(1965)呼吁用林分蓄积生长量来评价立地质量。进入 70 年代，材积作为评价指标重新引起重视。著名的瑞典立地评价专家 Hägglund 提出，用立地特性直接表达蓄积生长量的函数，对于立地评价问题似乎是一个第一流的解答（Hägglund，1981）。Kimberley 等（2005）提出以 30年时每公顷 300 株的蓄积生长量作为评价立地质量高低的指标，后来又提出以 40 年时每公顷 500 株的蓄积生长量作为评价立地质量高低的指标，均获得较好的效果。Andel（1975）提出林分基准胸高断面积时胸高断面积生长量作为评价立地生产潜力的指标。这种方法对于慢生耐阴树种估计偏低，而对于先锋和喜光树种估计偏高。Vanclay（1989）提出了一种胸径生长指数 GI，可以不考虑年龄和树高，并且避免了 Andel 提出的 BAI 指数（胸径生长量）遇到的树种组成问题。Berrill Hara（2014）对加拿大北部沿海 234 块固定红木样地，提出了一种新的胸径生长指数（BAI）用以评价不规则林分的立地生产力，发现该指数与蓄积生长量（VI）的关系比立地指数与 VI 的关系更加密切。骆其邦（1989）根据南岭山地湖南、广东等省 5 个林场的 25 块杉木人工林标准地解析木资料，建立了以地位指数和年龄为解释变量的多形标准蓄积量收获模型，用以评价林地立地质量。

1.1.1.3 指示植物

在人为干扰少，原始林分布面积广的国家，常应用指示植物来评价立地质量（Wiant et al.，1975；Smalley，1986；Zas and Alonso，2002；Kooch，2011；Álvarez – Álvarez et al.，2013）。指示植物可选用乔木、灌木、草本、蕨类和苔藓。下层植被生态适应性比乔木窄，尤其在北方森林中的云杉、冷杉和落叶松林中能较好指示立地环境和质量。姚茂等（1992）研究了杉木人工林林下植被与林分及立地的关系，指出林下植被类型和指示种均可作为杉木人工林立地分类及评价的依据之一，但是，其应用有局限性，适合于研究区，但是不能推广。

1.1.1.4 立地因子属性

利用环境因子与林木生长之间的关系，采用多元回归、主分量分析等方法，以立地指数或蓄积等生长量为因变量，环境因子为自变量建立数量化地位指数模型，用以评价立地质量。立地因子主要包括三个方面：气候、地形和土壤。Mader（1976）发现白皮松的立地指数和蓄积定期生长量与地形地貌及土壤（化学和物理）变量有强相关性。然而，Fralish 等（1975）的研究表明地形地貌和土壤对立地指数和蓄积定期生长量无显著性影响。Woolery 等（2002）对美国白橡、红橡、北美鹅掌楸 3 个树种进行了 16 个土壤理化性质与立地指数的相关关系分析，采用多元回归分析方法建立了立地指数预测模型。Peña – Ramírez 等（2001）以松树和杉木林数据为基础，分析了土壤有机碳储量和 pH 等性质与立地生长潜力指标之间的相关关系构建了立地生产潜力预估模型。胡兴宜等（2004）以湖北省秃杉人工林调查的样地资料，建立了秃杉数量化地位指数模型，且发现秃杉的生长与土壤有机质含量和土层厚度呈正相关、与土壤容重呈负相关，并受土壤容重的影响较大。

1.1.2 立地质量评价方法分析与面临的挑战

立地指数评价是当前应用最广泛的一种评价方法，已成功运用于人工纯林的研究中，并进一步用于生长收获实践经营活动中（Pretzsch，2009；Guzma'n et al.，2012；Le Moguedec and Dhote，2012）。然而，用于天然林的时候，受到了质疑，但是仍然有尝试用于异龄纯林（Ouzennou et al.，2008）和混交林（Eriksson et al.，1997）的研究。树种间地位指数（立地指数）转换评价立地质量，有助于在采伐现有树种林分时，获知未来树种林分的生产潜力。

以优势木高与胸径的关系评价立地质量，避开了年龄，有些学者认为这种方法在天然林的评价中能取得较好的效果。但是，仍存在疑问，当基准胸径确定时，具有相同优势高的林分，按照此评价方法，它们的立地质量是相同的，却忽略了林分生长时间的差异，导致不同生长年龄的林分可能具有相同的立地质量评价结果(Reinhardt，1982)。采用林分的平均高和林分的年龄关系评价立地质量，由于林分的平均高容易受到人为和自然的干扰，因此，其评价效果尚不如立地指数(孟宪宇，2006)。树高生长截距法适宜于幼龄林的立地生产力评价，应用时要求易于获取确定年龄间的高生长。此方法多用于针叶树(1958；Brown and Stires，1981；Economou，1990；Mailly and Gaudreault，2005；Guo and Wang，2006)，针叶树枝条的轮生性质有助于判断年龄间距，对于阔叶树有待于进一步研究。

利用林分的蓄积量评价立地质量被认为是一种理想的方法，然而，影响林分蓄积量的因子太多，模型的构建与求解相对复杂。现有的方法主要评价立地生产力，直接用于林分生长收获实践仍存在一些问题需要进一步探索(Vanclay，1992)。而对于立地的最大生产力即生产潜力有待于进一步探讨，因为，对于一块立地，知道了具体适生树种的生产潜力，可以更加精确的做到适地适树。

指示植物法评价立地质量，适宜于地貌、地势变化不大的林区。其野外调查数据不易获取。对调查人员专业素质要求比较高(Wiant et al.，1975；Zas and Alonso，2002)。利用立地因子评价立地质量，可以较好地解决有林地和无林地统一评价的问题，然而，评价指数和立地因子间是否存在紧密的关系仍有争议(Mader，1976；Fralish et al.，1975)，对于树种和地形复杂的林分不一定适用(姚茂等，1992)。

目前，世界各国森林立地质量评价指标和方法主要集中于人工纯林，对于天然林的评价指标，尚无一种公认较好的方法。我国在20世纪80年代末，对商品用材林进行了大规模的评价指标研究。对于天然林的研究至今没有取得实质性的进展。因此，天然林，尤其是天然混交林的立地质量评价指标和方法，仍是当今世界林业研究的难点与焦点。

1.1.3 发展趋势

(1)立地生长潜力评价方法研究

关于立地评价包括立地生产力的评价和立地生产潜力(立地质量)的评价。而现有的立地评价研究主要集中于立地生产力的研究，对于立地生产潜力研究甚少(Vanclay，1992；Skovsgaard et al.，2008，2013；Bontemps and Bcuriaud，2014)。这在一定程度上制约了其应用，我们评价立地，对于既定立地条件和给定林分，需要回答一些问题：立地生产力(现实生产力)是多少？生产潜力是多少？现实生产力与潜在生产力的差距是多少？雷相东、唐守正、符利勇等(2018)对立地生产潜力的评价提出了系统的解决办法，其主要原理是：在已知林分生长类型和当前年龄 T 的条件下，从给定的林分密度指数(SDI)区间中寻找一个 SDI，使得目标函数达到最大，对应的连年生长量称为蓄积潜在生产力，此时的林分密度为最优密度。且一个林分的最优密度是随年龄变化而变化的曲线。研究为现实林分生产力的评价提供了科学依据。

（2）天然混交林立地生长潜力评价研究

在森林生态可持续经营的理念下，天然林的面积越来越大。开展天然林的科学经营管理，其前提是要解决天然林的立地评价问题，由于多树种混交和年龄难以获得，当前虽有部分评价理论研究，如利用树高与胸径的关系指标表示立地型、立地指数等（Ouzennou et al.，2008；Eriksson et al.，1997），但是均没有较好地指示天然林的立地生产潜力或者生产力。

（3）区域性立地生长潜力评价研究

立地研究的成果不仅要应用于经营单位的生产实践，还得考虑市局级、省级、国家林业管理水平上的经营决策。为此，需要开展区域水平上的立地评价研究。开展区域水平上的研究时需要思考一些问题：①长期固定样地的连续观测数据获取，由于调查数据的广泛性和大量性，需要国家级的观测样地数据支持，如国家一类清查样地。一类样地是点上数据，要推广到面，需要考虑使用面上数据，如二类清查数据。②立地评价总体和单元的研究。区域性水平的立地研究，其总体即森林类型甚至林分类型的划分需要考虑，现有的林分类型划分结果难以满足立地评价的需求；评价单元，立地因子的组合—立地类型的划分有待于深入研究。

（4）空间制图、在线查询和决策技术研究

随着对森林可持续经营研究的深入，对于连续性立地和同质性森林，立地—生长模型的评价结果用图来表达是一种需求。制图技术有传统的空间地理信息处理技术（Austin et al.，1984；Moore et al.，1990），21世纪初出现了基于激光雷达数据的立地制图技术（Næsset，2004；Andersen et al.，2005）。图形图像的表达直观、易于管理层做决策。立地制图单位需要考虑：区域、森林、经营单位或者亚经营单位。根据建立的立地质量评价模型，结合二类调查小班数据，可以通过在线决策系统查询任一小班的立地质量和适宜树种。

1.2 林分生长和收获模型研究进展

世界上最早对林分生长收获模型的研究始于1787年，其主要内容是根据林分年龄来预测某一个经营方案的收获量，用以反映正常林分的生长过程，但在现实中这类林分很难找到，因此，又提出仅适用于调查地区林分水平的经验收获表。随后，1939年美国的Mackinney、Schumacher和Chaiken等学者将林分密度因子引入林分生长收获模型中，并通过此方法首次建立了可变密度的林分生长收获模型，实现了对不同林分密度下的林分收获量进行预估。Buchman和Clutter（1962）建立了可变密度的相容性的林分生长收获模型系统，该模型系统因其具有较高的理论基础和很好地解释了林分的生长量与收获量之间一致的问题而受到各国林学家的重视。随着计算机功能的不断增强，人们从20世纪初就开始将新型的复杂的数学方程模型应用到林分生长方程中，包括差分方程和微分方程等，这标志着林分生长模型已发展到计算机模拟时代，可以通过各种数学方法构造出越来越精准的全林分模型。Pienaar利用同一立地不同初始密度的人工林样地数据作为建模样本，采用

Richards 生长方程建立了南非湿地松人工林林分断面积生长模型，可以较准确地对林分断面积生长进行预估。Sullivan 和 Clutter 1972 年基于 Schumacher 生长方程，对林分生长和收获模型相容性特点进行改进，建立了生长量模型和收获量模型在数量上保持一致的相容性林分生长和收获预估模型系统。Breno(2006)基于对无性系桉树森林资源连续清查的数据，采用三参数微分方程模拟单木的断面积生长模型，结果具有较高的精准度。Cristina 和 Margarida (2013)研究了针对葡萄牙海岸松异龄林的林分生长收获模型，他们基于 Alegria 在 2011 年的数据，采用分层抽样的方法，就是按照不同龄阶，30 年以下的林木为幼龄林，30~40 年的林木为成熟林，40 年以上的林木为过熟林来抽样，对立地质量进行分类，并将影响林分生长和收获的因子引入模型，建立了与距离有关的单木生长和收获模型，其研究较好地补充了前人模型中只针对同龄林而无法准确预测异龄林林分状况的模型。

　　我国自 1988 年始，国家自然科学基金就连续资助了包括"我国主要人工林生长模型、经营模型和优化控制"和"林分生长的地理和种源变异及其模型的研究"等在内的几个关于模型的课题，这些课题设置加速了我国在林分模型上的研究，并且一些成果已经应用于生产中。国内研究对象多为同龄纯林和人工林，对天然混交林的林分模型研究极少或没有，并且大多数研究的人工林是分布广面积大的树种，如马尾松、杉木、落叶松等。张少昂 1986 年基于林分的生长理论，利用收获表来模拟兴安落叶松的生长过程，其在研究过程中对 Richards 函数进行了一定变化，最终建立了兴安落叶松天然林林分的生长模型与林分可变密度的收获表。郭戈(1990)基于临时标准地的调查数据，根据已有的 Richards 等生长方程建立了全林分模型，并在编表过程中，将具有相同生长过程的标准地按照年龄的不同进行分类，并考虑到林分优势高的生长受立地的影响，因此采用立地指数法来划分林分生长过程，最终将具有相同的优势高的林分归类编表，即经验收获表，收获表中也按照地位指数的不同分类。孟宪宇(1992)基于华北落叶松人工林标准地调查数据和解析木数据，选用对林分生长量进行修正和分析的方法，建立了不考虑林木竞争的华北落叶松人工林单木生长模型。惠刚盈(1994)利用林分优势木平均高受林分的密度影响小的特点，构建了加入优势高的杉木人工林的林分生长收获模型。茹正忠等(1995)根据广东、广西、湖北和中带等湿地松主要栽培区的标准地调查数据，建立了林分整体生长模型。唐守正等(1995)运用全林整体模型预测林分的纯生长量，结果显示这种方法对林分生长量计算的精准度有所提高。陈永芳于 2001 年构建了可变密度的生长收获模型，以此来预测了林分的生长过程，检验结果显示该模型精度较高、灵活性强。同年林如青等在该模型的基础上，讨论了林分的最优疏伐、最优轮伐期的决策方法。陆元昌等 2005 年构建了基于倒"J"形对数函数的直径分布模型。段爱国等(2006)将 Fuzzy 分布函数应用到林分直径分布的研究。洪玲霞等(2012)根据 61 块蒙古栎林的固定样地数据，建立了基于非线性联立方程组的蒙古栎全林整体模型。

1.2.1　林分生长和收获模型分类

　　林分生长和收获模型是用于描述林木的生长及林分的状态与年龄等因子的关系，可用于预估林分的生长量、枯损量以及收获量的一个或者一组数学方程。由于林业经营的多层次性以及使用对象的要求不一致，于是出现了形式各异、名称和种类多样的林分生长和收获模型。因此，为了进行比较，一些学者曾依据模型的性能、原理以及方法等对林分生长和收获模型进行分类。例如，Munro 按模型的构建原理把生长和收获模型分为与距离有关的单木模型、与距离无关的单木或径阶模型和林分模型；Davis 基于模拟情况将生长和收获模型划分以林龄、林分密度、立地等林分因子模拟的全林分模型、模拟各径阶内平均木的径级模型以及模拟单木或林分内单株木的单木模型；Avery 和 Burkhart 按照模型的预估结果将模型划分为全林分模型、径阶分布模型以及单木生长模型。目前，我国采用较多的是唐守正、孟宪宇所提出的分类方法，即将模型划分为全林分生长模型、径阶生长模型以及单木生长模型。

1.2.1.1 全林分模型

全林分模型产生于欧洲，早在 19 世纪末，就有林学家采用图形对林分的生长和收获量进行模拟，并且一直被沿用，直至统计方法与计算机结合，能够更为准确编制收获表和材积表。全林分模型既可以用来描述林分的断面积和蓄积量的生长过程，也可以描述平均单木的生长过程，应用十分广泛，它以整个林分为研究单位、以林分指标为模型模拟的基础、以林分生长量和收获量为因变量，以年龄、立地指数、林分密度指数以及林分经营措施等作为自变量组成的模型来预估未来林分的生长和收获。

全林分模型可以分为固定密度和可变密度的全林分模型。固定密度的全林分模型根据林分密度状况，又可分为两类：正常收获模型以及经验收获模型。正常收获表反映标准林分中各林分因子生长过程的数表，其编表数据来源于同一自然发育体系下的林分，同一自然发育体系是指林分的立地条件应相同，在这个条件下林分的年龄就成为了影响林分生长的关键因子，在研究中将调查的数据按照不同龄阶进行分类，可以将年龄较大的林分因子归为一类，林分年龄较小的幼龄林调查因子分为一类，林分年龄的不同也导致了调查因子不同，认为林分年龄较小时林分因子在经过一定时间的生长后就成为了此时林分年龄较大时的林分具有的因子，可以看出使用这种方法在建立林分收获表时具有很大的限制，因为在自然条件中想要找到完全符合假设生长的林分是很困难的。经验收获表是基于平均密度的现实林分编制的，这类收获表避免了正常收获表编表时要求林分处于完满立木度的条件，但是现实林分也不是一直都处于平均密度的状态，其使用同样存在局限性。

影响林分生长的各个因子中，林分密度是一个重要的因子，通过控制林分的密度来对森林进行经营管理是比较常见的手段，为了预估不同密度林分的生长过程，理应将林分密度作为独立因子加入到模型中。可变密度的全林分模型就是以林分密度为主要自变量来反映平均单木或林分总体的生长量与收获量变化的模型。依据建模方法的不同，可变密度的全林分模型可以划分为基于多元回归技术的经验方程、林分蓄积的预估方程以及基于理论生长方程的林分收获模型三种。可变密度的全林分模型能对不同密度的林分进行模拟，因此可以作为科学经营森林的重要工具。

贝克曼于 1962 年构建了通过林分密度可以预估林分生长量的方程，然后通过对该方程积分得到可变密度的林分收获预估模型系统。Clutter 在 1963 年基于理查德方程提出相容性的林分生长量和收获量的模型。Sullivan 与 Clutter 在 1972 年通过改进模型，指出了生长量和收获量的互换条件，并且建立了在数量上保持一致的林分生长和收获模型系统，完善了这种生长和收获模型系统，具体建模方法为：①将期初的林分蓄积量作为因变量，期初林分的年龄、地位指数和林分断面积作为自变量，建立林分收获模型。②对年龄求导，得到与收获模型保持一致的生长模型。③利用固定标准地的复测数据对生长模型进行拟合，求出各个参数值。④用生长量模型积分得到相应的收获量模型。这种方法的特点就是生长量模型和收获量模型之间的相容性和未来与现在的收获模型之间的统一性得到了保证。

1.2.1.2　径阶生长模型

现在的森林经营决策，不仅仅需要全林分的总蓄积，更需要了解林分各径阶的蓄积分布规律，为更好地分析林分的经济效益提供依据。因此，提供径阶蓄积分布规律的方法应当反映在林分的生长与收获模型中。径阶模型就是以概率论作为基础，从林分结构出发，依据其随林分年龄的变化情况预测林分动态。径阶分布模型又可以分为现实林分和未来林分的生长与收获模型。

径阶分布模型中现实林分的生长与收获预测方法就是在已知林分株数密度的条件下，首先使用径阶模型得到林分中各个径阶的单位面积株数，然后利用 H-D 曲线得到林分各径阶平均高，最后通过查看材积表和材种出材率表计算得到径阶材积和径阶的材种出材量，汇总到一起后即可得到林分的总材积和各个材种出材量。但在现实中，首先应划分地位指数级，然后不同地位指数级分别进行计算。在预测现实林分生长的方法中，最重要的是要筛选出合适的径阶分布模型，根据大量的研究及实践结果表明，三参数的 Wiehull 分布函数应用较常见，精度较高。

径阶分布模型中未来林分的生长与收获预测方法相对现实林分来说更复杂，它不但需要建立径阶分布动态预测模型，还需要构建林分密度和林木枯损模型等。为了构建未来林分的生长与收获的预测模型，都需要依赖林分特征因子（如林分年龄、立地指数、密度、直径、优势高等）来预估径阶模型参数、未来林分的密度以及径阶平均高等。

1.2.1.3　单木生长模型

单木生长模型是以林分中的单株林木为基本单位，以相邻的林木之间的竞争关系作为出发点，对单株树木的生长过程进行模拟的模型。单木生长模型最早产生于20世纪60年代，随着计算机模拟技术的发展以及在林业上的应用，单木模型的研究发展极快，基本完成了以单株林木作为预测单元的林分生长预测系统。单木模型能够模拟单株林木的生长过程，在森林的分类经营方面具有指导意义。单木的竞争模型的建立是以竞争指数作为自变量，以单木胸径生长作为因变量，因此模型中的竞争指数的准确性是影响单木模型的性能及使用效果的关键。根据单木模型中竞争指数是否包含林木之间的距离因子，可以将其分为与距离无关的单木模型和与距离有关的单木模型两类。

与距离无关的单木模型是以单株林木的生长为基础，不考虑林木之间的距离，考虑单株林木的竞争不同分别建立生长模型。具体就是将林木的生长量作为林分因子（如林龄、立地及林分密度等）和林木大小（与距离无关的单木竞争指标）的函数，对林分内所有单株林木生长模拟进而预估整个林分未来生长量和收获量的生长模型。这类模型前提是假设林木的生长主要受其自身的影响，且林分中所有林木都是均匀分布的，因此不需要考虑林木之间位置分布的影响，所以在使用时就不需要知道每株林木的空间位置。与距离无关的单木模型可以反映营林措施对单木和林分生长的影响，但是由于没有结合林木的空间位置信息，在精度方面有所降低。此外，模型也无法反映出林木在林分间伐前和林分间伐后竞争压力的变化，因此，该类模型在现实的林分经营中使用较少。

与距离有关的单木模型也是以单株林木生长为基础，不同的是需要根据林分内林木之间的距离和方位，绘制出林木位置图，即考虑了林分中单株林木的空间位置并将其作为生长的一个重要参数。与距离有关的单木模型同样考虑竞争指标，模拟林分中单株树木的生长，不同的是这类模型中林木的生长除了考虑其自身因素外，还考虑了其相邻木的竞争能力，且认为相邻木竞争能力的大小取决于该株林木的直径大小及其与相邻木之间的距离。所以，与距离有关的单木模型既考虑了林木本身的遗传特性和林地的立地质量影响，又考虑了周围其他林木产生的竞争压力的影响，是目前制定经营决策的有效手段之一。但这类模型的构建不仅需要大量单株林木测定资料以及林木空间位置信息，花费较大，而且难以准确表达林分中每株树木之间的竞争关系。

1.2.2　混合效应模型及其在林业上的应用

混合效应模型是既包含固定效应又包含混合效应的一类模型，其主要应用于重复测量数据、分层数据、纵向数据以及多变量多层数据等，该模型不仅能够反映出总体的平均变化趋势，而且还可以反映出个体之间的差异性。此外，混合效应模型可以划分为线性混合效应模型和非线性混合效应模型。

近年来，国内外已经有部分学者将混合效应模型应用于林分生长模型，如预估林木树高生长模型、直径生长模型、断面积生长模型和蓄积生长模型，均证明混合效应模型的预估精度要优于传统的回归模型。在预估林木树高生长模型的研究方面，Hall 和 Bailey（2001）利用佐治亚州火炬松固定样地的测定数据，基于非线性混合模型建立了可以分别对单株林木、林分以及区域的平均高进行预测的树高曲线模型。李永慈等（2004）利用 5 块密度不同的样地树高数据作为建模数据，以密度作为随机效应，分别建立了线性和非线性的混合效应树高生长模型，结果显示混合效应模型的精度显著提高。Uzoh 和 Oliver（2006）基于 310 个固定样地的林分数据，考虑位置效应、样地效应和林木直径的随机效应，构建了加入混合效应的林分树高生长量模型和直径生长量模型。李春明等（2009）考虑区域效应和样地效应，基于非线性混合效应模型，建立了栓皮栎的树高—胸径模型，结果表明加入混合效应的模型精度明显高于固定模型；并在 2010 年基于区组水平的随机效应，利用改进后的 Richards 方程和 Logistic 方程，构建了杉木林分优势木平均高的生长模型。Sharma 等（2015）利用挪威国家森林调查数据，基于样地混合效应建立了挪威云杉、苏格兰松以及绒毛桦树的树高—胸径模型。许崇华等（2017）考虑林分的密度效应及海拔效应，利用线性混合效应模型分析了杉木树高和胸径的关系，并得出混合效应模型在估测精度以及通用性上均优于固定模型。

在直径生长模型的研究方面，Budhathoki 等 2008 年采用混合效应模型的方法，拟合了美国阿肯色州西部和俄克拉荷马州东部天然再生短叶松的直径生长模型。符利勇等考虑样地效应及区域效应，构建了一般的两水平非线性混合效应模型和进一步考虑固定效应参数随某一特定因子水平变化而变化的非线性混合效应模型的杉木林胸径生长量方程。在断面积生长模型的研究方面，雷相东等（2009）基于混合效应模型，构建了天然落叶松云冷杉林分中 6 个树种组的单木断面积生长模型，结果表明混合效应模型的预估精度要明显高于传统的最小二乘法模型。符利勇（2015）同时考虑林场效应以及林场与样地交互效应，建立了基于非线性混合效应的蒙古栎林单木断面积生长模型。

在林分蓄积生长模型的研究方面，Hall 等（2004）利用一个三元的多层次的非线性混合效应模型方法方法来模拟美国佐治亚州和佛罗里达州湿地松的优势木高、公顷断面积以及公顷株数，然后利用蓄积模型，对林分未来的生长和收获进行预测。李春明（2010）基于非线性混合效应方法建立了林分优势木平均高、断面积和基于对数形式的线性蓄积模型的联立方程组，并与传统回归方法进行对比，结果显示基于混合效应模型方法的模拟结果明显优于传统回归估计方法。王少杰等（2018）分别考虑油松林分的密度水平效应、样地效应以及嵌套两水平效应，建立以断面积以及优势木平均高作为自变量的油松蓄积量混合效应模型，结果表明嵌套两水平混合效应模型的拟合精度最高。

1.3　次生林天然更新综述

森林天然更新是指森林遭受采伐、火烧等人为因素或其他自然灾害的破坏后，以森林自身繁殖能力进行恢复的过程，在森林群落演替及植被生态恢复等方面具有重要意义。森林天然更新过程复杂，包括植物的开花和结实、种子扩散和萌发、幼苗建立和生长、植物种繁殖过程及其伴生种的种群变化过程。这一过程的每个阶段都受到植物本身生物学和生态学特性、环境压力、与相邻物种的关系以及干扰的类型、尺度、强度、频度的影响，不同物种采取不同的更新策略。在环境压力的影响下，更新能力较弱的物种不能及时更新而被其他物种淘汰，而有些物种则通过多种更新方式延续种群，维持其在群落中的地位及群落稳定。

木本植物的更新有无性繁殖和有性繁殖两种方式，应对不同的生境和干扰体系时，或以种子更新繁殖为主，或以萌枝更新为主，这主要由生境特征和干扰体系决定。大多数种子植物同时具备种子更新与萌枝更新两种方式，在不同的生境特征和干扰的影响下，有时以种子更新为主，有时以萌枝更新为主，有时两种方式共存 。两种更新方式各有优劣，其生态作用不容忽视：种子更新能提高或维持种群的遗传多样性，具有适应不同环境的优越性，对种群进化十分重要；而萌枝更新通过母株根系更有效地利用土壤中的水分和养分资源，在选择上有优势，被当作是种子更新困难物种的一种补充和适应，对群落的维持及稳定具有重要意义。

天然更新是森林更新的重要方式，充足且有生命力的种子，适合种子萌发、支持幼苗成活和幼树正常生长的环境条件是决定天然更新成功与否的关键，其中任何一个环节出现

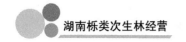

问题都会使天然更新发生障碍。

1.3.1 树种特性对更新的影响

不同树种或同一树种，不同植株之间的生理生态特征存在差异，从而导致其更新方式与更新能力的不同。国内外关于树种特性对更新的影响主要集中在种子性状、树种耐阴性对更新的影响。

种子性状主要包括种子大小、质量、形状和品质等，它是植物生殖策略的重要方面之一。与大粒种子相比较而言，小粒种子不易被动物取食，扩散能力较好，在光照条件较好的情况下，便于广泛萌发；相反的，在光照条件较差的林分条件下，大粒种子萌发成幼苗，从而定居成功的可能性较小粒种子高，这是大粒种子贮藏养分充足，其幼苗生命力顽强的原因。高贤明等研究结果表明，栎类的种实中淀粉等营养物质含量丰富，在成熟之前容易遭受虫害而使种子发育不良，而且，成熟后也面临动物的取食压力，能够进入土壤并萌发成幼苗的种子比例很低，导致栎林天然实生更新困难。祝宁等研究表明，刺五加的种子在扩散前品质较差，成熟种子的比例只有1/3，严重地影响了刺五加的有性天然更新过程。

耐阴性是指树种在庇荫条件下，完成其正常生长发育的能力，是一种遗传特性，因树种不同而有差异。树种耐阴性不同，其更新的方式也往往不一样。阳性树种主要依靠灾变性的大型干扰方式更新，多数顶极树种以林隙更新方式更新，在主林层不太密的情况下，一些阴性树种以连续更新方式更新。刘宪昭等在海南省东北部沿海地区更新造林实验研究表明，3个阳性树种冠下更新造林和迹地更新造林均有较高保存率，均在68%以上；中生树种和阴性树种只有林冠更新造林能保证其存活和生长，迹地造林条件下仅小叶榄仁保存率达到15%，其余4种保存率均不足10%。贺金生在研究神农架地区米心水青冈林和锐齿槲栎林群落干扰历史及更新策略时发现，米心水青冈属于耐阴树种，它的更新策略主要是在林下形成苗性萌生枝，当出现林窗时则迅速生长进入乔木层；锐齿槲栎属非耐阴树种，其更新策略主要是通过生产大量种子，遇有大的林窗时，幼苗在林窗内生长并逐步进入乔木层。

1.3.2 林分因子对更新的影响

林分结构是影响林分生长和恢复的重要因素，在调节森林天然更新方面发挥着重要的作用。林分结构可分为空间结构与非空间结构，其中空间结构包括林木空间分布格局、混交、大小分化等方面，非空间结构包括树种组成、直径结构、树高结构、年龄结构、林分密度、林分郁闭度等方面，林分空间结构与非空间结构有机结合起来，形成一定结构规律。林分密度是影响森林天然更新的重要因子，其与林分郁闭度直接关联，一般而言，林分密度越大林分郁闭度也随之增加，随着林分密度的变化林分内光照条件发生改变，从而对林分内幼苗萌发、幼树生长产生一定程度的影响。康冰等研究表明，当秦岭锐齿栎林分密度从720株/hm²增加到1460株/hm²时，幼苗密度逐渐增大；秦岭油松林分密度从580株/hm²增加到1500株/hm²时，林下更新的幼苗、幼树密度呈增加趋势。Hofgaard、

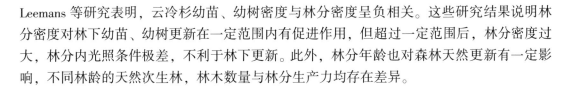

Leemans 等研究表明，云冷杉幼苗、幼树密度与林分密度呈负相关。这些研究结果说明林分密度对林下幼苗、幼树更新在一定范围内有促进作用，但超过一定范围后，林分密度过大，林分内光照条件极差，不利于林下更新。此外，林分年龄也对森林天然更新有一定影响，不同林龄的天然次生林，林木数量与林分生产力均存在差异。

1.3.3　环境因子对更新的影响

环境因子是影响森林更新幼苗能否顺利成活的一个重要方面，在森林树种生活史中，幼龄植株阶段对环境因子比成年个体更加敏感。成功的天然更新取决于林分所处的大气候条件和林分内外的微环境条件。因此，在种源充足的林分中，环境因子已经成为森林更新的主要障碍。在复杂的自然环境中，森林天然更新是多个因子综合作用的结果，如地形条件、林内光温条件、土壤条件、林下植被、林地内地被物等都会影响林木的天然更新。由于森林类型与更新树种的不同，其影响更新的关键因子也不同。不同的森林空间特征，包括郁闭度、坡向、坡度、坡位、土壤、海拔等因子，使森林中种子、幼苗、幼树受到不同光、热、水分的影响，这些因子都会影响到森林天然更新。

乔木更新过程中，受到各种各样的环境条件的影响，其中土壤理化性质是重要因素之一。土壤是包括森林植被在内的陆地地表所有植被赖以生存的根本，是森林植被及林下植物生长的基础，也是森林生态系统中营养矿物质得以转化形成的基地。然而，土壤理化性质以直接或间接的方式影响林下更新、幼苗生长、空间分布格局。这方面已有许多的研究，如 Catovsky 等研究发现针阔混交林中幼苗的存活和生长与土壤 pH 值相关；任学敏等研究了土壤化学性质对巴山冷杉—牛皮桦混交林乔木更新的影响，发现林下土壤碱解 N、全 P 含量和 pH 值与牛皮桦更新苗密度呈显著正相关；杨秀清等以华北典型天然次生林为研究对象，应用地统计学理论和格局分析方法，探讨土壤氮素空间变异对更新幼苗更新格局的影响程度，结果表明：阔叶林土壤氮含量相对较高，更新与氮素的空间关联性不明显，针叶林土壤氮含量相对较低，更新与氮素的空间关联性明显。

凋落物是森林生态系统中一个重要组成部分，是森林生态系统有机质、矿物质等物质得以循环利用的一个重要媒介，也是植被生长的下垫面组成部分。森林中枯落物的输入量、分解率及类型对林地土壤的理化性质产生重要影响，进而影响到森林的更新。不同树种的更新对枯落物异质性的反映也有差异，有些树种更新苗的存活受枯落物厚度影响较小，而另一些树种的更新苗或易发生在枯落物薄的微生境，或分布于枯落物厚的微生境。枯落物的空间变化，使更新也随之呈现出多样性的空间格局。有研究表明，林下枯落物层对幼苗的天然更新存在正反两方面的作用：一方面是枯落物为土壤提供营养元素的供给，增加土壤肥力，促进更新幼苗的影响；另一方面枯落物的积累会对植被的自然更新形成阻碍，主要表现为包括物理上的机械阻挡、化学上的化感作用、生物方面的动物侵害和微生物致病作用等。朱教君等以辽东山区不同间伐强度下长白落叶松林为对象，通过对林内种子萌发、幼苗成活与生长的监测，分析了影响该地区林分天然更新的主要因素，结果显示地被物是影响该地区林分天然更新的主要障碍因子之一。

适宜的光照条件是林内幼苗更新的关键，光照的变化可以引起林地内微环境湿度和温度的变化，进而影响种子萌发和幼苗生长。林分光照条件对更新幼苗萌芽、生长，甚至顺利达到成熟期完成正常更新过程起到决定性作用。光照是森林生态系统内植被进行光合作用的基本条件，不仅带动着森林生态系统矿物质的循环，并且也影响着林分内部温湿度环境。因此，光照条件是影响森林天然更新的主要因素之一。符婵娟等研究表明在神农架巴山冷杉群落中，光照是影响天然更新中更新幼苗最重要的环境因素，而适宜的土壤水分更加有利于幼树的生长。

此外，立地因子(主要指坡向、坡位与海拔)也是影响森林更新的因素之一。不同的坡度、坡向和坡位，其对应的林分内光、热、水分等生态因子也有所差异，进而影响森林天然更新。结合以往研究发现，随着海拔变化，分布的植被类型也有所不同，呈现出一定的垂直分布结构，使得具有不同生物学特性的植被具有不同的更新状况，进而影响森林生态系统的天然更新。有研究表明林下植被是森林生态系统一项重要驱动因素。林下植被对乔木幼苗有一定抑制作用，从而对森林动态变化产生影响，林下植被过于茂盛会导致光环境较差且枯落物较厚，不利于幼苗的萌发与生长。李媛良等以湖南省会同林区林下不含箬叶竹样地与保留箬叶竹样地，评估了天然林重建过程中林下单优箬叶竹灌丛形成对树种更新过程的影响，结果显示单优箬叶竹灌丛的形成能延缓树种更新的进程。

1.3.4 干扰对更新的影响

森林更新是与各种干扰不可分割的重要生态学过程，其与干扰方式、干扰强度、干扰频率有直接关系。干扰发生后，森林生态系统的光照、温度、养分和水分等环境条件发生变化，进而森林更新幼苗树种结构、更新空间分布格局和幼苗生长产生一定程度的变化。另外，不同的森林类型对相同干扰的反应具有异质性。

影响森林生态系统更新的干扰可以分为自然干扰和人为干扰两大类，自然干扰如洪水、干旱、风、侵蚀、火山爆发、火、动物、病虫害、微生物等，是人类无法控制或检测的因素对森林生态系统产生的干扰；人为干扰包括为了森林可持续经营所采取的森林经营管理措施，如森林抚育采伐作业(间伐、择伐、皆伐)、人为促进天然更新、森林防疫、林地清理等，也包括人类以获取经济利益为目的，故意、恶意毁坏或破坏森林生态系统的活动。一般研究的是人为干扰对森林生态系统、群落或种群更新的影响，其中以森林经营管理的人为干扰为主。

第2章
栎类次生林分布与结构特征

2.1 栎类次生林时空分布与林分质量动态变化

全面掌握湖南省栎类次生林时空分布、客观评价栎类次生林的林分质量、研究发现湖南省栎类次生林林分质量与时空分异特征、全面了解栎类次生林发展现状与趋势，是科学经营及提升栎类次生林质量的必要条件，符合区域森林可持续发展的需求。

2.1.1 数据来源

数据来源于国家林业和草原局的湖南省 1989—2014 年森林资源连续清查固定样地数据。样地采用系统抽样方法，每 5 年一期，共 6 期。样地间距 4km×8km，样地面积为 0.0667hm^2，全省共布置正方形固定样地 6615 个。按《国家森林资源连续清查技术规定》要求采集数据，建立了样地和样木数据库。同时于 2017 年复测了 23 个栎类次生林样地，复测样地主要分布于岳阳、益阳、衡阳、常德、怀化、张家界；复测时增加了样地内每棵树的树高指标调查。

2.1.2 研究方法

2.1.2.1 栎类次生林样地选取

在湖南省 1989—2014 年六期国家森林资源连续清查数据中，按课题研究要求，分别选取栎类次生林资源相对占优且株数占比≥30%以上的固定样地为研究对象，六期样地中栎类次生林样地数量分别为 110、124、116、136、199、288。

2.1.2.2 栎类次生林的经营分区

依据国家《全国主体功能区规划》和《全国森林经营规划（2016—2050 年）》等文件区

划，湖南省地处南方亚热带常绿阔叶林和针阔混交林经营区。基于湖南省"一湖三山四水"的特点，结合湖南省林业发展三级区划、《湖南省"十三五"林业发展规划》等成果，同时与《湖南省森林经营规划（2016—2050年）》的森林经营分区保持一致性。将全省分为5个经营亚区：湘中丘陵低山水土保持与木本粮油林经营亚区（Ⅰ区）；环洞庭湖平原丘陵水土保持与农田林网防护林经营亚区（Ⅱ区）；武陵—雪峰山地水土保持与大径材林经营亚区（Ⅲ区）；南岭山地水源涵养与用材林经营亚区（Ⅳ区）；罗霄—幕阜山地水土保持与用材林经营亚区（Ⅴ区）。

2.1.2.3 栎类次生林样地分区

分析栎类次生林空间分布变化及林分质量变化时，按山脉、流域、经营分区等将所筛选的样地进行区域划分。因湖南省三面环山，平原仅占13.1%，因此，将平原划分到相邻山脉，以便数据统计与处理。划分结果见表2-1。

表2-1　湖南栎类次生林区域划分

一级分类	二级分类	县（市、区）
流域	洞庭湖流域	岳阳市：临湘市、云溪区、平江县、岳阳县、汨罗市、岳阳楼区、湘阴县 常德市：汉寿县
	湘江流域	郴州市：永兴区、桂阳县、汝城县、资兴市、苏仙区、安仁县、临武县、宜章县 湘潭市：湘潭县、湘乡市、雨湖区 衡阳市：衡南县、衡阳县、珠晖区、耒阳市 娄底市：双峰县、涟源市 永州市：安东县、祁阳县、双牌县、江永县、江华县、零陵区、宁远县、蓝山县、道县 长沙市：浏阳市、开福区、长沙县、宁乡县、岳麓区 株洲市：醴陵市、炎陵县、芦淞区、茶陵县、攸县、株洲县
	资江流域	娄底市：新化县 益阳市：安化县、桃江县 邵阳市：新邵县、隆回县、洞口县、武冈市、新宁县 湘西州：龙山县
	沅江流域	常德市：桃源县 怀化市：沅陵县、溆浦县、辰溪县、中方县、会同县、靖州苗族侗族自治县、通道侗族自治县、麻阳苗族自治县、芷江侗族自治州、洪江市 邵阳市：绥宁县、城步苗族自治州 湘西州：龙山县、永顺县、古丈县、保靖县、凤凰县
	澧水流域	常德市：石门县、澧县 张家界市：桑植县、慈利县、武陵源区、永定区

（续）

一级分类	二级分类	县(市、区)
山脉	武陵山脉	常德市：石门县、澧县 张家界市：桑植县、慈利县、武陵源区、永定区 湘西州：龙山县、永顺县、古丈县、保靖县、凤凰县 怀化市：沅陵县、辰溪县、溆浦县、中方县、会同县、靖州苗族侗族自治县、通道侗族自治县、麻阳苗族自治县、芷江侗族自治州、洪江市、鹤城区、新晃侗族自治县
	罗霄—幕阜山脉	岳阳市：临湘市、云溪区、平江县、汨罗市、岳阳楼区、岳阳县、湘阴县 长沙市：浏阳市、宁乡县、开福区、长沙县、岳麓区 株洲市：醴陵市、芦淞区、茶陵县、攸县、株洲县 衡阳市：衡南县、衡阳县、珠晖区、耒阳市 湘潭市：湘乡县、湘潭县、雨湖区
	雪峰山脉	常德市：桃源县、汉寿县 娄底市：新化县、双峰县、涟源市 益阳市：安化县、桃江县 邵阳市：新邵县、隆回县、洞口县、绥宁县、武冈市、城步苗族自治县、新宁县 永州市：安东县、祁阳县
	南岭山脉	株洲市：炎陵县 郴州市：永兴区、桂阳县、汝城县、资兴市、苏仙区、安仁县、临武县、宜章县 永州市：双牌县、江永市、江华县、零陵区、宁远县、蓝山县、道县
经营亚区森林经营亚区	湘中丘陵低山水土保持与木本粮油林经营亚区	娄底市：双峰县、涟源县 邵阳市：新邵县 衡阳市：衡南县、衡阳县、珠晖区、耒阳市 永州市：安东县、祁阳县、零陵区 长沙市：开福区、长沙县、宁乡县、岳麓区 郴州市：永兴区、安仁县 湘潭市：湘乡县、湘潭县、雨湖区 株洲市：株洲县、芦淞区
	环洞庭湖平原丘陵水土保持与农田林网防护林经营亚区	常德市：澧县、汉寿县 岳阳市：临湘市、云溪区、汨罗市、岳阳县、岳阳楼区、湘阴县
	武陵—雪峰山地水土保持与大径材林经营亚区	常德市：石门县、桃源县 怀化市：沅陵县、溆浦县、辰溪县、中方县、会同县、靖州苗族自治县、通道侗族自治县、麻阳苗族自治县、芷江侗族自治县、洪江市、鹤城区、新晃侗族自治县 娄底市：新化县 益阳市：安化县、桃江县 邵阳市：隆回县、洞口县、绥宁县、武冈市、城步苗族自治县、新宁县 湘西州：龙山县、永顺县、古丈县、保靖县、凤凰县 张家界市：桑植县、慈利县、武陵源区、永定区
	南岭山地水源涵养与用材林经营亚区	株洲市：炎陵县 永州市：双牌县、江华县、江永市、宁远县、蓝山县、道县 郴州市：桂阳县、资兴市、汝城县、苏仙区、临武县、宜章县
	罗霄—幕阜山地水土保持与用材林经营亚区	岳阳市：平江县 长沙市：浏阳市 株洲市：醴陵市、茶陵县、攸县

2.1.2.4 栎类次生林林分质量评价

（1）林分质量评价指标体系构建

①林分质量指标体系构建遵循原则：代表性、科学性、相对独立性、层次结构性、量化可比性等原则。

②指标层次构建。查阅相关文献，结合评价指标筛选原则，可用于湖南省栎类次生林林分质量评价的指标有：单位面积蓄积、株数密度、年平均生长量、平均胸径、平均树高、郁闭度、树种结构、平均年龄、海拔、坡度、坡向、坡位、土壤类型和土层厚度等 14 个指标，通过主成分分析提取主成分，将各类指标归类，分为林分生长潜力、林分结构和立地条件 3 个准则层，以此构建栎类次生林林分质量评价体系。

③评价指标标准化和指标权重。评价指标数据量化处理后，评价指标间的量纲和正负取向存在差异，需要对各指标的量化数据进行标准化处理。研究中采用等距赋值对定性指标(如立地条件因子)进行赋值量化，用极差变换法对指标数据标准化处理。

研究选择层次分析法获取指标权重。为减小主观意向与指标实际重要程度的偏差，在建立判断矩阵时参考了大量林分质量评价的文献资料，以确保指标权重的准确性。

（2）林分质量等级划分

根据各指标综合权重与归一化值的乘积计算各样地综合评分，采用等距划分法将林分质量等级划分为优、良、中、差、劣 5 个等级。

2.1.3 栎类次生林分布时空变化

（1）栎类次生林面积变化

湖南全省土地面积 21.18 万 km^2，1989 年栎类次生林样地 110 个，换算成面积是 35.22 万 hm^2。1994 栎类次生林样地增加 14 个，面积增加 4.48 万 hm^2。1999 年栎类次生林样地减少 8 个，面积减少 2.56 万 hm^2。2004 年次生林样地增加 20 个，面积增加 6.40 万 hm^2。2009 年栎类次生林样地增加 63 个样地，面积增加 20.17 万 hm^2。2014 年栎类次生林样地增加 89 个样地，面积增加 28.49 万 hm^2。25 年间栎类次生林面积净增加 56.98 万 hm^2，栎类次生林规模扩大(表 2-2)。

表 2-2　1989—2014 年栎类林地面积变化

年份	1989	1994	1999	2004	2009	2014
样地数量	110	124	116	136	199	288
面积(万 hm^2)	35.22	39.70	37.14	43.54	63.71	92.21
增长量(万 hm^2)	—	4.48	-2.56	6.40	20.17	28.49

从栎类次生林分布来看，空间上，邵阳市、怀化市和永州市栎类次生林分布较多，湘潭市和益阳市栎类次生林分布较少，其他地区分布较均匀。时间上，25 年间，怀化市栎类次生林面积增长最多(8.964 万 hm^2)，其次为长沙市(8.644 万 hm^2)和永州市(7.684 万 hm^2)。湘西土家族自治州(以下简称湘西州)增长量最少(0.640 万 hm^2)，其次为娄底市(1.281 万

hm²)和益阳市(1.601 万 hm²),见表 2-3。由此可以得出,1989—2014 年,湖南省栎类次生林在时间上呈稳定增长趋势,但空间上分布不均。

表 2-3 1989—2014 年栎类林分布变化 单位:万 hm²

行政区	1989	1994	1999	2004	2009	2014	净增加
长沙市	1.281	1.281	2.241	4.482	6.723	9.925	8.644
株洲市	1.921	2.561	2.241	2.241	3.842	6.083	4.162
湘潭市	0.000	0.000	0.640	0.320	1.281	2.241	2.241
衡阳市	0.320	0.640	0.640	0.640	0.960	2.241	1.921
邵阳市	7.364	6.403	8.004	8.644	9.605	10.565	3.202
岳阳市	1.601	2.241	1.281	1.921	4.162	6.723	5.123
常德市	2.881	2.881	2.241	2.561	4.802	6.083	3.202
张家界市	2.561	3.842	3.202	4.162	4.162	6.083	3.522
益阳市	0.000	0.960	0.640	0.960	1.601	1.601	1.601
郴州市	3.522	3.202	3.522	3.522	4.802	8.324	4.802
永州市	3.202	5.123	3.842	4.802	8.004	10.885	7.684
怀化市	7.684	7.364	6.403	6.723	10.245	16.648	8.964
娄底市	1.601	1.921	1.281	1.601	1.921	2.881	1.281
湘西州	1.281	1.281	0.960	0.960	1.601	1.921	0.640

(2)栎类次生林蓄积变化

25 年间湖南省栎类次生林蓄积净增加 3996.62 万 m³。1989 年湖南省栎类次生林蓄积 2451.35 万 m³;1994 年栎类次生林蓄积增加 429.74 万 m³;1999 年栎类次生林面积减少,蓄积随之减少 152.82 万 m³;2004 年栎类次生林蓄积增加 738.39 万 m³;2009 年栎类次生林蓄积增加 1193.80 万 m³;2014 年栎类次生林蓄积增加了 1787.51 万 m³。

从栎类次生林蓄积分布来看,空间上邵阳市、永州市和怀化市蓄积量较大,湘潭市、衡阳市和益阳市蓄积量较小。时间上,永州市栎类次生林蓄积增长量最大(574.42 万 m³),其次为怀化市(562.89 万 m³)。湘西州、湘潭市、衡阳市和益阳市栎类次生林蓄积增长量都在 100 万 m³ 以下,其中湘西州栎类次生林增长量最小(25.10 万 m³),见表 2-4。

表 2-4 1989—2014 年栎类林分蓄积变化 单位:万 m³

行政区	1989	1994	1999	2004	2009	2014	增长量
湖南省	2451.35	2881.09	2728.27	3466.66	4660.46	6447.97	3996.62
长沙市	97.86	118.11	226.40	344.63	381.72	541.92	444.06
株洲市	353.33	443.19	321.70	322.05	431.46	515.19	161.86
湘潭市	0.00	0.00	20.03	7.18	34.78	92.83	92.83
衡阳市	6.54	9.35	16.23	29.56	46.25	76.73	70.19
邵阳市	549.55	569.71	686.83	814.99	891.92	887.37	337.82

（续）

行政区	1989	1994	1999	2004	2009	2014	增长量
岳阳市	41.07	60.64	49.22	94.47	201.19	316.09	275.02
常德市	132.44	158.91	50.89	105.64	231.80	461.87	329.43
张家界市	63.99	182.08	158.50	307.51	391.49	564.40	500.41
益阳市	0.00	15.60	7.97	20.60	60.40	85.72	85.72
郴州市	249.77	208.39	279.02	350.77	445.15	657.29	407.52
永州市	393.30	528.76	404.85	488.75	763.04	967.73	574.42
怀化市	379.02	406.48	346.18	382.57	558.113	941.91	562.89
娄底市	63.49	70.93	70.81	88.38	115.86	192.85	129.36
湘西州	120.98	108.95	89.67	109.56	107.29	146.08	25.10

（3）栎类次生林单位面积蓄积变化

1989—2004 年湖南省栎类次生林单位面积蓄积逐年增加，2009—2014 年逐渐减少。1989 年湖南省栎类次生林单位面积蓄积 69.61 m^3/hm^2，1994 年增加 2.96 m^3/hm^2，1999 年增加 0.89 m^3/hm^2，2004 年增加 6.16 m^3/hm^2，2009 年减少 6.47 m^3/hm^2，2014 年减少 3.22 m^3/hm^2，但与 1989 年相比增加了 0.46%。

从行政区来看，株洲市和永州市单位面积蓄积最大，均保持在 85 m^3/hm^2 以上，但呈逐年减少趋势。湘潭市、益阳市和衡阳市单位面积蓄积则相对较小，在 55 m^3/hm^2 以下，整体呈逐年增加趋势（表 2-5）。

表 2-5　1989—2014 年栎类林分单位面积蓄积变化　　　　单位：m^3/hm^2

行政区	1989	1994	1999	2004	2009	2014
湖南省	69.61	72.57	73.46	79.62	73.15	69.93
长沙市	76.42	92.23	101.02	76.89	56.78	54.60
株洲市	183.94	173.03	143.54	143.70	112.30	84.69
湘潭市	0.00	0.00	31.27	22.44	27.16	41.42
衡阳市	20.43	14.60	25.35	46.16	48.16	34.24
邵阳市	74.63	88.97	85.81	94.28	92.86	83.99
岳阳市	25.66	27.06	38.43	49.18	48.34	47.01
常德市	45.96	55.15	22.71	41.24	48.27	75.93
张家界市	24.98	47.39	49.51	73.88	94.06	92.78
益阳市	0.00	16.24	12.44	21.45	37.73	53.55
郴州市	70.92	65.09	79.23	99.60	92.69	78.96
永州市	122.85	103.22	105.37	101.77	95.33	88.90
怀化市	49.33	55.20	54.063	56.90	54.48	56.58
娄底市	39.66	36.93	55.29	55.21	60.32	66.93
湘西州	94.47	85.08	93.35	114.07	67.02	76.05

(4)栎类次生林径阶变化

湖南省栎类次生林以 8~12 径阶小径材为主。其中 1989—2009 年 8 径阶栎类次生林样地较多,占比在 30% 左右,10 径阶样地占 25% 左右,12 径阶样地占 15% 左右。2014 年 8~12 径阶样地分布相对均匀,占比分别为 22.92%、23.26%、23.61%,6、14、16 径阶样地增加(表 2-6)。

表 2-6　湖南省栎类次生林径阶分布及样地统计表

年份	6	8	10	12	14	16	18	20	≥22
1989	3	39	25	17	10	6	3	4	3
1994	3	40	31	17	17	5	5	2	4
1999	7	34	30	18	12	5	3	3	4
2004	8	43	36	24	6	8	4	3	4
2009	12	67	56	35	16	7	2	1	3
2014	21	66	67	68	25	17	8	8	8

2.1.3.1　各流域栎类次生林分布变化

(1)栎类次生林面积变化

25 年间,洞庭湖流域栎类次生林面积增加 5.44 万 hm²,栎类次生林逐年增加;湘江流域栎类次生林面积增加 30.74 万 hm²,增长量最大;沅江流域栎类次生林面积增加 12.81 万 hm²;资江流域栎类次生林面积增加 3.52 万 hm²,增长量最小;澧水流域栎类次生林面积增加 4.48 万 hm²,整体上栎类次生林面积增加。

空间上,栎类次生林主要分布在湘江流域,洞庭湖流域分布相对较少。时间上,25 年间湘江流域栎类面积增幅最大(30.74 万 hm²)。资江流域增幅最少(3.52 万 hm²)。沅江流域栎类次生林面积增加 12.81 万 hm²,但面积占比降低。洞庭湖流域面积增加 5.44 万 hm²,占比增加(表 2-7)。

表 2-7　1989—2014 年各流域栎类林地面积变化　　　单位:万 hm²、%

年份	洞庭湖流域		湘江流域		沅江流域		资江流域		澧水流域	
	面积	占比	面积	占比	面积	占比	面积	占比	面积	占比
1989	1.6	4.55	10.89	30.91	15.05	42.72	3.2	9.09	4.48	12.73
1994	2.24	5.65	14.09	35.48	14.09	35.48	3.2	8.06	6.08	15.32
1999	1.28	3.45	13.77	37.07	13.45	36.21	3.84	10.34	4.8	12.93
2004	1.92	4.41	16.65	38.24	14.73	33.82	4.8	11.03	5.44	12.50
2009	4.48	7.04	26.57	41.71	21.13	33.17	5.12	8.04	6.4	10.05
2014	7.04	7.64	41.62	45.14	27.85	30.21	6.72	7.29	8.96	9.72
增长量	5.44		30.74		12.81		3.52		4.48	

（2）栎类次生林蓄积量变化

洞庭湖流域栎类次生林蓄积量最小，占比最大为5.61%，25年间蓄积增加320.69万m³。湘江流域栎类次生林蓄积量最大，占比≥45.29%，25年间增加1821.80万m³，增幅最大。沅江流域栎类次生林蓄积量次于湘江流域，占比≥30.71%，25年间增加979.35万m³。资江流域栎类次生林蓄积逐年增加，25年间增加288.68万m³，增长量最小。澧水流域25年间栎类次生林蓄积增加586.22万m³，占比最大为11.72%（表2-8）。

表2-8　1989—2014年各流域栎类蓄积变化　　　　单位：万m³、%

年份	洞庭湖流域		湘江流域		沅江流域		资江流域		澧水流域	
	蓄积	占比	蓄积	占比	蓄积	占比	蓄积	占比	蓄积	占比
1989	41.07	1.68	1135.48	46.32	1000.90	40.83	104.66	4.27	169.24	6.90
1994	60.64	2.10	1344.02	46.65	1029.28	35.73	126.28	4.38	320.88	11.14
1999	49.21	1.80	1291.48	47.34	1041.62	38.18	152.65	5.60	193.31	7.09
2004	94.46	2.72	1569.97	45.29	1218.09	35.14	223.35	6.44	360.79	10.41
2009	210.61	4.52	2142.84	45.98	1520.28	32.62	282.96	6.07	503.77	10.81
2014	361.76	5.61	2957.24	45.86	1980.25	30.71	393.27	6.10	755.45	11.72
增长量	320.69		1821.80		979.35		288.68		586.22	

（3）栎类次生林单位面积蓄积变化

湘江流域和沅江流域栎类次生林单位面积蓄积较高，均保持在65m³/hm²以上，时间上逐年减小。洞庭湖流域栎类次生林单位面积蓄积较低，最大为51.36m³/hm²。资江流域栎类次生林单位面积蓄积稳定增长，2014年58.49m³/hm²。澧水流域单位面积蓄积增长量最大，25年间增加46.51m³/hm²（表2-9）。

表2-9　1989—2014年各流域栎类单位面积蓄积变化　　　　单位：m³/hm²

年份	洞庭湖流域	湘江流域	沅江流域	资江流域	澧水流域
1989	25.66	104.31	66.52	32.67	37.76
1994	27.06	95.41	73.07	39.44	52.75
1999	38.43	93.81	77.46	39.73	40.25
2004	19.18	94.30	82.71	46.51	66.29
2009	46.99	80.64	71.95	55.24	78.68
2014	51.36	71.05	71.09	58.49	84.27

2.1.3.2　各山脉栎类次生林分布变化

（1）栎类次生林面积变化

25年间，雪峰山脉栎类次生林面积增加9.60万hm²，增长量最小，占比保持在25%左右；武陵山脉栎类次生林面积增加14.09万hm²，面积占比保持在28.65%以上；南岭山脉栎类次生林面积增加12.17万hm²，栎类次生林占20%左右；罗霄—幕阜山脉1989—2004年栎类次生林分布最少，至2014年栎类次生林面积增加21.14万hm²，增长量最大。

空间上，栎类次生林多分布于武陵山脉，1989—1999 年罗霄—幕阜山脉分布最少，2004—2014 年间，南岭山脉分布最少。时间上，25 年间罗霄—幕阜山脉栎类面积增幅最大(21.14 万 hm²)，且面积占比逐年增大。雪峰山脉增幅最小(9.60 万 hm²)。2014 年四大山脉栎类次生林面积占比均达 20%(表 2-10)。

表 2-10　1989—2014 年各山脉栎类面积变化　　　　单位：万 hm²、%

年份	雪峰山脉		武陵山脉		南岭山脉		罗霄—幕阜山脉	
	面积	占比	面积	占比	面积	占比	面积	占比
1989	10.57	30.01	13.45	38.19	7.68	21.81	3.52	9.99
1994	10.89	27.43	14.73	37.10	9.60	24.18	4.48	11.28
1999	10.57	28.46	12.49	33.63	9.28	24.99	4.80	12.92
2004	14.09	32.36	12.81	29.42	8.64	19.84	8.00	18.37
2009	17.29	27.14	18.25	28.65	13.45	21.11	14.72	23.10
2014	20.17	21.87	27.53	29.86	19.85	21.53	24.66	26.74
增长量	9.60		14.09		12.17		21.14	

(2)栎类次生林蓄积变化

罗霄—幕阜山脉栎类次生林蓄积量最小，2014 年占比 17.76%，25 年间蓄积增加 997.31 万 m³。南岭山脉栎类次生林蓄积量最大，占比≥29.57%，25 年间增加 941.79 万 m³，增幅最大。雪峰山脉和武陵山脉类次生林蓄积相差不大，占比均在 25% 左右，武陵山脉增长量最大(1174.22 万 m³)，雪峰山脉增长量最小(883.35 万 m³)(表 2-11)。

表 2-11　1989—2014 年各山脉栎类蓄积变化　　　　单位：万 m³、%

年份	雪峰山脉		武陵山脉		南岭山脉		罗霄—幕阜山脉	
	蓄积	占比	蓄积	占比	蓄积	占比	蓄积	占比
1989	669.64	27.32	669.24	27.30	964.90	39.36	147.57	6.02
1994	734.36	25.49	836.31	29.03	1120.27	38.88	190.15	6.60
1999	980.00	35.92	733.78	26.90	821.86	30.12	192.63	7.06
2004	1072.63	30.94	846.32	24.41	1057.46	30.50	490.24	14.14
2009	1299.71	27.89	1169.17	25.09	1491.36	32.00	700.21	15.02
2014	1553.00	24.09	1843.44	28.59	1906.68	29.57	1144.85	17.76
增长量	883.35		1174.22		941.79		997.31	

(3)栎类次生林单位面积蓄积变化

四大山脉中，南岭山脉栎类次生林单位面积蓄积最大，稳定在 85m³/hm² 以上；雪峰山脉栎类次生林单位面积蓄积在 70.85m³/hm² 左右，最大为 92.76m³/hm²。武陵山脉栎类次生林单位面积蓄积在 60m³/hm² 左右，最大为 66.95m³/hm²。罗霄—幕阜山栎类次生林单位面积蓄积最小，在 45m³/hm² 左右，最大为 61.25m³/hm²。25 年间南岭山脉单位面积蓄积减小，其他山脉单位面积蓄积增大(表 2-12)。

表 2-12 1989—2014 年各山脉栎类单位面积蓄积变化　　单位：m^3/hm^2

年份	雪峰山脉	武陵山脉	南岭山脉	罗霄—幕阜山脉
1989	63.38	49.77	125.57	41.90
1994	67.46	56.78	116.63	42.42
1999	92.76	58.78	88.52	40.11
2004	76.14	66.08	122.33	61.25
2009	75.18	64.07	110.91	47.54
2014	76.99	66.95	96.05	46.44

(4)栎类次生林径阶变化

雪峰山脉 1989—2009 年栎类次生林平均直径以 8、10 径阶为主，2009 年 8 径阶样地 14 个，10 径阶样地 16 个。2014 年 8、10 径阶样地减少，12 径阶样地较 1989 年增加 14 个。

武陵山脉 1989—1999 年平均直径 8 径阶栎类次生林样地较多，样地数量在 15 个以上。2004—2009 年，转为 10 径阶，2009 年 10 径阶样地 19 个。2014 年 12 径阶样地增加，较 1989 年增加 17 个。

南岭山脉 1994 年栎类次生林以 14 径阶为主，样地数量 7 个，8、12 径阶样地逐年递增。2014 年 10 径阶样地最多(12 个)，8 径阶样地 11 个，12 径阶样地 10 个，14 径阶样地 7 个。

罗霄—幕阜山脉 1989—1999 年栎类次生林以 8~10 径阶为主，2004—2014 年 8 径阶样地增加，2014 年 8 径阶样地 26 个，占比最大，其次为 10 径阶(20 个)，6 径阶样地增加 10 个，12 径阶样地增加 13 个。

2.1.4 栎类次生林林分质量时空动态

2.1.4.1 林分质量评价指标

(1)单位面积蓄积

单位面积蓄积指林分中每公顷林木的材积，用 m^3/hm^2 表达。

(2)株数密度

单位面积上的林木株数称为株数密度。反映的是每株林木平均占有的林地面积和营养空间的大小，以株/hm^2 表达。

(3)年平均生长量

年平均生长量指林木在整个年龄期间每年平均生长的数量，等于总生长量除以年龄。

(4)平均胸径

林分平均胸径是反映林分中林木粗度的基本指标，指的是距地面 1.3m 处林木所对应的直径，单位 cm。

（5）平均树高

平均树高是反映林分中全部林木高度水平的测树指标，单位 m。

（6）林分郁闭度

指森林中乔木树冠遮蔽地面的程度，是反映林分密度的指标。在林分调查时，将林分郁闭度划分为疏(0.20~0.39)、中(0.40~0.69)、密(0.70 以上)3 个等级。

（7）树种结构

树种结构反映乔木林分的针阔树种组成，森林资源规划设计调查中将树种结构共分为 7 个等级。

（8）平均年龄

林分年龄是组成林分树木的平均年龄。林分年龄是研究林分生长动态的基础，文中对一类调查的林分年龄进行了修正(龙时胜等，2018)。

（9）海拔

海拔指某地相对于平均海平面(作为零面)的垂直高度，又称绝对高度、海拔高度，单位 m。

（10）坡位

坡位是指坡面所处的地貌部位，分为平地、全坡、谷底、下坡、中坡、上坡和山脊 7 种。

（11）坡度

坡面的垂直高度 H 和水平距离 I 的比叫做坡度。森林资源规划设计调查中，Ⅰ级为平坡≤5°；Ⅱ级为缓坡5°~14°；Ⅲ级为斜坡15°~24°；Ⅳ级为陡坡25°~34°；Ⅴ级为急坡35°~44°；Ⅵ级为险坡≥45°。

（12）坡向

坡向指样地范围的地面朝向，一般分为东、南、西、北、东北、东南、西北、西南、无坡向9种。文中将东、东南、南、西南归为阳坡，将北、西北、西、东北归为阴坡。

（13）土层厚度

样地内土壤的 A+B 层厚度，当有 BC 过渡层时，应为 A+B+BC/2 的厚度。在湖南省森林资源规划设计调查技术规定中，土层厚度分为薄(<40cm)、中(40~79cm)、厚(≥80cm)3 个等级。

（14）土壤类型

土壤可分为沙质土、黏质土、壤土 3 种类型。研究区内土壤类型包括黄壤、黄棕壤、红壤、石灰土、紫色土和潮土6 种，其中红壤居多，黄壤次之。

2.1.4.2　评价指标标准层划分

用 SPSS 软件进行主成分分析，提取 3 个主成分划分标准层。结果显示 KMO 值适当性为 0.643>0.5，球形检验显著性为 0，小于极显著水平 0.01，说明主成分分析法适用于栎类次生林林分质量评价。特征值贡献率分别为 32.593%、27.464%、10.579%，累计贡献率为 70.636%。具体因子特征值见表 2-13。

表 2-13 提取因子特征值

成分	初始特征值			提取载荷平方和		
	总计	方差百分比	累积(%)	总计	方差百分比	累积(%)
1	4.563	32.593	32.593	4.563	32.593	32.593
2	3.845	27.464	60.057	3.845	27.464	60.057
3	1.481	10.579	70.636	1.481	10.579	70.636

通过旋转成分矩阵对指标分组进行确定，第一主成分包括平均胸径、年平均生长量、平均树高、单位面积蓄积四个指标，可视为林分生长潜力指标。相关系数分别为：0.904、0.806、0.793、0.735。第二主成分包括平均年龄、株数密度、林分郁闭度、树种结构四个指标，可视为林分结构因子。相关系数分别为：0.869、0.833、0.613、-0.413。第三主成分包括海拔、坡向、坡位、坡度、土层厚度和土壤类型六个指标，可视为立地条件因子。相关系数分别为：0.746、-0.370、-0.530、-0.446、-0.410、0.712。栎类次生林评价指标体系见表2-14。

表 2-14 栎类次生林林分质量评价体系

目标层	准则层	指标层
林分质量(A)	林分生长潜力(B1)	平均胸径(C1)
		年平均生长量(C2)
		平均树高(C3)
		单位面积蓄积(C4)
	林分结构(B2)	平均年龄(C5)
		株数密度(C6)
		郁闭度(C7)
		树种结构(C8)
	立地条件(B3)	海拔(C9)
		坡向(C10)
		坡位(C11)
		坡度(C12)
		土层厚度(C13)
		土壤类型(C14)

2.1.4.3 各指标综合权重

（1）权重值计算方法

根据1~9标度法，构建判断矩阵，建立层次分析模型，对各层次指标进行两两比较，利用求和法确定各指标层权重。

（2）一致性检验

应用层次分析法应保持判断思维的一致性。当一致性比率 $CR<0.1$ 时，说明单层

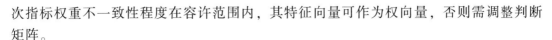

次指标权重不一致性程度在容许范围内，其特征向量可作为权向量，否则需调整判断矩阵。

（3）指标权重计算结果

对各层次指标进行对比赋值，建立 4 个判断矩阵。经过指标向量一致性检验，准则层极大值为 3.006，一致性指标 $CI=0.003$，一致性比率 $CR=0<0.1$；林分生长潜力准则层极大值为 4.018，一致性指标 $CI=0.006$，一致性比率 $CR=0.007<0.1$；林分结构准则层极大值为 4.007，一致性指标 $CI=0.003$，一致性比率 $CR=0.003<0.1$；立地条件准则层极大值为 6.193，一致性指标 $CI=0.039$，一致性比率 $CR=0.031<0.1$。

通过指标向量一致性检验，林分生长潜力因子权重为 0.539，林分结构因子权重为 0.297，立地条件因子权重为 0.163。各指标综合权重见表 2-15。

表 2-15　栎类次生林林分质量评价指标权重

目标层	准则层	权重	指标层	权重	综合权重
林分质量（A）	林分生长潜力（B1）	0.539	平均胸径（C1）	0.239	0.129
			年平均生长量（C2）	0.089	0.048
			平均树高（C3）	0.239	0.129
			单位面积蓄积（C4）	0.433	0.233
	林分结构（B2）	0.297	平均年龄（C5）	0.423	0.125
			株数密度（C6）	0.227	0.068
			郁闭度（C7）	0.227	0.068
			树种结构（C8）	0.122	0.036
	立地条件（B3）	0.163	海拔（C9）	0.379	0.061
			坡向（C10）	0.098	0.016
			坡位（C11）	0.059	0.010
			坡度（C12）	0.158	0.026
			土层厚度（C13）	0.247	0.040
			土壤类型（C14）	0.059	0.010

2.1.4.4　林分质量评价标准化

参考评价体系，先将定性指标数量化（表 2-16），采用极差变换法将数据进行无量纲标准化处理。无量纲化公式如式（2-1）和式（2-2）：

正向指标：
$$X_{ij} = \frac{x_{ij} - x_{i(\min)}}{x_{i(\max)} - x_{i(\min)}} \quad (1 \leqslant i \leqslant m,\ 1 \leqslant j \leqslant n) \tag{2-1}$$

逆向指标：
$$X_{ij} = \frac{x_{i(\max)} - x_{ij}}{x_{i(\max)} - x_{i(\min)}} \quad (1 \leqslant i \leqslant m,\ 1 \leqslant j \leqslant n) \tag{2-2}$$

式中：X_{ij} 为去量纲化后的数据，x_{ij} 为第 i 个评价指标第 j 个样地的原始数据；$x_{i(\max)}$、$x_{i(\min)}$ 分别为对应的第 i 个指标的最大值和最小值；x_0 表示 x_{ij} 取值区间内的最优值。

表 2-16　定性指标数量化

评价指标	划分等级				
	1	2	3	4	5
树种结构	Ⅰ、Ⅱ	—	Ⅲ、Ⅳ、Ⅴ	—	Ⅵ、Ⅶ
坡　位	山脊	上坡	中坡	下坡	山谷、平地
坡　向	阴坡	—	无坡向	—	阳坡
坡　度	险坡	急坡	陡坡	斜坡	平缓坡
土壤类型	潮土、石灰土	紫色土	红壤	黄棕壤	黄壤

2.1.4.5　林分质量等级划分

按林分质量评价模型式(2-3)计算各样地综合得分 Y，根据此得分划分质量等级。Y 值越高说明林分质量越好。评价结果见表 2-17。

$$Y = \sum_{i=1}^{n} W_i C_i \tag{2-3}$$

式中：C_i 为第 i 项归一化评价指标值；W_i 为第 i 项评价指标权重；n 为评价指标个数。

表 2-17　湖南省栎类次生林林分质量综合评分

分类指标			1989	1994	1999	2004	2009	2014
	湖南省		0.342	0.321	0.408	0.426	0.414	0.415
流域	洞庭湖流域		0.285	0.261	0.343	0.378	0.389	0.413
	湘江流域		0.389	0.350	0.455	0.456	0.420	0.444
	沅江流域		0.332	0.313	0.424	0.434	0.419	0.455
	资水流域		0.288	0.276	0.315	0.338	0.366	0.385
	澧水流域		0.316	0.284	0.319	0.411	0.430	0.483
山脉	雪峰山脉		0.339	0.306	0.452	0.409	0.421	0.466
	武陵山脉		0.312	0.295	0.381	0.405	0.401	0.440
	南岭山脉		0.406	0.372	0.439	0.496	0.460	0.479
	罗霄—幕阜山脉		0.320	0.289	0.316	0416	0.380	0.405
森林经营区	湘中丘陵地山水土保持与木本粮油林经营亚区		0.335	0.275	0.351	0.365	0.364	0.398
	环洞庭湖平原丘陵水土保持与农田林网防护林经营亚区		0.374	0.301	0.343	0.393	0.418	0.435
	武陵—雪峰山地水土保持与大径材林经营亚区		0.321	0.300	0.384	0.412	0.412	0.452
	南岭山地水源涵养与用材林经营亚区		0.416	0.391	0.502	0.522	0.471	0.496
	罗霄—幕阜山地水土保持与用材林经营亚区		0.310	0.296	0.482	0.447	0.392	0.413

根据各样地综合分值计算，分值区间为 $[0.056 \sim 0.843]$，用等差法将林分质量等级划分为优、良、中、差、劣 5 个等级（表 2-18）。

表2-18 林分质量等级划分标准

(0~0.20]	(0.20~0.40]	(0.40~0.60]	(0.60~0.80]	(0.80~1.00]
劣	差	中	良	优

2.1.4.6 林分质量变化分析

25年间,湖南省栎类次生林林分质量综合分值在0.321~0.445之间,等级由差变为中(表2-19)。

从6期栎类次生林各等级林分质量综合得分来看,林分质量变化呈为"降—升—降"的规律,其原因可能与气候变化或者人为干预有关。从各等级样地数量来看,栎类次生林质量等级始终以差为主,但其占比逐年下降,中等占比逐年上升,且优良等级林分状态相对稳定。由此可以看出,栎类次生林林分整体质量不高,但正向演替趋势明显。

表2-19 1989—2014年栎类林分质量变化

年份	综合分值	各等级样地数量				
		劣	差	中	良	优
1989	0.342	6	71	33	—	—
1994	0.321	14	83	27	—	—
1999	0.408	9	59	29	18	1
2004	0.426	5	62	50	18	1
2009	0.414	7	88	84	18	2
2014	0.445	9	108	123	47	1

(1)各流域林分质量变化

按流域划分,栎类次生林林分质量综合得分在0.261~0.483之间。

总体来看,空间上,优等林分分布于湘江流域,其他等级林分各流域均有分布。湘江流域、沅江流域、澧水流域栎类次生林林分质量相对较好,资江流域、洞庭湖流域栎类次生林林分质量较差。时间上,五大流域次生林林分质量综合得分分别增加0.128、0.055、0.123、0.097、0.167。资江流域的栎类林分质量等级(差)不变,其他流域栎类次生林质量等级由差发展为中。

各流域栎类次生林林分质量状态变化见表2-20,各流域栎类次生林林分质量动态变化见图2-1。

表 2-20　各流域栎类次生林林分质量状态转移表

分区		1989 年		1994 年		1999 年		2004 年		2009 年		2014 年	
		样地数量	占比(%)	样地数量	占比(%)	样地数量	占比(%)	样地数量	占比(%)	样地数量	占比(%)	样地数量	占比(%)
洞庭湖流域	优	0	0.00	0	0.00	0	0.00	0	0.00	0	0.00	0	0.00
	良	0	0.00	0	0.00	0	0.00	0	0.00	0	0.00	2	0.69
	中	1	0.91	0	0.00	1	0.86	3	2.21	6	3.02	10	3.47
	差	3	2.73	5	4.03	2	1.72	3	2.21	8	4.02	10	3.47
	劣	1	0.91	2	1.61	1	0.86	0	0.00	0	0.00	0	0.00
湘江流域	优	0	0.00	0	0.00	1	0.86	1	0.74	2	1.01	1	0.35
	良	0	0.00	0	0.00	12	10.34	11	8.09	11	5.53	19	6.60
	中	17	15.45	16	12.90	7	6.03	16	11.76	29	14.57	55	19.10
	差	17	15.45	25	20.16	22	18.97	23	16.91	38	19.10	51	17.71
	劣	0	0.00	3	2.42	1	0.86	1	0.74	3	1.51	4	1.39
沅江流域	优	0	0.00	0	0.00	0	0.00	0	0.00	0	0.00	0	0.00
	良	10	9.09	8	6.45	5	4.31	6	4.41	4	2.01	18	6.25
	中	33	30.00	32	25.81	15	12.93	20	14.71	37	18.59	36	12.50
	差	4	3.64	4	3.23	19	16.38	18	13.24	23	11.56	30	10.42
	劣	0	0.00	4	3.23	3	2.59	2	1.47	2	1.01	3	1.04
资江流域	优	0	0.00	0	0.00	0	0.00	0	0.00	0	0.00	0	0.00
	良	2	1.82	2	1.61	4	3.45	0	0.00	0	0.00	1	0.35
	中	7	6.36	4	3.23	6	5.17	4	2.94	5	2.51	9	3.13
	差	1	0.91	4	3.23	2	1.72	10	7.35	11	5.53	10	3.47
	劣	0	0.00	0	0.00	0	0.00	1	0.74	0	0.00	1	0.35
澧水流域	优	0	0.00	0	0.00	0	0.00	0	0.00	0	0.00	0	0.00
	良	3	2.73	0	0.00	1	0.86	1	0.74	3	1.51	7	2.43
	中	11	10.00	1	0.81	2	1.72	7	5.15	7	3.52	13	4.51
	差	0	0.00	17	13.71	10	8.62	8	5.88	8	4.02	7	2.43
	劣	0	0.00	1	0.81	2	1.72	1	0.74	2	1.01	1	0.35

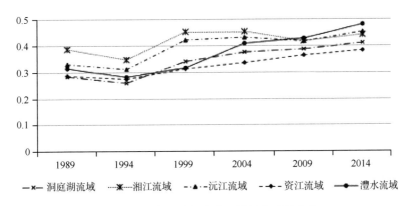

图 2-1　各流域栎类次生林林分质量变化

（2）各山脉林分质量变化

按山脉划分，栎类次生林林分质量综合得分在 0.289~0.496 之间。

总体来看，空间上，优等林分分布于南岭山脉，其他等级林分各山脉均有分布。南岭山脉和雪峰山脉栎类次生林林分质量相对较好，武陵山脉和罗霄—幕阜山脉栎类次生林林分质量较差。时间上，25 年间，各山脉林分质量均有改善，四大山脉林分质量综合得分分别增加 0.127、0.128、0.073、0.085，南岭山脉质量等级（中）不变，其他山脉质量等级由差发展为中。

各山脉栎类次生林林分质量状态变化见表 2-21，各山脉栎类次生林林分质量动态变化见图 2-2。

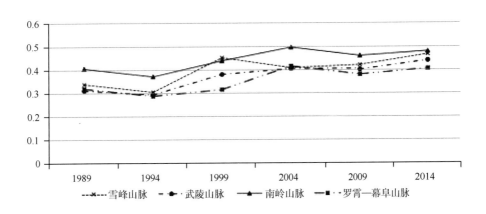

图 2-2　各山脉栎类林分质量变化

表 2-21　各山脉栎类次生林林分质量状态转移表

分区		1989年 样地数量	1989年 占比(%)	1994年 样地数量	1994年 占比(%)	1999年 样地数量	1999年 占比(%)	2004年 样地数量	2004年 占比(%)	2009年 样地数量	2009年 占比(%)	2014年 样地数量	2014年 占比(%)
雪峰山脉	优	0	0.00	0	0.00	0	0.00	0	0.00	0	0.00	0	0.00
	良	0	0.00	0	0.00	8	6.90	5	3.68	2	1.01	14	4.86
	中	11	10.00	7	5.65	9	7.76	16	11.76	32	16.08	28	9.72
	差	20	18.18	22	17.74	12	10.34	21	15.44	19	9.55	19	6.60
	劣	2	1.82	5	4.03	1	0.86	2	1.47	1	0.50	2	0.69
武陵山脉	优	0	0.00	0	0.00	0	0.00	0	0.00	0	0.00	0	0.00
	良	6	5.45	5	4.03	5	4.31	3	2.21	5	2.51	15	5.21
	中	33	30.00	36	29.03	10	8.62	16	11.76	21	10.55	36	12.5
	差	3	2.73	5	4.03	22	18.97	18	13.24	27	13.57	31	10.76
	劣	0	0.00	0	0.00	5	4.31	3	2.21	4	2.01	4	1.39
南岭山脉	优	0	0.00	0	0.00	1	0.86	1	0.74	2	1.01	1	0.35
	良	0	0.00	0	0.00	4	3.45	8	5.88	9	4.52	14	4.86
	中	13	11.81	13	10.48	9	7.76	8	5.88	15	7.54	24	8.33
	差	11	10.00	15	12.1	14	12.07	10	7.35	14	7.04	20	6.94
	劣	0	0.00	2	1.61	1	0.86	0	0.00	2	1.01	3	1.04
罗霄—幕阜山脉	优	0	0.00	0	0.00	0	0.00	0	0.00	0	0.00	0	0.00
	良	3	2.73	2	1.61	1	0.86	2	1.47	2	1.01	4	1.39
	中	7	6.36	10	8.06	11	9.48	10	7.35	16	8.04	35	12.15
	差	1	0.91	2	1.61	2	1.72	13	9.56	28	14.07	38	13.19
	劣	0	0.00	0	0.00	1	0.86	0	0.00	0	0.00	0	0.00

2.1.5　小结

1989—2014 年，湖南省栎类次生林面积增加 56.99 万 hm², 蓄积量净增长 3996.62 万 m³。25 年间，栎类次生林规模总体上呈稳定增长趋势。但空间上分布不均，五大流域中，湘江流域分布最多，增长量最大，资江流域分布最少，增长量最小。四大山脉中，武陵山脉分布较多，南岭山脉分布较少，罗霄—幕阜山脉增长量最大，雪峰山脉增长量最小。

构建了以林分生长潜力、林分结构和立地条件为准则层的栎类次生林质量评价体系，建立了林分质量评价模型，林分质量综合得分值域为[0.056~0.843]，并用等距划分法，分为优、良、中、劣、差 5 个等级。结果表明，25 年间，湖南省栎类次生林林分质量稳定向好，质量等级由差发展为中。

2.2　青冈栎次生林种群结构及空间格局

青冈栎(*Cyclobalanopsis glauca*)属壳斗科青冈属，为常绿阔叶树种，其适生范围非常广泛，它不仅是我国亚热带常绿阔叶林带的主要优势树种，也是我国东部亚热带地区主要造林树种之一。对于恢复青冈栎的天然林群落结构，了解和掌握青冈栎次生林种群结构以及空间分布格局、空间关联性、空间异质性就显得非常重要。本研究基于此目的，对青冈栎次生林中青冈栎种群的种群结构、青冈栎次生林中主要种群空间分布格局和空间关联性以及不同生长因子的异质性进行研究，为青冈栎次生林的可持续经营提供科学依据。

2.2.1　数据来源

在湖南省平江县中南林业科技大学芦头实验林场设置了 300 亩①青冈栎次生林示范林基地，本研究在示范林内设置 9 块具有代表性的立地条件相似的青冈栎次生林样地，面积均为 20m×20m，对样方内所有达到起测径阶(胸径≥5cm)的树种进行每木检尺，测量样地内每一株树的胸径、树高、冠幅以及 x、y 坐标等基本因子，并在每个样方内选取 2~3 株青冈栎作为解析木；再将每个样地划成 5m×5m 的小样方，对未达到起测径阶(胸径<5cm)的树种，调查其树种、地径、树高及 x、y 坐标等基本因子，同时每个样地沿对角线选取 4 个 5m×5m 的小样方，将小样方内未达到起测径阶的青冈栎幼苗在基径处伐倒，现场数其年轮测定并记录其年龄。并详细记录样地的地理位置、坡度、坡向、坡位、郁闭度、海拔、土壤类型、地形以及林下灌木、草本等基本因子。

在整个青冈栎次生林示范林中，由于地理环境因素的限制，设置大样地并不理想，因此，本研究将 9 块标准地数据拼接成一个 60m×60m 的大样地，以方便对青冈栎种群结构以及主要树种空间格局进行研究。样地基本信息见表 2-22。

---

① 1 亩 = 1/15hm²，以下同。

表 2-22 标准地概况

样地	地理因子					林分因子			
	土壤	海拔 (m)	坡度 (°)	坡向	坡位	郁闭度	林分组成	平均胸径(cm)	平均树高(cm)
1	黄壤	324	33	阳坡	中	0.7	5青3杜2甜	15.4	11.1
2	黄壤	340	31	阳坡	中	0.7	4青3杜2檵1杉	12.9	9.5
3	黄壤	312	32	阳坡	中	0.8	4青3杜2杉1甜	14.6	10.0
4	黄壤	310	31	阳坡	中	0.8	4青4杜1檵1橄	12.5	9.3
5	黄壤	330	30	阳坡	中	0.7	4青2甜2杉2杜	14.9	9.7
6	黄壤	312	32	阳坡	中	0.7	4青3檵3杜	12.1	9.1
7	黄壤	315	33	阳坡	中	0.7	3青3拟3杜1杉	13.1	9.0
8	黄壤	320	31	阳坡	中	0.8	4青3甜3檵	15.1	8.8
9	黄壤	314	32	阳坡	中	0.7	5青2甜2杜1拟	14.3	11.3

注:"青"为青冈栎、"杜"为杜鹃、"甜"为甜槠、"檵"为檵木、"杉"为杉木、"橄"为橄榄、"拟"为拟赤杨。

2.2.2 研究方法

2.2.2.1 重要值

重要值(importance value,IV)这一指标常用于对群落结构特征的研究当中,用来衡量某一物种在其所处的生态群落中所处的地位,以及反映其所在群落中的重要性。衡量物种丰富度与多样性的数量指标有很多,重要值是其中较为常用的一个,它是用来体现某一种群在群落中的作用和地位等级,确定其相对重要性的一个相对指标。重要值是根据优势度(树木胸高断面积)、频度、密度的相对值来计算的,某一物种的重要值越大,表明该物种在林分中的优势程度越大,所处地位的重要性也越高,其计算公式为:

$$IV = (RA + RF + RD)/3 \tag{2-4}$$

$$RA = \left(N_i / \sum N_i\right) \times 100\% \tag{2-5}$$

$$RF = \left(F_i / \sum F_i\right) \times 100\% \tag{2-6}$$

$$RD = \left(A_i / \sum A_i\right) \times 100\% \tag{2-7}$$

式中:RA 表示相对多度;RF 表示相对频度;RD 表示相对优势度;N_i 表示某一种个体总数,$\sum N_i$ 表示全部物种的个体数;F_i 表示某物种的频度,$\sum F_i$ 表示所有物种的频度;A_i 表示某物种所有个体数的胸高断面积之和,$\sum A_i$ 表示全部物种胸高断面积总和。

2.2.2.2 空间点格局分析

分析不同尺度下的空间格局,能更好地反应群落空间特征,近年来 Ripley's K 被大量应用于空间点格局研究。点格局分析的统计学理论是 Ripley(1977)首先提出来的,经 Diggle 等(1983)发展,该方法现在已经成为分析林木空间格局最常采用的方法。Ripley's K 点格局分析法将研究区域内每个物种个体视为二维空间的一个点,以全部个体组成的二维点图为基础来进行格局分析。

本研究采用单变量 $g(r)$ 函数来分析青冈栎次生林中主要树种的空间格局，采用双变量 $g_{1,2}(r)$ 函数来分析优势树种种间的空间关联性。$g(r)$ 函数是由 Ripley's K 函数 $K(r) = \pi r^2$ 演化而来，一般计算公式如下：

$$g(r) = \frac{1}{2\pi r} \frac{\mathrm{d}K(r)}{\mathrm{d}r} \tag{2-8}$$

$$g_{1,2}(r) = \frac{1}{2\pi r} \frac{\mathrm{d}K_{1,2}(r)}{\mathrm{d}r} \tag{2-9}$$

在单变量 $g(r)$ 函数中，它是利用点间的距离，计算以任意一点为圆心，半径为 r 的指定圆环宽度区域内点的数量来进行空间格局点分析。若 $g(r)$ 值高于 Poisson 分布区间上限，则该树种呈现聚集分布；若 $g(r)$ 值低于 Poisson 分布区间下限，则该树种为均匀分布；若 $g(r)$ 值分布于 Poisson 分布区间内，则为随机分布。

双变量 $g_{1,2}(r)$ 函数，它是以任意物种 1 个体为中心，在半径为 r 的圆环区域范围内，物种 2 的数量，以此来决定不同种群间在不同尺度上的空间关联性。当 $g_{1,2}(r)$ 值高于 Poisson 分布区间上限，两个种群呈显著正相关；$g_{1,2}(r)$ 值低于 Poisson 分布区间下限，两个种群呈显著负相关；$g_{1,2}(r)$ 值处于 Poisson 分布区间内，两个种群之间没有相关性。

空间格局分析使用 2014 版的 Programita 软件完成，将整个样地划分为 1m×1m 的栅格，用以取样的宽度设定为 3m，空间检验尺度设定为样方边长的一半 30m。通过 99 次 Monte Carlo 模拟得到有两条 Poisson 分布包迹线包围的 99% 置信区间。

2.2.2.3　种群动态数量化方法

种群动态数量化方法一般用来定量描述种群动态，其表达式如下：

$$V_n = \frac{S_n - S_{n-1}}{\max(S_n, S_{n-1})} \times 100\% \tag{2-10}$$

$$V_{pi} = \frac{1}{\sum\limits_{n=1}^{k-1} S_n} \sum\limits_{n=1}^{k-1} (S_n V_n) \tag{2-11}$$

式中：V_n 为种群 n 到 $n+1$ 级的个体数量变化；S_n、S_{n-1} 分别为第 n 和 $n-1$ 级种群个体数；k 表示种群大小级数量。而式(2-8)在分析种群数量动态时存在一定的缺陷，它仅适用于在不考虑外界环境条件干扰的情况下种群动态分析，而现实生活中外界环境的干扰对种群数量动态的变化具有很大影响，因此需要对式(2-8)进行修正，修正后为：

$$V'_{pi} = \frac{\sum\limits_{n=1}^{k-1} (S_n V_n)}{\min(S_1, S_2, \cdots, S_k) k \sum\limits_{n=1}^{k-1} S_n} \tag{2-12}$$

$$P_{极大} = \frac{1}{k\min(S_1, S_2, \cdots, S_k)} \tag{2-13}$$

式中：V'_{pi} 为整个种群结构的数量动态变化指数；k 为大小级数量；S 为大小级个体数，$P_{极大}$ 为遭受外界干扰时，种群结构对外界干扰的敏感性指数。V_n 和 V'_{pi} 取正、负、零值时，分别对个体数量稳定、衰退、增长的动态关系予以体现。

2.2.2.4　静态生命表的编制

结合种群不同龄级的株数，来对该种群的静态生命表进行编制，详细编制方法如下：

$$d_x = l_x - l_{x+1} \tag{2-14}$$

$$q_x = d_x / l_x \tag{2-15}$$

$$l_x = (l_x + l_{x+1}) / 2 \tag{2-16}$$

$$T_x = \sum L_x \tag{2-17}$$

$$e_x = T_x / l_x \tag{2-18}$$

$$k_x = \ln l_x - \ln l_{x+1} \tag{2-19}$$

式中：x 代表年龄级；l_x 为在 x 龄级开始时，对应的标准化存活数；d_x 为 x 到 $x+1$ 龄级期间的标准化死亡数；q_x 为 x 到 $x+1$ 龄级期间的死亡率；l_x 为 x 到 $x+1$ 龄级期间的平均存活个体数；T_x 为 x 龄级到超过 x 龄级的个体总数；e_x 为进入 x 龄级个体的生命期望值；k_x 为消失率。

2.2.2.5　时间序列预测

时间序列分析作为统计学中的一个非常重要的分支，在林业上目前广泛应用于树木生长、病虫害等领域的预测与分析。本研究通过时间序列分析方法的运用，对青冈栎种群未来数量加以预测、模拟。时间序列分析的计算公式如式（2-20）所示：

$$M_t = \frac{1}{n} \sum_{k=t-n-1}^{t} X_k \tag{2-20}$$

式中：M_t 表示在未来 n 年时 t 龄级的种群大小；n 表示需要预测的未来时间年限；t 为龄级，是近期所需要观测的 n 个观测值在 t 这一时刻的平均值，也可以称为第 n 周期的移动平均，即表示未来 n 年时 t 龄级的种群规模大小；X_k 为当前 k 龄级的种群大小。

2.2.2.6　变异函数分析法

变异函数分析方法也可以称为半方差函数分析，它是在区域化变量的基础之上，用来分析分布于某个空间中突出存在的结构和随机性自然现象的产生，其定义式为：

$$\gamma(h) = \frac{1}{2} \text{VAR}\left[Z(x_i) - Z(x_i + h)\right] = \frac{1}{2}\text{E}\left\{\left[Z(x_i) - Z(x_i + h)\right]^2\right\} \tag{2-21}$$

其估计值为：

$$\gamma(h) = \frac{1}{2N(h)} \sum_{i=1}^{N(h)} \left[Z(x_i) - Z(x_i + h)\right]^2 \tag{2-22}$$

式中：$Z(x)$ 为区域化随机变量，$Z(x_i)$ 与 $Z(x_i + h)$ 分别为 $Z(x)$ 在空间位置为 x_i 和 $x_i + h$ 上的观测值；$N(h)$ 是当分隔距离为 h 时存在的总样本对数。以分隔距离为 x 轴，变异函数值 $\gamma(h)$ 为 y 轴，绘制得到的散点图，再确定理论模型曲线，可以得到变异函数曲线图。$\gamma(h)$ 含有四个特征参数：基台值 $S(C_0 + C)$、变程 A、块金方差 C_0 以及分形维数 D。

基台值 S 包含了块金方差 C_0 以及空间结构方差 C，其大小直接反映了 $Z(x)$ 的变化幅度；块金方差 C_0 是由实验误差以及取样误差过小所引起的变异；变程 A 则表示的是研究趋于变量在空间尺度上表现的空间自相关范围大小；分形维数 D 为变异函数上的一个参数

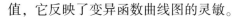

值，它反映了变异函数曲线图的灵敏。

分形维数（fractal dimension）是基于变异函数或者协方差函数的基础上所求解得到的一个参数值，它是对变异函数模型图反映灵敏度的间接反映，其计算式为：

$$D = (4 - m)/2 \tag{2-23}$$

式中：m 为变异函数曲线的斜率，其大小是对空间复杂性程度与空间依赖性强度的一个量化指标。D 值越小，表明空间依赖性强度对林分空间格局影响很大，也间接性地说明该林分的空间格局相对比较简单。变异函数分析采用 GS+7.0 软件进行分析。

理论的变异函数模型一共分为四种：球状模型（spherical model）、指数函数模型（exponential model）、高斯模型以及线性模型（linear model）。其模型表达式如下。

（1）球状模型

$$\gamma(h) = \begin{cases} 0 \\ C_0 + C\left[\dfrac{3}{2}\dfrac{h}{a} - \dfrac{1}{2}\left(\dfrac{h}{a}\right)^2 \right] \\ C_0 + C \end{cases} \tag{2-24}$$

式中：C_0 为块金方差；$C_0 + C$ 表示为基台值；C 为拱高（块金方差-基台值）；a 为变程。当 $C_0 = 0$，$C = 1$ 时，该模型为标准球状模型。

（2）指数函数模型

$$\gamma(h) = \begin{cases} 0 \\ C_0 + C(1 - \mathrm{e}^{-\frac{h}{a}}) \end{cases} \tag{2-25}$$

式中：C_0 为块金方差；C 为拱高，但是 a 却不是变程。而当 $h = 3a$ 时，$\gamma(h) \approx C_0 + C$，因此，在指数函数模型中的变程应为 $3a$。

（3）高斯模型

$$\gamma(h) = \begin{cases} 0 \\ C_0 + \left[1 - \mathrm{e}^{-\left(\frac{h}{a}\right)^2} \right] \end{cases} \tag{2-26}$$

式中：C_0 为块金方差；C 为拱高，a 也不是变程。当 $h = \sqrt{3}a$ 时，$\gamma(h) \approx C_0 + C$，因此，高斯模型的变程应变为 $\sqrt{3}a$。

（4）线性模型

$$\gamma(h) = \begin{cases} C_0 + Ah \\ C_0 + C \end{cases} \tag{2-27}$$

式中：C_0 为块金方差；C 为拱高；A 为直线的斜率，变程为 a。

2.2.3　树种组成及径级结构

2.2.3.1　树种组成

树种组成是指组成林分的树种成分，由一个树种或混有其他树种但材积都分别占不到 10% 的林分称之为纯林；而由两个或更多个树种组成，其中每种树木在林分内所占成数均不少于10%的林分称之为混交林。由所调查的标准地基本资料中的林分组成系数可以看出，研究区标准地林分为混交林。

通过对样地中的树种及株数进行统计得到样地的树种组成及株数密度，如图2-3所示，从图中可以明显地看到，样地中总共有19个树种，而在整个林分中青冈栎占据了很大的优势，达到了813株/hm^2，随后的杜鹃、甜槠公顷株数分别为341株/hm^2、153株/hm^2，其次是拟赤杨、杉木和檵木，其公顷株数达到了100株/hm^2、97株/hm^2、86株/hm^2，其他树种的种群数量公顷株数都比较少，可以不考虑对其进行研究。

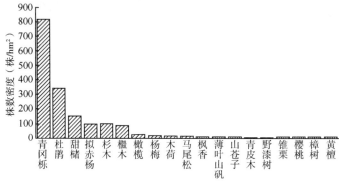

图2-3　样地树种组成

重要值是一个能够直接反映出该种群所处环境中所处地位的重要指标。考虑到样地较大，树种有19种之多，因此本研究引入重要值，通过对样地中每个树种重要值的计算来对树种进行重要值排序，以更好的显示每个树种在样地或者在林分中地位。通过对样地中各树种分别统计其相对多度、相对频度以及相对优势度，可以对样地中所有树种的重要值进行计算并进行排序，结果见表2-23。

表2-23　青冈栎次生林各树种重要值

树种	相对优势度RD（%）	相对多度RA（%）	相对频度RF（%）	重要值IV（%）
青冈栎 Cyclobalanopsis glauca	50. 9615	32. 8423	46. 5102	43. 4380
杜鹃 Rhododendron simsii	11. 5385	20. 5622	7. 0871	13. 0626
甜槠 Castanopsis eyrei	10. 5769	13. 1369	12. 4869	12. 0669
杉木 Cunninghamia lanceolata	6. 9231	8. 2820	7. 3231	7. 5094
拟赤杨 Alniphyllum fortunei	6. 9231	7. 1396	5. 8153	6. 6260
檵木 Loropetalum chinense	5. 9615	6. 5685	3. 7959	5. 4420
马尾松 Pinus massoniana	0. 7692	1. 1423	9. 7831	3. 8982
橄榄 Canarium album	1. 3462	1. 9991	2. 3248	1. 8900
薄叶山矾 Symplocos anomala	0. 5769	3. 9681	0. 1579	1. 5677
杨梅 Myrica rubra	0. 9615	0. 5712	1. 4346	0. 9891
木荷 Schima superba	0. 7692	1. 1423	0. 9263	0. 9460
枫香 Liquidambar formosana	0. 5769	0. 5712	0. 5780	0. 5754
野漆树 Toxicodendron succedaneum	0. 3846	0. 2856	0. 7697	0. 4800
山苍子 Litsea cubeba	0. 5769	0. 2856	0. 2014	0. 3546
青皮木 Schoepfia jasminodora	0. 3846	0. 2856	0. 3381	0. 3361

（续）

树种	相对优势度 RD(%)	相对多度 RA(%)	相对频度 RF(%)	重要值 IV(%)
锥栗 *Castanea henryi*	0.1923	0.2856	0.2425	0.2401
樟树 *Cinnamomum camphora*	0.1923	0.3607	0.0527	0.2019
樱桃 *Cerasus pseudocerasus*	0.1923	0.2856	0.1196	0.1992
黄檀 *Dalbergia hupeana*	0.1923	0.2856	0.0527	0.1769

从表 2-23 可以看出，在整个样地中，青冈栎（*Cyclobalanopsis glauca*）种群优势较为明显，不管是相对优势度、相对多度还是相对频度都处于领先地位，其重要值达到了43.4380%，在样地中表现为建群种。杜鹃（*Rhododendron simsii*）和檵木（*Loropetalum chinense*）为灌木或者小乔木，一般而言，杜鹃和檵木都作为灌木进行研究，但是在本次研究中由于杜鹃和檵木都生长较好而且数量较多，因此本研究将杜鹃和檵木视为小乔木来对其进行研究，其重要值分别达到了 13.0626% 和 5.4420%。甜槠（*Castanopsis eyrei*）、杉木（*Cunninghamia lanceolata*）、拟赤杨（*Alniphyllum fortunei*）三个树种在样地中也有着一定的数量分布，其重要值分别为 12.0669%、7.5094%、6.6260%。

总的来说，从重要值的分布及排序情况，青冈栎作为样地中最主要树种存在，本研究将以其中青冈栎种群作为主要研究对象，而杜鹃、甜槠、杉木、拟赤杨以及檵木等 5 个树种的种群作为次要研究对象，而剩下的马尾松等 13 个种群本研究将不做研究。

2.2.3.2 直径结构

在林分总体特征上，异龄林和同龄林有着明显的不同，就直径结构来说，同龄林直径结构一般呈现为单峰山状曲线，而异龄林受林分自身的树种特性、立地条件、演替过程等因素的影响，其直径结构曲线类型多样而复杂。对于异龄林分直径分布，除了典型的反"J"形曲线外，还经常呈现为不对称的单峰或多峰山状曲线。利用本次调查得到的每木检尺数据资料，对样地中主要树种的直径结构进行统计分析，将未达到起测径阶的幼树幼苗统一划分为一个径阶，达到起测径阶的树种按 2cm 为一个径阶，最大径阶是 42cm，制出青冈栎次生林主要树种径阶株数分布图，如图 2-4 所示。

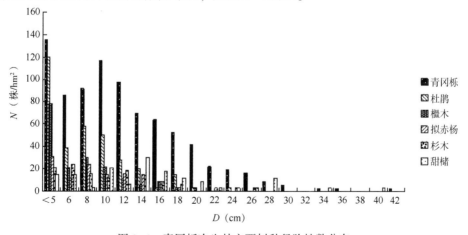

图 2-4 青冈栎次生林主要树种径阶株数分布

由图 2-4 可以看出，次生林中青冈栎种群的直径结构分布呈现一种左偏的单峰山状曲线，峰值出现在 10cm 处，且大部分青冈栎直径都处于 6~18cm 之间，累计百分比达到了 81.3%，在林分中表现出青冈栎多以中、小径阶林木为主，平均胸径为 13.6cm，而大径阶的青冈栎株数较少，样地中最大的青冈栎胸径为 42.5cm。杜鹃和檵木也呈现以峰值为 8cm 的左偏单峰山状曲线，其径阶分布主要集中在 6~14cm，样地中很少有 20cm 以上的杜鹃和檵木。杉木、拟赤杨和甜槠在样地中的径阶都集中分布在 10~20cm 范围，大径阶的杉木和拟赤杨在样地中鲜有分布，甜槠在样地中最大胸径为 40.3cm。

2.2.3.3 树高结构

根据样地每木检尺的数据，分析和研究样地中的树高分布，以 1m 为一个高度级，对所调查的青冈栎次生林样地内的主要树种树高进行分类，最小高度级为 4m，最大高度级为 16m，将所调查的标准地林木按照树高进行统计，得到青冈栎次生林主要树种树高分布图，如图 2-5 所示。

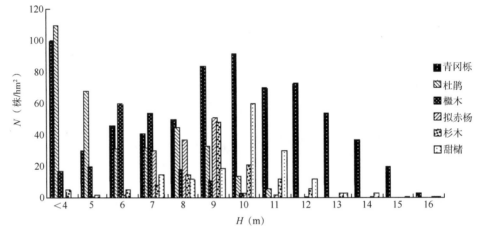

图 2-5 青冈栎次生林主要树种树高分布

结合本次调查实际数据与青冈栎次生林主要树种树高分布图，样地中青冈栎平均树高为 9.8m，最大树高 18.2m，其树高分布规律呈现以峰值为 10m 的单峰山状曲线，树高分布主要集中在 9~13m 中等高度级，且 14m 以上的青冈栎数量较少；杜鹃和檵木树高基本都集中在 8m 处，其树高平均值分别为 8.1m 和 7.6m，10m 以上的杜鹃和檵木在样地中基本不存在；杉木和甜槠为高大乔木，一般树高都比较大，其树高集中分布在林分中在以 10m 为顶峰的两侧区域。

2.2.3.4 年龄结构及龄级划分

国内大部分学者都采用径级结构替代年龄结构的方法，而从生命表本质上来说，年龄是不可缺少的，径阶并不能完全代替年龄，也不能够准确反映出种群的结构和动态，因此，为了更好的、更加准确的编制青冈栎的静态生命表，本研究首先必须获得样地中每株青冈栎具体的年龄。基于实地调查获得的青冈栎幼苗年龄数据以及青冈栎解析木数据，本研究采用年龄（A）—基径（BD）回归与解析木结合的方法，以获取青冈栎的具体年龄。

以年龄（A）为因变量，基径（BD）为自变量，通过年龄—基径回归方法，采用 SPSS

22.0 拟合得到线性回归方程效果最好，其 R^2 为 0.9104，其方程表达式为：

$$A = 4.1942BD + 0.71 \tag{2-28}$$

通过解析木资料，以年龄 (A) 为自变量，胸径 (DBH) 为因变量，利用 SPSS 22.0 软件对青冈栎直径模型进行拟合，本研究选取了 5 种具有代表性的直径生长方程：Logistic 方程、Richards 方程、Gompertz 方程、Korf 方程及 Schumacher 方程，各方程的表达式以及拟合得到各模型参数结果见表 2-24。

表 2-24　青冈栎直径生长方程拟合结果

函数名	表达式	a	b	c	R^2	MSE
Logistic	$y = \dfrac{a}{1 + be^{-cA}}$	35.3668	7.3445	0.0667	0.9263	8.124
Richards	$y = a(1 - e^{-cA})^b$	48.7267	1.775	0.0312	0.9453	8.027
Gompertz	$y = ae^{-be^{-cA}}$	45.8622	3.9685	0.0582	0.8635	8.256
Korf	$y = ae^{-bA^{-c}}$	14259.3842	10.726	0.1350	0.8273	8.487
Schumacher	$y = ae^{-A}$	44.3345	35.4288	—	0.8725	8.362

通过对 5 个直径生长方程进行分析和比较，发现 Richards 方程拟合结果最好，R^2 达到了 0.9453，因此确定青冈栎直径生长模型为：

$$DBH = 48.726 \tag{2-29}$$

根据式 (2-28) 和式 (2-29)，推算得到样地中每株青冈栎的年龄，而根据《国家森林资源连续清查湖南省第七次复查操作细则》，栎类天然林的龄级划分为 20 年一个龄级，但从获取的青冈栎年龄实际分布情况来看，本研究的青冈栎年龄最大的为 56 年，若以 20 年一个龄级进行划分研究并不合理，而一般静态生命表编制时，以 10 个龄级最为适合，因此，本研究以 5 年一个龄级对青冈栎龄级进行划分，最终将青冈栎年龄划分为 11 个龄级，见表 2-25。

表 2-25　龄级划分表

龄级	年龄(年)	龄级	年龄(年)
Ⅰ	$A \leq 5$	Ⅶ	$30 \leq A < 35$
Ⅱ	$5 \leq A < 10$	Ⅷ	$35 \leq A < 40$
Ⅲ	$10 \leq A < 15$	Ⅸ	$40 \leq A < 45$
Ⅳ	$15 \leq A < 20$	Ⅹ	$45 \leq A < 50$
Ⅴ	$20 \leq A < 25$	Ⅺ	$A \geq 50$
Ⅵ	$25 \leq A < 30$		

2.2.4　青冈栎种群结构及动态分析

2.2.4.1　种群数量动态变化研究

以龄级作为 x 轴，各龄级株数为 y 轴，可以绘制得到青冈栎种群的龄级结构分布图

（图2-6），可以发现，青冈栎种群龄级的形状为金字塔形，顶部相对狭窄，而基部较宽。在统计之后发现，Ⅰ~Ⅳ龄级个体数量相对较多，约为群体数量的85.49%，Ⅴ~Ⅷ龄级占整个种群个体总数的13.28%，Ⅸ~Ⅺ龄级占整个种群个体总数的1.23%。

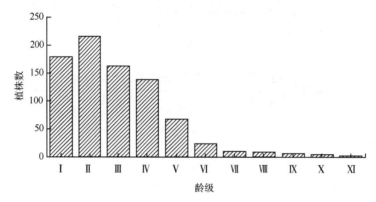

图2-6　青冈栎次生林种群龄级结构

基于种群动态数量化方法来对青冈栎种群各龄级之间的动态变化进行分析，分析结果见表2-26，结果表明：青冈栎种群在Ⅰ龄级向Ⅱ龄级的发育过程中，其动态指数值$V_1 = -0.1674 < 0$，说明处于Ⅰ龄级的个体数少于下一阶段的个体数。若考虑外界环境对种群进行随机干扰，则动态指数值$V_{pi}' = 0.0103$，趋近于0，相应的敏感性指数$P_{极大} = 0.05$，说明青冈栎次生林中青冈栎种群总体呈现为增长型种群，但种群增长幅度不大，而且种群结构容易受到外界环境的干扰。

表2-26　青冈栎种群龄级结构的动态变化指数

种群动态指数级	动态指数值（%）	种群动态指数级	动态指数值（%）
V_1	-16.74	V_7	20.00
V_2	24.65	V_8	37.50
V_3	14.20	V_9	40.00
V_4	51.80	V_{10}	33.33
V_5	65.67	V_{pi}'	1.03
V_6	56.52		

2.2.4.2　静态生命表

静态生命表是根据某一特定时间，对种群作一个年龄结构的调查而获得数据来编制的生命表。在外业调查所搜集数据的基础上，结合静态生命表编制方法，编制青冈栎次生林中青冈栎种群的静态生命表。在编制青冈栎种群生命表时，会出现死亡率为负数的情况，这是由于青冈栎属于天然次生林，静态生命表的三个假设并不能同时满足，负值情况虽与数学假设不符，但依然可以提供有用的生态数据。对此，江洪等在编制云杉静态生命表时采用了匀滑技术，匀滑技术就是利用初始估计并且结合先验观点的方法来修正初试估计值存在误差的一种数学方法，此方法的目的是为了得到一个更好的、可信程度更高的一个估计值或者一系列估计值，本研究也将运用此方法对数据进行匀滑处理。

通过匀滑技术的运用，来匀滑处理该种群数据，即把各龄级、存活株数分别作为自变量、因变量，利用 SPSS 22.0 回归分析构建得到方程：

$$y = 419.519\mathrm{e}^{-0.482x} \qquad (R^2 = 0.9218) \qquad (2-30)$$

由式(2-30)便可以得到匀滑后各龄级的植株数为 a_x，最终编制出青冈栎种群静态生命表(表 2-27)。

表 2-27　青冈栎种群静态生命表

龄级	年龄	A_x	a_x	l_x	d_x	q_x	L_x	T_x	e_x	$\ln l_x$	K_x
I	(0, 5]	179	352	1000	409	0.41	796	1941	1.94	6.91	0.53
II	(5, 10]	215	208	591	242	0.41	470	1145	1.94	6.38	0.52
III	(10, 15]	162	123	349	142	0.41	278	675	1.93	5.86	0.53
IV	(15, 20]	139	73	207	85	0.41	165	397	1.92	5.33	0.53
V	(20, 25]	67	43	122	48	0.39	98	232	1.9	4.80	0.50
VI	(25, 30]	23	26	74	31	0.42	59	134	1.81	4.30	0.54
VII	(30, 35]	10	15	43	17	0.40	35	75	1.74	3.76	0.50
VIII	(35, 40]	8	9	26	12	0.46	20	40	1.54	3.26	0.62
IX	(40, 45]	5	5	14	5	0.36	12	20	1.43	2.64	0.44
X	(45, 50]	3	3	9	3	0.22	8	8	0.89	2.20	0.41
XI	≥50	2	2	6	—	—	—	—	—	1.79	—

2.2.4.3　存活曲线、死亡率及消失率曲线

存活曲线，即以存活个体数量作为基础，可对在各龄级树木个体的存活状态进行反映。研究以各龄级的标准化存活数量进行存活曲线的绘制，如图 2-7 所示。Deevey 存活曲线的类型有 3 种，即曲线凸型、曲线对角型、曲线凹型。第一种表示在达到生理寿命前，死亡的个体仅为少数，即几乎全部均可达到生理寿命；第二种即各年龄具有相同的死亡数；第三种即死亡率较高的龄段为幼年期。

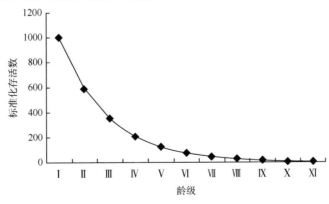

图 2-7　青冈栎种群存活曲线

从图 2-7 中可以看出，曲线早期斜率较大，环境的自然选择强度大，因此死亡率较高，通过筛选的幼树仅为 4.3%，并进入到Ⅶ龄段。在对存活曲线与Ⅱ还是Ⅲ型相符进行检验时，Loucks 以及 Hett 分别通过指数方程式（$N_x = N_0 e^{-bx}$）和幂函数式 $N_x = n_0 x^{-b}$ 两种数学模型进行检验。拟合得到的结果如下：

$$N_x = 1655.1 e^{-0.520} \tag{2-31}$$

$$N_x = 2425.6 x^{-2.20} \tag{2-32}$$

从式（2-31）、式（2-32）两个模型的 R^2 值可以看出，幂函数模型的 R^2 值（0.9042）比指数模型的 R^2 值（0.9986）要低，因此，青冈栎种群的存活曲线更趋于 Deevey-Ⅱ型，呈对角线型，各年龄死亡数相同。

结合图 2-8 可以发现，该种群的消失率、死亡率曲线变化近似一致。在Ⅶ龄级前，种群具有相似的死亡率和消失率，在Ⅷ龄级的时候，死亡率和消失率相对于之前有一个明显的上升，存在一个明显的死亡率和消失率高峰，分别为 0.62 和 0.46，在Ⅷ龄级之后的发育过程中，随着年龄的增长，其逐步进入成熟林阶段，针对环境的抗性以及环境的适应能力都有所增强，因此消失率、死亡率持续下降，并于 X 龄级时，分别达到0.41 以及 0.22。

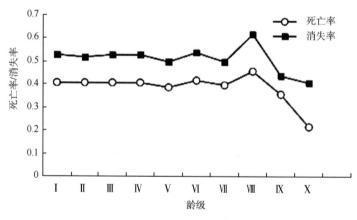

图 2-8　青冈栎种群死亡率及消失率曲线

2.2.4.4　时间序列预测

时间序列预测是研究种群未来年龄结构和发展趋势的有效途径。青冈栎种群的时间序列预测以各龄级的基础数据，按照一次平均推移法预测青冈栎种群各龄级在未来 10 年、20 年、30 年、40 年后各龄级个体数。在图 2-9 中，青冈栎种群各龄级数量都呈现小幅度的增长趋势，但是老龄个体却逐渐增多。因此，由于可更新幼龄个体的缺乏，若不采取人工干预措施，青冈栎种群未来必然趋于衰退趋势。

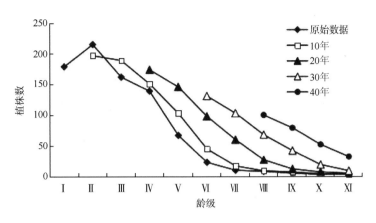

图 2-9 青冈栎种群时间序列预测

2.2.5 空间分布格局

2.2.5.1 青冈栎次生林总体空间分布格局

空间格局分析使用 2014 版的 Programita 软件完成，设定 1m×1m 的栅格来划分整个样地，用以取样的圆环宽度设为 3m，检验的尺度设为 0~30m。以个体在空间的坐标为基本数据，每个个体都可以视为二维空间的一个点，这样所有个体就组成空间分布的点图，以点图为基础进行格局分析，采用基于圆环的 O-ring O(r)函数，并以完全空间随机模型（Complete Spatial Randomness，CSR）和异质泊松模型（Heterogeneous Poisson，HP）为零模型来研究样地内主要种群的空间分布格局及种内、种间关系。完全随机模型从本质上来说它是一种均质泊松过程，它考虑了林分中生境条件异质性对空间分布格局的影响，而异质泊松模型则是一种排除了生境异质性的零模型。

对样地所有树种的空间分布格局研究结果如图 2-10 所示，图中横坐标表示研究尺度，纵坐标便是函数值，图中虚线为泊松分布上、下限，图中表示的是分别以完全随机模型（CSR）和异质泊松模型（HP）为零假设时，其总体空间分布格局，从图中可以看出，两种模型之间存在着明显的差异，这也就说明了样地中的生境条件对空间分布格局存在影响。当以完全随机模型（CSR）为零假设时，整个样地在 0~12m 尺度范围上呈聚集分布且随着尺度的不断增加，其聚集强度也呈现逐渐减弱的态势，在 12~25m 尺度范围上林分整体呈随机分布，大于 25m 尺度其总体分布格局趋于均匀分布态势，最后逐渐稳定在该状态；当以异质泊松模型（HP）为零假设时，样地中林分整体的空间分布格局在大部分尺度上均表现为随机分布趋势，仅在 0~2m 尺度范围上呈现聚集分布。

2.2.5.2 主要树种的空间分布格局

植物种群的空间分布格局在很大程度上取决于种群自身的生物学特性、生长环境，以及种间和种内的相互作用。本研究样地中树种多且杂，分析样地中每个树种的空间分布格局必要性不大，而通过对样地中各树种的重要值计算发现，重要值大于 5% 的只有 6 个树种，因此，本研究只对样地中重要值前六的树种进行不同树种的空间格局分析。取样地中树种重要值前六的树种分析其空间分布格局，即对样地中的青冈栎、杜鹃、甜槠、杉木、拟赤杨，以及檵木6个树种展开空间分布格局研究，并分别以完全随机模型（CSR）和异质泊松模型（HP）为零假设对样地中不同树种的空间分布格局进行研究。

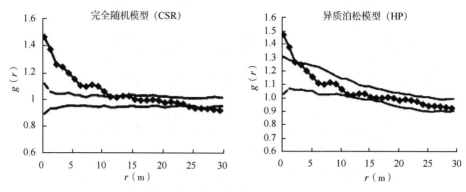

图 2-10　不同零假设模型下的样地总体空间分布格局

当以完全随机模型为零假设时，分析结果如图2-11所示，图中横坐标代表尺度，其研究结果表明：青冈栎在0~6m小尺度范围上表现为聚集分布，7m尺度以上都呈现随机分布，超过28m尺度范围其空间分布格局则表现为一种均匀分布的趋势；杜鹃在0~20m尺度范围上为聚集分布，仅在20~22m尺度范围内表现为随机分布，而大于22m尺度种群表现趋势为均匀分布；甜槠和杉木分布格局基本一致，在所有尺度上均以随机分布为主，并基本稳定在该分布状态下；拟赤杨在0~10m上为聚集分布，当尺度大于10m时，都为随机分布，随着尺度的增大，最终会趋于均匀分布；檵木在整个样地中也表现为以随机分布为主，仅在小范围尺度上表现出聚集分布趋势。当以异质泊松模型为零假设时，分析结果如图2-12所示，其研究结果表明，样地中所有树种的空间分布格局在绝大部分尺度范围上都表现为一种随机分布态势。

总体来看，当以完全随机模型为零假设时，甜槠在整个尺度上都表现为随机分布，这是由于甜槠种子发芽困难且死亡率较高造成的，导致甜槠在林分内个体数较少，而其他五个树种在小尺度上基本都呈现聚集分布，种群在小尺度上聚集分布的原因，其原因之一是由于具有较丰富的个体数，另外还与种子的扩散机制以及树种本身的生物学特性有关，聚集性格局的形成在一定程度上有利于同种间形成有利于自身生长的环境，并能够抵御外来物种的侵入，本研究的样地坡度普遍较大，青冈栎种子粒大而且重，因此种子从母树掉下来后将会滚落在山脚或者某一坡度平缓处，这样就必然会形成强烈的聚集分布。杜鹃空间分布格局与其他树种存在明显的不同之处，其在较大尺度上（20m）也呈现出聚集分布，大尺度上的聚集可能是由生境异质性所造成的。随着空间尺度的不断增大，样地中的主要树种的空间分布格局逐渐转向为随机分布或均匀分布，这是由于种群年龄的增长，植株对水分、养分以及光照需求不断增大，其种间、种内等的竞争加剧，导致他疏和自然稀疏，使种群密度下降，聚集强度逐渐减弱，最终呈现出随机分布或者均匀分布趋势。而当以异质泊松模型为零假设时，主要树种的空间分布格局在大部分尺度范围上都表现为随机分布，这表明现阶段群落格局的形成过程中生境异质性起到了至关重要的作用。

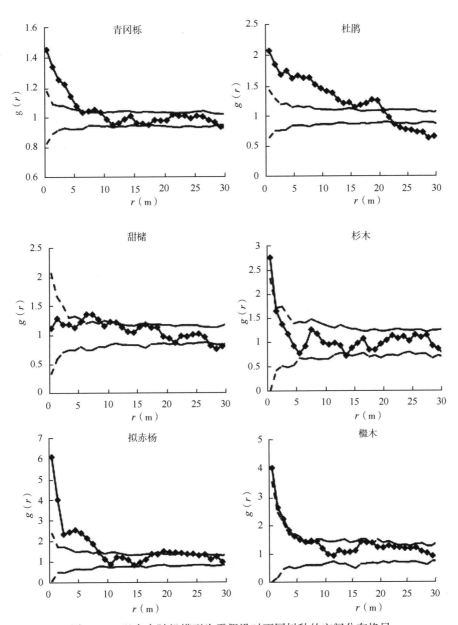

图 2-11 以完全随机模型为零假设时不同树种的空间分布格局

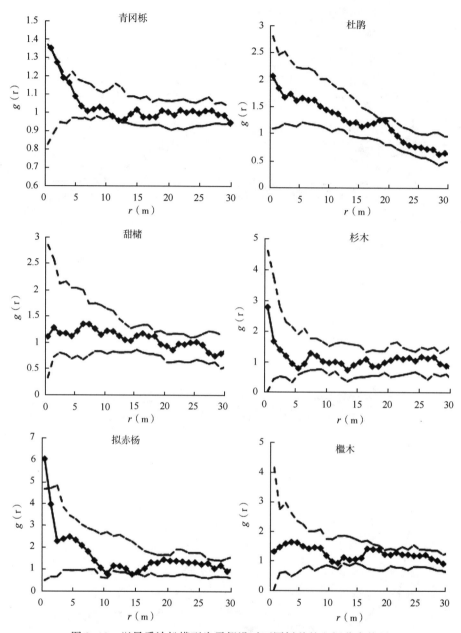

图 2-12　以异质泊松模型为零假设时不同树种的空间分布格局

2.2.5.3 青冈栎种群不同生长阶段的空间分布格局

青冈栎是样地中的主要种群，分析青冈栎种群在不同生长阶段的空间分布格局，对于揭示青冈栎种群变化及发展趋势具有重大意义。根据青冈栎自身生物学特性以及青冈栎年龄分布，将青冈栎按年龄大小划分为三个生长阶段，Ⅰ：青冈小树（$A \leq 20$ 年）、Ⅱ：青冈中树（20 年$< A \leq 40$ 年）、Ⅲ：青冈大树（$A > 40$ 年）。

运用空间点格局中的单变量 $g(r)$ 函数来分析青冈栎种群不同生长阶段的空间分布格局，研究结果如图 2-13。研究结果发现：青冈栎小树与中树在小尺度范围上呈现聚集分布，这是由于小径阶的青冈栎株数较多，密度相对较大，因此在小尺度上表现出聚集分布；随着尺度的增大，青冈栎小树的空间分布格局逐渐转变为随机分布趋势；青冈栎中树与青冈栎大树在所有尺度范围均表现为随机分布。

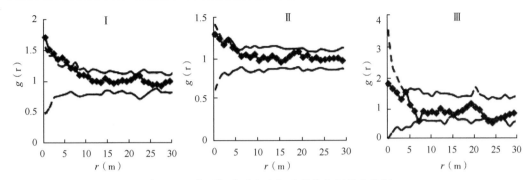

图 2-13　青冈栎种群各生长阶段的空间分布格局

曾有研究结果表明，种群的低龄树存在明显的聚集分布的趋势，而随着树木年龄的增长，种群会逐渐趋于随机分布或者均匀分布。青冈栎种群不同生长阶段的空间分布格局也符合这一规律。本研究中，青冈栎小树、中树在向大树发育的过程中，小树、中树在小尺度上呈现聚集分布，其原因可能有两点：第一，种群早期的空间分布格局主要受种子传播与扩散的影响，由于生长环境条件等的影响导致种子的不均匀萌发，最终致使青冈栎小树、中树的空间分布格局呈聚集分布；第二，小树、中树的小尺度上聚集分布，能够相互庇护并以集群形式利用周围资源，提高其生存与竞争，有利于维持青冈栎种群自身的稳定性。而青冈栎大树在大小尺度上都表现为随机分布，随着树木年龄的逐渐增长，青冈栎对于光、营养、空间等的需求也随之不断增大，各生长阶段的青冈栎种内竞争激烈，导致部分青冈栎死亡，因此青冈栎种群最终趋于随机分布或者均匀分布。

2.2.6　空间关联性

2.2.6.1　主要树种间的空间关联性

空间资源利用与树种间的周边环境相适应的结果导致了树种间关联性的产生，而种间关联性的决定因素是生境依赖性，种间关联性也是生态位重叠、分离的一种体现。研究青冈栎次生林内主要树种之间的空间关联性，对于分析林分起源以及演替机制能够起到非常重要的作用，本研究将分析样地中青冈栎、杜鹃、甜槠、拟赤杨、檵木、杉木 6 个主要树种之间的空间关联性，以揭示青冈栎次生林林分形成过程及其演替机制。

通过运用双变量 $g_{1,2}(r)$ 函数，分析 6 个树种 15 个树种对之间的空间关联性，结果见表 2-28，研究结果发现：青冈栎种群与杉木种群在所有尺度上都表现为负相关；与杜鹃、檵木、拟赤杨、甜槠 4 个树种间在 0~10m 小尺度范围上基本都呈现负相关关系；而在 10~20m 较大尺度范围上，青冈栎种群与杜鹃之间依然为负相关，与檵木、拟赤杨以及甜槠等 3 个树种之间基本都表现为不相关；随着尺度范围（>20m）的不断增大，青冈栎种群与杜鹃、拟赤杨两个树种间关联性表现为不相关，而与檵木和甜槠之间表现为正相关。杜鹃作为样地中第二大主要树种存在，其种群与檵木在 0~14m 尺度范围上为负相关，在

14～30m 尺度范围上表现为不相关；与拟赤杨和甜槠两个种群之间在 0～12m 尺度上表现为负相关，随着尺度增加种间关系基本都表现为不相关；与杉木种群在 0～12m 尺度范围上为负相关，大于 12m 尺度表现为不相关。甜槠与檵木在 0～6m 尺度上表现为负相关，在 12～22m 尺度上表现为不相关，在 24～28m 尺度上表现为正相关；与拟赤杨在 0～10m 尺度范围表现为负相关，随着尺度增加两个树种间关系表现为不相关；甜槠与杉木种群在所有尺度上均表现为负相关关系。拟赤杨、檵木以及杉木三个种群之间的关联性表现的基本一致，其两两树种对之间在 0～2m 小尺度上表现为负相关关系，随着尺度的增加，树种间关系表现为不相关。

表 2-28　主要树种的空间关联性

树种 1	树种 2	尺度(m)															
		0	2	4	6	8	10	12	14	16	18	20	22	24	26	28	30
青冈栎	杜鹃	–	–	–	–	–	–	–	r	–	–	–	r	r	r	r	r
青冈栎	檵木	–	–	r	–	–	–	r	r	r	r	r	+	+	+	+	+
青冈栎	拟赤杨	–	–	–	–	–	r	r	r	r	r	r	r	r	r	r	r
青冈栎	杉木	–	–	–	–	–	–	–	–	–	–	–	–	–	–	–	–
青冈栎	甜槠	–	–	–	r	r	r	r	r	r	r	r	r	r	r	r	r
杜鹃	檵木	–	–	–	–	–	–	–	r	r	r	r	r	r	r	r	r
杜鹃	拟赤杨	–	–	r	r	r	r	r	–	r	r	r	r	r	r	r	r
杜鹃	杉木	–	–	–	–	–	r	r	r	r	r	r	r	r	r	r	r
杜鹃	甜槠	–	–	r	r	r	r	r	r	r	r	r	r	r	r	r	r
甜槠	檵木	–	–	–	–	–	r	r	r	r	r	r	r	+	+	+	r
甜槠	拟赤杨	–	–	–	–	–	–	r	r	r	r	r	r	r	r	r	r
甜槠	杉木	–	–	–	–	–	–	–	–	–	–	–	–	–	–	–	–
拟赤杨	檵木	–	–	r	r	r	r	r	r	r	r	r	r	r	r	r	r
拟赤杨	杉木	–	–	r	r	r	r	r	r	r	r	r	r	r	–	r	r
檵木	杉木	–	–	+	r	r	r	r	r	r	r	r	r	r	r	r	r

注：–表示负相关，+表示正相关，r 表示不相关，置信区间为 99%。

　　从主要树种间的空间关联性分析结果来看，树种间负相关关系的产生原因主要是因为树种间的竞争造成的，而正相关关系的产生原因可能是由于树种本身生物学特性所导致的。青冈栎作为样地中的主要建群树种，在样地中占据了较大的优势，其种群在各个径阶均有分布，因此青冈栎种群与大部分伴生树种间在小尺度上表现为负相关，而随着尺度的增加，大径阶的青冈栎也随之减少，与其他树种的距离也相对较远，因此青冈栎与绝大部分树种之间的空间关联性都表现为不相关关系。檵木属喜阴植物，而大径阶的青冈栎和甜槠由于具有较大的冠幅，为檵木的更新和生长环境创造了良好的条件，因此檵木与青冈栎、甜槠两个树种在大尺度上表现为正相关关系。杉木一般作为次生林的先锋树种出现，首先入侵到林地，在建群过程中为其他树种的更新和生长环境创造了良好的条件，而杉木自身却因为生长环境条件的改变而慢慢地退出林分。杉木的这种演替机制使得杉木与杜鹃、檵木、拟赤杨、甜槠等树种在小尺度范围上都表现为负相关，而随着尺度的不断增大，杉木与其他树种之间竞争也随着减小，从而表现为不相关关系。杉木、青冈栎以及甜槠3个树种作为样地的主林层，在上层对阳光和空间的争夺，这也就导致了3个树种间在大尺度上变为负相关关系。总体上来说，树种由于种间竞争，绝大部分树种在小尺度上均表现为负相关，而随着尺度的增大，大径阶的个体数量越来越少，个体之间距离也越来越远，因此，大部分树种在大尺度上表现为不相关。

2.2.6.2 青冈栎种群不同生长阶段的空间关联性

通过空间点格局分析的双变量 $g_{1,2}(r)$ 函数来对样地中青冈栎三个生长阶段的空间关联性进行研究，研究结果如图2-14所示。从图中可以看出，青冈栎小树与青冈栎中树、大树在0~5m小尺度上表现为显著负相关，随着研究尺度范围的不断增大，青冈栎小树与青冈栎中树、大树表现不相关，即两者之间没有明显的空间关联性；青冈栎中树与青冈栎大树在所有尺度上均表现不相关关系。

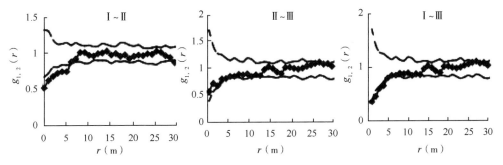

图2-14 青冈栎种群各生长阶段的空间关联性

青冈栎种群不同生长阶段在空间上的相互关联性，能够反映出青冈栎种群的现状及种群内处于不同生长阶段个体之间的相互关系。青冈栎种群不同生长阶段个体间的空间关联性主要受青冈栎形体大小的影响，个体之间形体差异越大，其正相关性越弱，甚至表现为负相关或者不相关。因此，在同一种群中，个体之间形体大小差异越小，可能会更加有利于种群的协调发展，而形体大小差异越大的个体在空间上可能会对较小个体的生存产生不利影响，这与种内激烈的竞争有着很大的关系。本研究中，青冈栎小树与中树、大树在小尺度上呈现显著的负相关关系，其原因是青冈栎中树与大树对青冈栎小树的更新有着抑制作用，而且树种间还存在激烈的竞争，但是随着青冈栎小树的年龄增大。青冈栎小树对于抵御外界环境的胁迫能力也随之增强，因此，青冈栎小树与青冈栎中树、大树逐渐表现为不相关；青冈栎中树与青冈栎大树在所有尺度上均表现为不相关，其原因是不同龄级间的个体之间相互独立，且保持一定的距离，减轻了个体之间对于资源的争夺，有利于青冈栎种群的稳定健康发展。

2.2.7 空间异质性

空间异质性是指一个或者多个生态学变量在空间上表现出来的不均匀性和复杂性，它是对生态系统的环境梯度变化的最直接反映。利用变异函数分析方法，研究青冈栎次生林林分中胸径、树高以及冠幅三个生长因子的最佳理论变异函数模型、异质性组成以及各向异性。

2.2.7.1 不同生长因子的变异函数

变异函数的理论模型有4种，分别是线性模型、球状模型、指数模型和高斯模型。通过对样地中不同林分生长因子进行变异函数分析，得到不同生长因子的变异函数模型参数，见表2-29，表中 C_0 为块金方差（nuggt variance），表示区域变量在小尺度范围上出现的非连续性变异现象，其来源主要是由于随机变异的抽样尺度以及数据调查时的测量误差或者数据分析误差所造成的；$C_0 + C$ 表示基台值（sill），它是对研究变量空间自相关范围的平均距离；A 为变程（range），它表示的是研究区域变量在空间尺度上表现的空间自相关范围大小，即聚集斑块大小。

通过对四种模型之间的对比分析，可以得到林分三个生长因子空间变异的最佳理论模型。结果表明：胸径拟合的理论结果模型为线性模型，胸径空间自相关范围为57.80m，其决定系数 R^2 为0.740；树高拟合的理论结果模型符合球状模型，树高空间自相关范围为1.80m，其决定系数 R^2 为0.784；冠幅拟合的理论结果模型为高斯模型，冠幅空间自相关范围为78.46m，其决定系数 R^2 为0.989。

表 2-29 青冈栎次生林不同生长因子的变异函数模型参数

生长因子	理想模型	块金方差 C_0	基台值 C_0+C	变程 A	决定系数系数 R^2
胸径	线性模型	31.91	46.37	57.80	0.740
	球状模型	2.30	39.72	3.00	0.113
	指数模型	31.40	81.93	509.4	0.727
	高斯模型	5.80	39.73	2.60	0.113
树高	线性模型	8.33	8.43	57.80	0.755
	球状模型	0.69	8.43	1.80	0.784
	指数模型	1.07	8.45	0.30	0.256
	高斯模型	1.63	8.43	0.52	0.039
冠幅	线性模型	1.27	4.09	58.59	0.970
	球状模型	1.23	5.57	126.90	0.966
	指数模型	1.15	5.41	180.30	0.934
	高斯模型	1.57	4.64	78.46	0.989

根据拟合得到的林分三个不同生长因子的变异函数模型参数，可以得到三个生长因子的变异函数模型，其模型表达式如下：

胸径：
$$\gamma(h) = \begin{cases} 31.91 + 0.28h & 0 \leqslant h \leqslant 57.8 \\ 46.37 & h > 57.8 \end{cases} \tag{2-33}$$

树高：

$$\gamma(h) = \begin{cases} 0 \\ 0.69 + 9.30h - 1.20h^2 \\ 8.43 \end{cases} \tag{2-34}$$

冠幅：

$$\gamma(h) = \begin{cases} 0 \\ 1.57 + \left[1 - e^{-\left(\frac{h}{45.3}\right)^2} \right] \end{cases} \tag{2-35}$$

根据式(2-33)、式(2-34)、式(2-35)三个生长因子的理论模型，可以绘制得到林分不同生长因子的变异函数图，如图2-15，图中横轴代表尺度距离，纵轴代表变异函数值。从图中可以看出，青冈栎次生林的胸径变异函数值随着尺度的增加其变异函数值呈现不断增大的趋势，说明胸径的空间变异程度较大，当选取尺度大于变程时，胸径的变异函数值稳定在基台值上，但是由于本研究所选取的尺度较小，因此在变异函数曲线图上体现并不明显；树高的变异函数值从总体上来看，在绝大部分尺度上都围绕着变异函数曲线上下波动，且波动幅度不大，说明树高的空间变异程度不大；冠幅在小尺度上变异函数值较低，随着尺度的增加，冠幅的半方差函数值也随着增加，并逐渐趋于平稳。

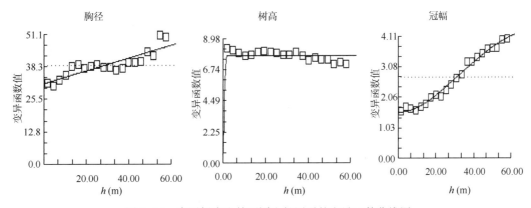

图2-15 青冈栎次生林不同生长因子的变异函数曲线图

2.2.7.2 不同生长因子的异质性组成

空间异质性一般由两部分组成，结构性变异(structural variation)以及随机性变异(random variation)，结构性变异的产生主要是结构性因素(生态学过程、生物学特性以及环境异质性)所导致的，而随机性变异则是由随机因素产生。块金方差(C_0)表示空间随机变异部分，空间结构方差($C = C_0 + C - C_0$)则表示的是空间结构性变异部分；块金方差(C_0)与基台值($C_0 + C$)之间的比值表示的是空间随机性变异在总空间异质性中所占的比例，空间结构方差(C)与基台值($C_0 + C$)之间的比值则表示的是空间结构性变异在总空间异质性中所占的比例；D为分形维数。

青冈栎次生林不同生长因子的异质性组成参数见表2-30。从表中可以看出，胸径的随机变异和结构性变异在总的空间异质性所占比例分别为0.688和0.311，表明胸径空间异质性产生原因主要是由随机因素产生；树高的结构性变异在总的空间异质性所占比例为0.918，说明青冈栎次生林中树高具有强烈的空间结构性，各树种树高与其自身生物学特性密切相关；冠幅的随机性变异和结构性变异在总的空间异质性所占比例分别为0.338和

0.662，表明胸径空间异质性主要是由结构性因素所引起的。

表 2-30　青冈栎次生林不同生长因子的异质性组成参数

生长因子	块金方差/基台值 C_0/C_0+C	结构方差/基台值 C/C_0+C	分形维数 D	决定系数 R^2	标准差 SE
胸径	0.688	0.311	1.943	0.677	0.317
树高	0.082	0.918	1.986	0.566	0.410
冠幅	0.338	0.662	1.841	0.785	0.215

2.2.7.3　不同生长因子的各向异性

区域化变量在几个方向上变化时就要考虑变异函数 $\gamma(h)$ 在不同方向上的变化。如果变异函数 $\gamma(h)$ 在各个方向上变化相同时则称为各向同性（isotropy），反之则称为各向异性（anisotropy）。各向异性产生的原因是由于所处环境因素的影响，以及种内、种间的竞争过程和干扰在空间不同方向存在差异所造成的。

分形维数 D 是衡量空间异质性的一个非常重要的指标，以分形维数 D 为基础，同时结合各向异性的变异函数图，能够准确直观地反映出林木不同生长因子在不同方向上的各向异性，D 值越小，表明空间格局的空间依赖性越强，其本身空间格局相对简单。对样地中所有树木进行各向异性的变异函数分析，计算南—北（0°）、东北—西南（45°）、东—西（90°）、西北—东南（135°）四个方向上的分形维数，见表 2-31。

表 2-31　青冈栎次生林不同生长因子的分形维数表

生长因子	方向	分形维数 D	决定系数 R^2	标准差 SE
胸径	南—北	1.948	0.231	0.794
	东北—西南	1.956	0.324	0.608
	东—西	1.962	0.651	0.652
	西北—东南	1.937	0.265	0.721
树高	南—北	1.970	0.523	0.443
	东北—西南	1.976	0.526	0.442
	东—西	1.971	0.387	0.584
	西北—东南	1.954	0.689	0.31
冠幅	南—北	1.798	0.768	0.221
	东北—西南	1.943	0.550	0.393
	东—西	1.886	0.779	0.224
	西北—东南	1.751	0.748	0.227

研究结果表明，从分形维数 D 来看，青冈栎次生林中林分不同生长因子在各方向上的分形维数都不相同。胸径的分形维数从四个方向上来看，其差异并不明显，但在东—西方向上，其均一程度最高，分形维数为 1.962；树高分形维数在东北—西南方向上最大，为 1.976，表明树高在东北—西南方向上，其均一程度最高；冠幅分形维数相比于胸径、树

高，其分形维数在四个方向上具有较大的差异，在东北—西南方向上分形维数值最大，为 1.943，在西北—东南方向上分形维数最小，为 1.751，说明冠幅在东北—西南方向上均一程度最高，在西北—东南方向上均一程度最低。总体上来说，林分中胸径、树高、冠幅三个生长因子分别在东—西、东北—西南、东北—西南方向上分形维数最大，空间异质性最为明显。

从决定系数 R^2 来看，胸径在东—西方向上决定系数最高，为 0.651；树高在西北—东南方向上决定系数最高，为 0.689；冠幅在东—西方向上决定系数最高，为 0.779。说明胸径、树高、冠幅三个生长因子的优势格局分别为东—西、西北—东南、东—西方向。

第3章
湖南栎类次生林立地质量评价

我国森林资源分布广泛，依据第八次森林资源调查结果，从优势树种组来看，栎类林的面积和蓄积分别占全国森林的 10.15% 和 8.76%，在所有优势树种（或组）中均排名第一。栎类以天然林为主，其天然林面积和蓄积分别占栎类林的 96.29% 和 99%，且分布广泛，遍布全国，是亚热带天然林的主要林分，且以混交林为主。由国家森林资源清查的历史数据可知，栎类单位面积产量不高，生产力低。

湖南栎类资源丰富，据统计有 6 属 77 种，呈现出分布不均匀、偏远、经纬度地带性差异和垂直地带性差异显著等特点。其中，常绿阔叶林主要有栲属（*Castanopsis*）、石栎属（*Lithocarpus*）、青冈属（*Cyclobalanopsis*），如湘中地带的苦槠、青冈、栲树、钩栗、细叶青冈、小红栲及甜槠林；落叶阔叶林主要有栎属（*Quercus*）、水青冈属（*Fagus*）和栗属（*Castanea*）。湖南栎类面积和蓄积量分别约占全省阔叶林 13% 和 14%。

森林立地质量评价不仅是决定森林生长与收获的主要因素，而且也是森林经营与决策的主要影响因素。关于林分的立地质量评价和生长量的预估，在人工林方面，已做了大量成熟的研究，并得到了广泛的应用。对于天然林立地质量评价的研究较少，许多研究表明，天然林林分结构复杂，立地类型多样，林分的年龄在调查时不易获取，有时选取的年龄并不能代表林分的实际年龄，林分优势高的选择也没有统一的标准。另外，已有的研究仅仅局限于某个树种或树种组，具有地域性特点，其评价方法不能解决区域性的天然林立地质量评价兼容性问题。因此，在天然林立地质量评价中选择一个可行性高的评价方法显得尤为重要。

3.1 数据来源

3.1.1 样地基本情况

本研究数据采集于 2015 年 12 月至 2016 年 8 月，分别在湖南省平江县芦头林场、桑植县八大公山自然保护区、沅江市龙虎山森林公园、郴州市五盖山林场、宁乡县青羊湖林场共设置标准地 51 块。标准地调查内容包括树高、胸径、年龄、冠幅等测树因子，海拔、坡度、坡位、坡向、土壤厚度、土壤类型等立地因子。样地基本情况见表 3-1。

表 3-1　样地基本情况

样地号	样地面积（m²）	优势树种	海拔（m）	坡度（°）	坡位	坡向	土壤类型	土层厚度（cm）	郁闭度
LT001	559.40	锥栗	983	20	上坡	西北坡	黄棕壤	85	0.830
LT002	397.75	锥栗	1040	17	上坡	东坡	黄棕壤	90	0.875
LT003	394.82	甜槠	1000	22	上坡	东坡	黄棕壤	65	0.830
…	…	…	…	…	…	…	…	…	…
LT013	623.61	甜槠	1030	45	上坡	东北坡	黄棕壤	87	0.790
TPS001	441.60	亮叶水青冈	1427	36	下坡	东南	黄棕壤	70	0.860
TPS002	579.84	亮叶水青冈	1458	41	上坡	东南	黄棕壤	75	0.770
TPS003	421.67	亮叶水青冈	1443	45	上坡	西北	黄棕壤	70	0.860
…	…	…	…	…	…	…	…	…	…
TPS009	426.24	亮叶水青冈	1613	38	脊部	东北	黄棕壤	45	0.820
LHS001	633.75	石栎	98	11	下坡	西南	黄棕壤	61	0.860
LHS002	633.75	石栎	98	11	下坡	西南	黄棕壤	61	0.860
LHS003	633.75	石栎	98	11	上坡	西南	黄棕壤	61	0.860
…	…	…	…	…	…	…	…	…	…
LHS006	661.77	石栎	80	15	上坡	东北	黄棕壤	53	0.860
WGS001	501.60	甜槠	1010	27	中坡	南坡	黄壤	75	0.855
WGS002	501.12	甜槠	1020	31	中坡	西北坡	黄壤	80	0.770
WGS003	451.00	甜槠	1021	35	中坡	北坡	黄壤	60	0.855
…	…	…	…	…	…	…	…	…	…
WGS010	393.60	甜槠	1270	31	脊部	北坡	黄棕壤	43	0.773
HCSK001	421.40	青冈	160	41	中坡	西南	黄棕壤	85	0.860
HCSK002	409.86	青冈	170	45	脊部	东南	黄棕壤	86	0.700
HCSK003	392.00	青冈	210	31	下坡	东北	黄棕壤	93	0.820
…	…	…	…	…	…	…	…	…	…
HCSK013	405.00	青冈	200	31	下坡	西	黄棕壤	75	0.750

3.1.2　树高—年龄模型数据

本研究选取的树高与年龄数据有 3 组，即林分平均木高与年龄、林分平均优势木高与年龄、林分最高优势木树高与年龄，具体情况如表 3-2 所示。

表 3-2　模型建立数据

因子	株数	平均木		平均优势木		最高优势木	
		树高（m）	年龄（年）	树高（m）	年龄（年）	树高（m）	年龄（年）
平均值	76	13.5	39	15.2	51	17.5	61
最大值	261	23.2	75	22.3	91	26.5	150
最小值	30	9.2	21	9.6	18	10.6	23
标准差	57	2.6	15	3.0	20	3.4	28

3.1.2.1　林分平均木选取及年龄测定

（1）对样地内每木检尺的所有林木划分径阶，根据林分各径阶林木的算术平均高与其对应径阶林木胸高断面积计算的加权平均数作为加权平均高，即 $\bar{H}$，计算林分平均胸径，即 Dg。

（2）选择样地内与 $\bar{H}$ 和 Dg 两个数值都最接近的一棵干形较好的立木，树高即为林分平均高 H_D；在该树高 1.3m 处用生长锥钻取其年龄，即为林分平均年龄 AGE_D。

3.1.2.2　林分平均优势木选取及年龄测定

（1）根据求算的指标 $\bar{H}$ 对每块样地的立木划分上下层，小于 $\bar{H}$ 的作为下层木，大于或等于 $\bar{H}$ 的作为上层木。

（2）求出上层立木的平均胸径 Dg、加权平均高 $\bar{H}$。

（3）依据样地上层的 $\bar{H}$、Dg 以及优势树种组，选出上层中位于优势树种组里的三株立木，其树高大于上层 $\bar{H}$，胸径大于上层 Dg 的，用生长锥钻取年龄，取其树高和年龄的算术平均值，即平均优势木高 H_T，平均优势木年龄 AGE_T。

3.1.2.3　最高优势木选取及其年龄的测定

（1）求出上层立木的平均胸径 Dg、加权平均高 $\bar{H}$。

（2）直接在上层木中选择位于优势树种组里一株树高最高或胸径最大的立木，即最高优势木高 H_m，用生长锥钻取其年龄，即最高优势木年龄 AGE_m。

3.1.3　树高—胸径数据

本研究选取的树高与胸径数据同样也是 3 组，即林分平均木树高与胸径、林分平均优势木树高与胸径、林分最高优势木树高与胸径，如表 3-3 所示。

表 3-3　模型建立数据

因子	株数	平均木		平均优势木		最高优势木	
		树高（m）	胸径（cm）	树高（m）	胸径（cm）	树高（m）	胸径（cm）
平均值	76	13.5	16.6	15.2	24.9	17.5	32.5
最大值	261	23.2	26.6	22.3	50.1	26.5	70.0
最小值	30	9.2	9.1	9.6	8.9	10.6	11.5
标准差	57	2.6	4.0	3.0	9.6	3.4	12.7

3.1.3.1 林分平均高和胸径的确定

(1)对样地内每木检尺的所有林木划分径阶，根据林分各径阶林木的算术平均高与其对应径阶林木胸高断面积计算的加权平均数作为加权平均高，即 $\bar{H}$，计算林分平均胸径，即 Dg。

(2)选择样地内与 $\bar{H}$ 和 Dg 两个数值均最接近的一棵干形较好的栎类立木，测量其树高和胸径，其树高为林分平均高 H_D；其胸径为林分平均胸径 Dg。

3.1.3.2 林分平均优势木高及其胸径

(1)根据求算的指标 $\bar{H}$ 对每块样地的立木划分上下层，小于 $\bar{H}$ 的作为下层木，大于或等于 $\bar{H}$ 的作为上层木。

(2)求出上层立木的平均胸径 Dg、加权平均高 $\bar{H}$。

(3)依据样地上层的 $\bar{H}$、Dg，以及优势树种组，选出上层中位于优势树种组里的三株立木，其树高大于上层 $\bar{H}$，同时胸径大于上层 Dg，取其树高和胸径的算术平均值，即平均优势木高 H_T，平均优势木胸径 D_{gT}。

3.1.3.3 最高优势木高及其胸径

(1)求出上层立木的平均胸径 Dg、加权平均高 $\bar{H}$。

(2)直接在上层木中选择位于优势树种组里一株树高最高或胸径最大的立木，即最高优势木高 H_m，其胸径即最高优势木胸径 Dg_m。

3.2 研究方法

3.2.1 林分类型划分

参照中国森林立地类型编写组编著的《中国森林立地类型》(1989 和 1995)，采用数量化方法 I 分析各立地因子(海拔、坡度、坡向、坡位、土壤厚度和土壤类型)对林分高的影响，筛选出影响显著的主导因子，剔除影响不显著的立地因子，并对影响显著因子内部的水平因素，采用聚类分析进行合并，依据数量化方法 I 分析和聚类分析的结果，划分最终立地类型(stand type，ST)。

统计样地内各树种的胸高断面积，计算样地内各树种的组成系数(XS_i)。

$$BA = \Sigma BA_i \tag{3-1}$$

$$XS_i = BA_i / BA \tag{3-2}$$

BA 为样地胸高断面积之和，BA_i 为样地内树种 i 的断面积，树种名称按照各树种组成系数从高到低排列。为了划分优势树种组，定义 $XST = \Sigma XS_i$，取 $\Sigma XS_i \geqslant 0.65$ 时所包括的树种构成优势树种组(dominant species composition，DSC)。根据优势树种组和样地原始分布地点，将样地分为 5 个林分类型(forest type，FT)，见表 3-4。

表3-4　林分类型

样地	优势树种(组)	林分类型	等级	样本数
芦头	锥栗、甜槠	锥栗—甜槠混交林	1	13
八大公山	亮叶水青冈	亮叶水青冈混交林	2	9
龙虎山	石栎	石栎混交林	3	6
五盖山	甜槠、枹栎	甜槠—枹栎混交林	4	10
青羊湖	青冈栎	青冈栎混交林	5	13

3.2.2　立地类型划分

3.2.2.1　显著因子筛选

立地类型划分根据立地因子(海拔、坡度、坡位、坡向、土壤类型、土壤厚度)的变化幅度及对树高生长发育的影响程度。构建树高—年龄模型和立地形模型时，树高为因变量，影响显著立地因子作为自变量代入。

本研究中采用数量化方法Ⅰ，分别分析6个立地因子对树高的显著性影响，可表示为：

$$H = HB + PD + PW + PX + TH + TL \tag{3-3}$$

当"$Pr>F$"的值大于0.05即可认为该因子对树高影响不显著，否则影响显著，以此筛选出影响显著的所有因子。

研究中各因素水平数与水平值见表3-5，平均木分析结果见表3-6，平均优势木分析结果见表3-7，最高优势木分析结果如表3-8所示。

表3-5　各因素水平数与水平值

因子	水平数	水平值			
坡度	4	Ⅰ	Ⅱ	Ⅲ	Ⅳ
坡位	4	脊部	上坡	中坡	下坡
坡向	4	半阴	半阳	阴坡	阳坡
土壤厚度	3	厚	中	薄	
土壤类型	3	黄棕壤	黄壤	黄棕壤	
海拔	1	协变量			

注：表中立地因子水平值的划分依据文中立地因子等级划分。

表3-6　平均木显著性分析结果

因子组	平方和	自由度	均方	F 值	$Pr>F$	备注
坡度	29.3773	3	9.7924	2.6731	0.0428	显著
坡位	35.3833	3	11.7944	3.2196	0.0348	显著
坡向	2.1866	3	0.7289	2.1990	0.0448	显著
土壤厚度	29.2948	2	14.6474	3.9984	0.0276	显著
土壤类型	77.5021	2	38.7511	10.5780	0.0003	显著
海拔	17.4483	1	17.4483	4.7629	0.0161	显著

表 3-7　平均优势木显著性分析结果

因子组	平方和	自由度	均方	F 值	Pr>F	备注
坡度	49.0092	3	16.3364	3.2822	0.0325	显著
坡位	56.7763	3	18.9254	3.8023	0.0188	显著
坡向	15.8726	3	5.2909	3.0630	0.0377	显著
土壤厚度	4.3319	2	2.1660	2.4352	0.0447	显著
土壤类型	28.9602	2	14.4801	2.9092	0.0442	显著
海拔	20.6786	1	20.6786	4.1546	0.0194	显著

表 3-8　最高优势木显著性分析结果

因子组	平方和	自由度	均方	F 值	Pr>F	备注
坡度	42.4453	3	14.1484	2.8734	0.0407	显著
坡位	83.4934	3	27.8311	3.6851	0.0218	显著
坡向	9.9566	3	3.3189	2.4394	0.0446	显著
土壤厚度	44.5626	2	22.2813	2.9502	0.0358	显著
土壤类型	38.1980	2	19.0990	2.5289	0.0387	显著
海拔	23.6786	1	23.6786	3.9546	0.0214	显著

由上述分析结果可知海拔、坡度、坡位、坡向、土壤厚度、土壤类型 6 个立地因子均对林分的平均高、平均优势高、最高优势高影响显著，无不显著因子，不需要剔除。

3.2.2.2　初始立地类型划分

根据显著因子筛选的结果，选取海拔、坡度、坡向、坡位、土壤厚度和土壤类型 6 个立地因子。把定量因子观测值按实际情况分为若干个等级，将处理后的 6 个立地因子进行组合，每个立地因子水平组合称为一个立地类型。为了方便研究、提高评价精度，本研究在《湖南省森林资源规划设计调查技术规定》(2013 版)的基础上，作了新的等级划分(表 3-9)。

表 3-9　立地因子等级划分表

立地因子	新等级划分	原来的等级划分
海拔	100m 一个等级	1. 中山：海拔为 1000~3499m 的山地； 2. 低山：有明显脉络，海拔<1000m 山地； 3. 丘陵：没有明显脉络，海拔 100~300m，且相对高差小于 100m； 4. 平原：平坦开阔，起伏很小。
坡度	10° 一个等级	1. Ⅰ级：平坡 0~5°； 2. Ⅱ级：缓坡 6~15°； 3. Ⅲ级：斜坡 16~25°； 4. Ⅳ级：陡坡 26~35°； 5. Ⅴ级：急坡 36~45°； 6. Ⅵ级：险坡 46°以上。

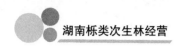

（续）

立地因子	新等级划分	原来的等级划分
坡向	1. 阳坡：136°~225°（南坡） 2. 半阳：226°~270°，91°~135°（东坡、东南坡、西南坡） 3. 阴坡：316°~45°（北坡） 4. 半阴：271°~315°，46°~90°（西坡、西北坡、东北坡） 5. 无坡	1. 北坡：方位角338°~22°； 2. 东北坡：方位角23°~67°； 3. 东坡：方位角68°~112°； 4. 东南坡：方位角113°~157°； 5. 南坡：方位角158°~202°； 6. 西南坡：方位角203°~247°； 7. 西坡：方位角248°~292°； 8. 西北坡：方位角293°~337°； 9. 无坡向：坡度<5°的地段。
坡位	1. 脊部 2. 上坡 3. 中坡：包括全坡 4. 下坡 5. 山谷 6. 平地	1. 脊部：山脉分水线处和两侧各下降15m的范围； 2. 上坡：脊部往下至山谷范围内的山坡三等分后的顶部坡位； 3. 中坡：三等分的中部坡位； 4. 下坡：三等分的下部坡位； 5. 山谷（或山洼）：汇水线左右两侧的谷地，或其他坡位中的局部山洼； 6. 平地：台地或平原上的样地。
土层厚度	20cm 一个等级	薄：<40cm；中：41~80cm；厚>80cm。
土壤类型	与原来的分级一致	红壤、山地黄壤、山地棕黄壤、山地草甸土、紫色土、红色石灰土、黑色石灰土、潮土、水稻土。

　　根据表3-9，将51个样本中立地因子相同的进行组合，划分为43个初始立地类型。各初始立地类型编号及数量见表3-10。

表3-10　初始立地类型编号及数量表

立地类型编号	数量	立地类型编号	数量	立地类型编号	数量
1	2	16	2	31	1
2	2	17	1	32	1
3	2	18	1	33	1
4	1	19	1	34	1
5	1	20	3	35	1
6	1	21	1	36	1
7	1	22	1	37	1
8	1	23	1	38	1
9	1	24	1	39	1
10	1	25	1	40	1
11	1	26	1	41	1
12	1	27	1	42	1
13	2	28	1	43	1
14	1	29	1		
15	1	30	2		

3.2.2.3 立地类型聚类

不同立地类型上的同一树种，其树高生长过程可能存在差异，分别将每种立地类型建立一种模型其工作量大，且不便于实际应用。基于以上问题，本研究试图将有着相同树高生长过程的不同立地类型(ST)，根据立地因子(海拔、坡度、坡位、坡向、土壤类型、土壤厚度)的变化幅度及对立木树高生长发育的影响程度，将初始立地类型作为混合效应应用到树高—年龄模型和立地形模型中，每个初始立地类型有一个得分值。采用 R 软件中k-means 聚类，对各因子得分值分级处理，聚类分析的分类数标准为聚类精度≥0.99，即合并后的因子水平信息要包含合并前的因子水平信息的99%以上。

3.2.3 基础模型

3.2.3.1 树高—年龄曲线模型

采用6种常用的树高—年龄曲线模型，作为栎类树高和年龄的相关关系进行模拟(表3-11)的基础模型。

表3-11 6种树高—年龄曲线模型

模型	模型表达式
M1 理查德(Richards)	$H = a \times [1 - \exp(-b \times Age)]^c$
M2 坎派兹(Gompertz)	$H = a \times \exp[-c \times \exp(-b \times Age)]$
M3 考尔夫(Korf)	$H = a \times \exp(-c/Age^b)$
M4 单分子(Mitscherlich)	$H = a + c \times \exp(-b \times Age)$
M5 双曲线(Inverse)	$H = a + b \times Age$
M6 S型曲线	$H = \exp(a + b + Age)$

注：a、b、c 为模型参数，H 为树高(m)，Age 为相应的年龄(t)。

3.2.3.2 树高—胸径曲线模型

本研究中，选择应用最广泛的12种常见的树高—胸径关系模型(表3-12)作为研究栎类天然混交林优势木树高曲线的基础模型，探讨栎类混交林最优的树高曲线模型形式。

表3-12 树高—胸径关系基础模型

模型	表达式	模型	表达式
M1	$H = 1.3 + aD_g^b$	M7	$H = 1.3 + a(1 - e^{-bD})$
M2	$H = 1.3 + a(1 - e^{-dD_g})$	M8	$H = 1.3 + D_g^2/(a + bD_g + cD_g^2)$
M3	$H = 1.3 + D_g^2/(a + bD_g)^2$	M9	$H = 1.3 + aD_g^e - bD_g$
M4	$H = 1.3 + ae^{b/D_g}$	M10	$H = 1.3 + aD_g^{be-cD_g}$
M5	$H = 1.3 + \dfrac{aD_g}{D+1}bD_g$	M11	$H = 1.3 + aD_g + bD_g^2$
M6	$H = 1.3 + a[D_g/(D_g + 1)]^b$	M12	$H = 1.3 + 10^a D_g^b$

注：a、b、c 为模型参数，H 为优势木高(m)，D_g 为优势木胸径(cm)。

3.2.4 基于林分类型混合效应树高—年龄模型的表达

利用统计之林软件中非线性混合效应模块，将划分的不同林分类型作为固定效应 FTm 应用到候选模型的不同参数上，通过对模型进行建模精度检验，选出最优模型参数形式。

候选模型以理查德模型为例：

$$H = a\left(1 - e^{-b \times Age}\right)^c \tag{3-4}$$

7 种模型的表达式如下：

$$H = (a \times FTm)\left(1 - e^{-b \times Age}\right)^c \tag{3-5}$$

$$H = a\left(1 - e^{-b \times FTm \times Age}\right)^c \tag{3-6}$$

$$H = a\left(1 - e^{-b \times Age}\right)^{c \times FTm} \tag{3-7}$$

$$H = (a \times FTm)\left(1 - e^{-b \times FTm \times Age}\right)^c \tag{3-8}$$

$$H = (a \times FTm) \times \left(1 - e^{-b \times Age}\right)^{c \times FTm} \tag{3-9}$$

$$H = a\left(1 - e^{-b \times FTm \times Age}\right)^{c \times FTm} \tag{3-10}$$

$$H = (a \times FTm)\left(1 - e^{-b \times FTm \times Age}\right)^{c \times FTm} \tag{3-11}$$

式中：a、b、c 为模型参数；H 为树高；Age 为年龄；FTm 为对应的林分类型（$m=1$、2、3、4、5）。

立地形模型时将年龄（Age）换成对应的胸径（D_g）即可。

3.2.5 基于立地类型混合效应树高—年龄模型的表达

利用统计之林软件中非线性混合效应模块，将划分的初始立地类型作为固定效应 STn 应用到候选模型的不同参数上。

候选模型以理查德模型为例：

$$H = a\left(1 - e^{-b \times Age}\right)^c \tag{3-12}$$

模拟可得最优模型参数形式的各初始立地类型（ST_i）的得分值，将各初始立地类型的得分值利用 R 软件进行 k-means 聚类分析，将得分值相近的初始立地类型合并成一类，得到初始立地类型（ST）合并后为新的立地类型（STn），在此聚类的基础上将聚类后的立地类型 STn 作为固定效应应用到最优候选模型的不同参数上进一步进行模拟，选出最优候选模型的最优参数形式。

7 种模型的表达式如下：

$$H = (a \times ST_n)\left(1 - e^{-b \times Age}\right)^c \tag{3-13}$$

$$H = a\left(1 - e^{-b \times ST_n \times Age}\right)^c \tag{3-14}$$

$$H = a\left(1 - e^{-b \times Age}\right)^{c \times ST_n} \tag{3-15}$$

$$H = (a \times ST_n)\left(1 - e^{-b \times ST_n \times Age}\right)^c \tag{3-16}$$

$$H = a \times ST_n \times \left(1 - e^{-b \times Age}\right)^{c \times ST_n} \tag{3-17}$$

$$H = a\left(1 - e^{-b \times ST_n \times Age}\right)^{c \times ST_n} \tag{3-18}$$

$$H = a \times ST_n \times \left(1 - e^{-b \times ST_n \times Age}\right)^{c \times ST_n} \tag{3-19}$$

式中：a、b、c 为模型参数；H 为树高；Age 为年龄；ST_n 为对应聚类后的立地类型（$n=1$、2、3、…、k，包含 k 类立地类型）。

立地形模型时将年龄（Age）换成对应的胸径（D_g）即可。

3.2.6　模型评价与检验

模型检验采用确定系数（R^2）、平均绝对误差（MAE）、均方根误差（$RMSE$）、AIC 和 BIC 5 个评价指标进行评价和比较，判别标准为：R^2 越大，精度越高；MAE、$RMSE$ 越小，精度越高；AIC、BIC 越小，模型越收敛。计算公式如下：

$$R^2 = 1 - \frac{\sum\limits_{i=1}^{n}(h_i - \hat{h_i})^2}{\sum\limits_{i=1}^{n}(h_i - \bar{H})^2} \tag{3-20}$$

$$MAE = \frac{\sum\limits_{i=1}^{n}|h_i - \hat{H}|_i}{N} \tag{3-21}$$

$$RMSE = \sqrt{\frac{\sum\limits_{i=1}^{n}(h_i - \hat{h_i})^2}{N-1}} \tag{3-22}$$

式中：h_i 为树高实测值；$\hat{H_i}$ 为树高预测值；$\bar{H}$ 为树高实测值的平均值；n 和 N 为样本总数。

3.3　基于树高—年龄模型的湖南栎类次生林立地质量评价

3.3.1　基础模型的确定

基于样地 3 组数据，利用统计之林软件中一元非线性回归模块，6 种基础模型拟合的树高—年龄模型确定系数（R^2）、平均绝对误差（MAE）和均方根误差（$RMSE$）如表 3-13 所示。

表 3-13　6 种候选模型的拟合结果

模型	平均木			平均优势木			最高优势木		
	R^2	MAE	$RMSE$	R^2	MAE	$RMSE$	R^2	MAE	$RMSE$
M1	—	—	—	—	—	—	—	—	—
M2	—	—	—	—	—	—	—	—	—
M3	0.014	1.9759	2.5875	0.046	2.3623	2.9878	0.057	2.7229	3.3505
M4	—	—	—	—	—	—	—	—	—
M5	0.018	1.9752	2.5811	0.105	2.3339	2.8995	0.159	2.6006	3.1634
M6	0.019	1.9745	2.5808	0.112	2.3336	2.8887	0.166	2.5900	3.1511

根据表 3-13 可以得出，树高—年龄基础模型拟合结果中，模型 M1、M2、M4 拟合运行出现错误，表明这 3 个模型不适合栎类天然林树高—年龄模型的模拟；平均木模型中，S 型

曲线模型(M6)确定系数(R^2)最大,为 0.019,平均绝对误差(MAE)和均方根误差($RMSE$)最小,分别为 1.9745、2.5808;平均优势木模型中,同样是 S 型曲线模型(M6)确定系数(R^2)最大,为 0.112,平均绝对误差(MAE)和均方根误差($RMSE$)最小,分别为 2.3336、2.8887;最高优势木模型中,也是 S 型曲线模型(M6)确定系数(R^2)最大,为 0.166,平均绝对误差(MAE)和均方根误差($RMSE$)最小,分别为 2.5900、3.1511。因此,选择 S 型曲线模型(M6)作为构建非线性混合效应的树高—年龄模型的基础模型。

3.3.2 基于林分类型混合效应的树高—年龄模型构建

利用统计之林软件中非线性混合效应模块,基于 3 组数据,将林分类型(FT_m,$m = 1$、2、3、4、5)作为混合效应分别加在模型 M6 的参数 a、b、ab 上,对模型 3 种参数形式进行拟合分析,选取最优模型参数形式。

3.3.2.1 平均木树高—年龄模型

(1)效应 FT_m 加在参数 a 上

模型表达式为:
$$H = \exp(a \times FT_m + b + Age)$$

通过模拟,模型的确定系数(R^2)为 0.6915,AIC 为 216.07,BIC 为 228.71,平均绝对误差(MAE)为 1.1032,均方根误差($RMSE$)为 1.4454,拟合结果如表 3-14 和图 3-1 所示。

表 3-14　混合效应加在参数 a 上的模型模拟参数

系数名	系数值	标准差	95%下限	95%上限	t 值	P 值(系数=0)
a. FT_1	2.5331	0.0680	2.4931	2.7671	38.6696	0
a. FT_2	2.9111	0.0613	2.8512	3.0980	48.5600	0
a. FT_3	2.6952	0.1205	2.5317	3.0172	23.0181	0
a. FT_4	2.4174	0.0725	2.3812	2.6735	34.8394	0
a. FT_5	2.7426	0.0969	2.6227	3.0129	29.0903	0
b.	−4.9737	2.8036	−11.2379	0.0556	−1.9943	0.0422

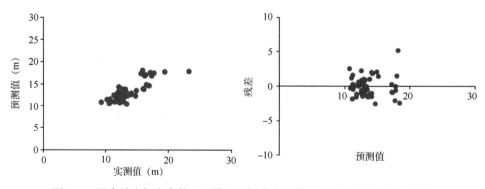

图 3-1　混合效应加在参数 a 上模型的树高实测值—预测值与预测值—残差

(2)效应 FT_m 加在参数 b 上

模型表达式为:
$$H = \exp(a + b \times FT_m + Age)$$

通过模拟，模型的确定系数(R^2)为 0.5876，AIC 为 200.90，BIC 为 213.54，平均绝对误差(MAE)为 1.2598，均方根误差($RMSE$)为 1.6734，模型参数 $b2$、$b3$ 和 $b5$ 的拟合检验值 P 值大于 0.05，表明参数 b 的拟合结果不可信。

(3)效应 FT_m 加在参数 ab 上

模型表达式为：
$$H = \exp(a \times FT_m + b \times FT_m + Age)$$

通过模拟，模型的确定系数(R^2)为 0.7319，AIC 为 192.95，BIC 为 211.80，平均绝对误差(MAE)为 0.9992，均方根误差($RMSE$)为 1.3492，模型参数 $b1$、$b2$、$b3$ 和 $b4$ 的拟合检验值 P 值大于 0.05，表明参数 ab 形式的拟合结果不可信。

(4)最优树高—年龄模型的选取

平均木拟合中，分别在模型 M6 不同参数上添加林分类型混合效应，利用统计之林软件中的非线性回归模块进行 3 次不同的拟合分析。从确定系数、平均绝对误差、均方根误差、AIC、BIC、树高实测值—预测值和树高预测值来看，在模型 M6 参数 a 上添加林分混合效应结果最优，最优模型形式为：$H = \exp(a \times FT_m + b + Age)$。基于此导向曲线绘制其立地质量预估效果图，即含林分类型混合效应的树高—年龄曲线图，图中的散点表示观测值，即建模用数据(图 3-2)。

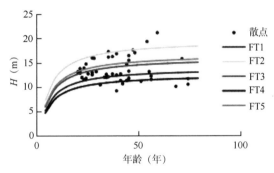

图 3-2 多形树高—年龄曲线

3.3.2.2 平均优势木树高—年龄模型

(1)效应 FT_m 加在参数 a 上

模型表达式为：
$$H = \exp(a \times FT_m + b + Age)$$

通过模拟，模型的确定系数(R^2)为 0.6560，AIC 为 236.79，BIC 为 249.43，平均绝对误差(MAE)为 1.4068，均方根误差($RMSE$)为 1.7913，拟合结果如表 3-15 和图 3-3 所示。

表 3-15 混合效应加在参数 a 上的模型模拟参数

系数名	系数值	标准差	95%下限	95%上限	t 值	P 值(系数=0)
a.FT_1	2.6891	0.0640	2.5602	2.8181	41.9985	0
a.FT_2	3.0482	0.0501	2.9472	3.1492	35.7856	0
a.FT_3	2.7726	0.1224	2.5260	3.0192	22.6462	0
a.FT_4	2.6362	0.0758	2.4835	2.7889	34.7744	0
a.FT_5	2.8339	0.0763	2.6803	2.9875	37.1619	0
b.	−3.2478	2.6935	−8.6727	2.1771	−1.2058	0.0234

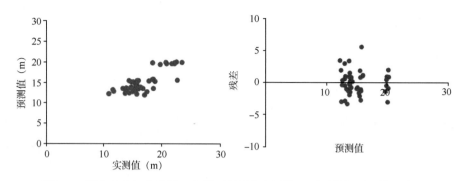

图 3-3　混合效应加在参数 a 上模型的树高实测值—预测值与预测值—残差

（2）效应 FT_m 加在参数 b 上

模型表达式为：
$$H = \exp(a + b \times FT_m + Age)$$

通过模拟，模型的确定系数（R^2）为 0.5895，AIC 为 215.05，BIC 为 227.70，平均绝对误差（MAE）为 1.5494，均方根误差（$RMSE$）为 1.9568，模型参数 $b1$、$b3$ 和 $b5$ 的拟合检验值 P 值大于 0.05，表明参数 b 形式的拟合结果不可信。

（3）效应 FT_m 加在参数 ab 上

模型表达式为：
$$H = \exp(a \times FT_m + b \times FT_m + Age)$$

通过模拟，模型的确定系数（R^2）为 0.6935，AIC 为 214.68，BIC 为 233.53，平均绝对误差（MAE）为 1.2855，均方根误差（$RMSE$）为 1.6909，模型参数 $b1$、$b2$、$b3$ 和 $b4$ 的拟合检验值 P 值大于 0.05，表明参数 ab 形式的拟合结果不可信。

（4）最优树高—年龄模型的选取

平均优势木拟合中，分别在模型 M6 不同参数上添加林分类型混合效应，利用统计之林中的非线性回归模块进行 3 次不同的拟合分析。从确定系数、平均绝对误差、均方根误差、AIC、BIC、树高实测值—预测值和树高预测值来看，在模型 M6 参数 a 上添加林分混合效应结果最优，最优模型形式为：$H = \exp(a \times FT_m + b + Age)$。基于此导向曲线绘制其立地质量预估效果图，即含林分类型混合效应的树高—年龄曲线图，图中的散点表示观测值，即建模用数据（图 3-4）。

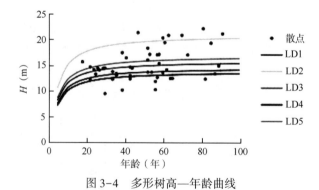

图 3-4　多形树高—年龄曲线

3.3.2.3　最高优势木树高—年龄模型

（1）效应 FT_m 加在参数 a 上

模型表达式为：
$$H = \exp(a \times FT_m + b + Age)$$

通过模拟，模型的确定系数（R^2）为 0.5041，AIC 为 264.66，BIC 为 277.31，平均绝对误差（MAE）为 1.8408，均方根误差（$RMSE$）为 2.4297，拟合结果如表 3-6 和图 3-5 所示。

表 3-16　混合效应加在参数 a 上的模型模拟参数

系数名	系数值	标准差	95%下限	95%上限	t 值	P 值（系数=0）
a.FT_1	3.0000	0.0856	2.8276	3.1725	35.0322	0
a.FT_2	3.2338	0.0686	3.0957	3.3719	47.1614	0
a.FT_3	3.2542	0.2018	2.8478	3.6606	16.1293	0
a.FT_4	2.9588	0.0964	2.7647	3.1530	30.6944	0
a.FT_5	3.1891	0.1158	2.9557	3.4224	27.5282	0
b	−12.9775	4.8535	−22.7531	−3.2020	−2.6738	0.0104

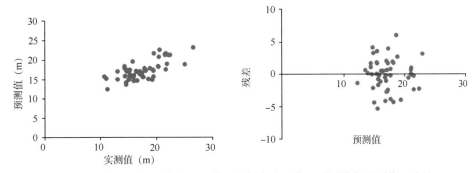

图 3-5　混合效应加在参数 a 上模型的树高实测值—预测值与预测值—残差

（2）效应 FT_m 加在参数 b 上

模型表达式为：
$$H = \exp(a + b \times FT_m + Age)$$

通过模拟，模型的确定系数（R^2）为 0.4737，AIC 为 235.77，BIC 为 248.41，平均绝对误差（MAE）为 1.8413，均方根误差（$RMSE$）为 2.5032，模型参数 b2 和 b5 的拟合检验值 P 值大于 0.05，表明参数 b 形式的拟合结果不可信。

（3）混合效应 FT_m 加在参数 ab 上

模型表达式为：
$$H = \exp(a \times FT_m + b \times FT_m + Age)$$

通过模拟，模型的确定系数（R^2）为 0.5208，AIC 为 241.54，BIC 为 260.39，平均绝对误差（MAE）为 1.8255，均方根误差（$RMSE$）为 2.3884，模型参数 b1、b2、b3 和 b5 的拟合检验值 P 值大于 0.05，表明参数 ab 形式的拟合结果不可信。

（4）最优树高—年龄模型的选取

最高优势木拟合中，分别在模型 M6 不同参数上添加林分类型混合效应，利用统计之林软件中的非线性回归模块进行 3 次不同的拟合分析。从确定系数、平均绝对误差、均方根误差、AIC、BIC、树高实测值-预测值和树高预测值来看，在模型 M6 参数 a 上添加林分混合效应结果最优，最优模型形式为：$H = \exp(a \times FT_m + b + Age)$。基于此导向曲线绘制其立地质量预估效果图，即含林分类型混合效应的树高—年龄曲线图，图中的散点表示观测值，即建模用数据(图3-6)。

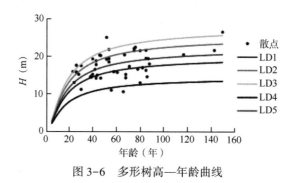

图3-6　多形树高—年龄曲线

3.3.3　基于立地类型混合效应的树高—年龄模型构建

利用统计之林软件中非线性混合效应模块，基于样地的3组数据，将初始的43个立地类型(ST_m，$m=1$、2、…、42、43)作为混合效应分别加在模型M6的参数a、b、ab上，对模型3种参数形式进行拟合分析，选出最优模型参数形式。

3.3.3.1　平均木树高—年龄模型

基于平均木数据，利用统计之林软件中非线性混合效应模块，将初始的43个立地类型(ST_m，$m=1$、2、…、42、43)应分别加在模型M6的参数a、b、ab上，拟合结果如表3-17所示。

表3-17　6种候选模型的拟合结果

模型参数	R^2	MAE	$RMSE$	AIC	BIC
a	0.9741	0.2036	0.4194	336.21	333.78
b	0.9732	0.2088	0.4265	31.59	29.17

根据表3-17可以得出，将初始的43个立地类型作为混合效应加在模型M6的参数a上时拟合结果较好，加在参数b上时参数b的检验值P均大于0.05，而同时加在参数a、b上时运行出现错误。因此，下面将对参数a上43个立地类型的拟合的得分值进行聚类分析，选出聚类后的立地类型混合效应最优模型形式。

根据51块样地初始划分的43个立地类型应用到模型M6参数a上拟合的得分值(表3-18)，采用R软件中k-means聚类，聚类精度≥0.99，得出聚类分类数对应的立地编号、精度和数量(表3-19)。

表3-18　参数b上初始立地类型拟合得分值

参数名	得分值	参数名	得分值
a. ST_1	2.5770	a. ST_23	2.4399
a. ST_2	2.6217	a. ST_24	2.5031

（续）

参数名	得分值	参数名	得分值
a. ST_3	2.6668	a. ST_25	2.3739
a. ST_4	2.6322	a. ST_26	2.4709
a. ST_5	2.7497	a. ST_27	2.3349
a. ST_6	2.8179	a. ST_28	2.5789
a. ST_7	2.8613	a. ST_29	2.3909
a. ST_8	2.8331	a. ST_30	2.4935
a. ST_9	2.8254	a. ST_31	2.2561
a. ST_10	2.6190	a. ST_32	2.4635
a. ST_11	2.5441	a. ST_33	2.5343
a. ST_12	2.6146	a. ST_34	2.6264
a. ST_13	2.5625	a. ST_35	2.7736
a. ST_14	2.5801	a. ST_36	2.7818
a. ST_15	2.6498	a. ST_37	2.8282
a. ST_16	2.5895	a. ST_38	2.8912
a. ST_17	2.4629	a. ST_39	2.8998
a. ST_18	2.5298	a. ST_40	2.9896
a. ST_19	2.5002	a. ST_41	2.8248
a. ST_20	2.6210	a. ST_42	3.1692
a. ST_21	2.5783	a. ST_43	2.8663
a. ST_22	2.4784		

表 3-19　立地类型聚类

聚类数	精度（%）
2	71.6
3	84.3
4	91.4
5	95.1
6	96.5
7	97.5
8	98.1
9	98.3
10	99.0

　　将各样本的初始立地类型转换为对应的类，以聚类后的立地类型（ST_n，$n = 1$、2、$\cdots$、9、10）作为混合效应加在基础模型 M6 不同参数（a、b、ab）上进行拟合分析，根据评价指标选出聚类后的立地类型混合效应模型 M6 最优参数形式。

（1）效应 ST_n 加在参数 a 上

模型表达式为：
$$H=\exp(a\times ST_n+b+Age)$$

通过模拟，模型的确定系数（R^2）为 0.9639，AIC 为 151.63，BIC 为 171.89，平均绝对误差（MAE）为 0.3320，均方根误差（$RMSE$）为 0.5042。拟合结果如表 3-20 和图 3-7 所示。

表 3-20　混合效应加在参数 a 上参数模拟值

系数名	系数值	标准差	95%下限	95%上限	t 值	P 值（系数=0）
a. ST_1	2.6195	0.0256	2.5052	2.6086	45.6788	0
a. ST_2	2.2480	0.0224	2.4258	2.5162	43.6785	0
a. ST_3	2.5569	0.0293	2.5602	2.6788	40.5694	0
a. ST_4	3.1638	0.0267	2.7067	2.8147	36.0954	0
a. ST_5	2.8165	0.0228	2.8261	2.9182	38.0912	0
a. ST_6	2.4710	0.0303	2.9224	3.0449	37.9031	0
a. ST_7	2.8721	0.0255	2.7650	2.8679	39.0932	0
a. ST_8	2.3601	0.0258	3.1117	3.2158	47.0934	0
a. ST_9	2.7607	0.0327	2.2941	2.4262	48.0958	0
a. ST_10	2.9836	0.0603	2.1261	2.3699	37.2712	0
b	−1.1522	0.7140	−2.5952	0.2909	−1.6137	0.0451

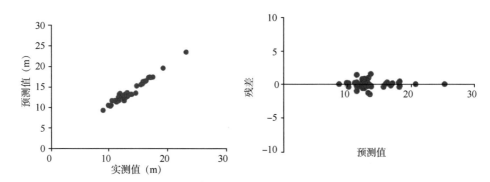

图 3-7　混合效应加在参数 a 上模型的树高实测值—预测值与预测值—残差

（2）效应 ST_n 加在参数 b 上

模型表达式为：
$$H=\exp(a+b\times ST_n+Age)$$

通过模拟，模型的确定系数（R^2）为 0.9242，AIC 为 117.81，BIC 为 138.08，平均绝对误差（MAE）为 0.5715，均方根误差（$RMSE$）为 0.7173。拟合结果如表 3-21 和图 3-8 所示。

表 3-21　混合效应加在参数 b 上参数模拟值

系数名	系数值	标准差	95%下限	95%上限	t 值	P 值（系数=0）
a	2.6018	0.0334	2.5342	2.6693	>50	1.0000
b. ST_1	−0.7125	0.9431	−2.6185	1.1935	−0.7555	0.4544

（续）

系数名	系数值	标准差	95%下限	95%上限	t 值	P 值(系数=0)
b. ST_2	−15. 3030	3. 7345	−22. 8507	−7. 7553	−4. 0977	0. 0002
b. ST_3	−2. 4572	1. 1510	−4. 7834	−0. 1310	−2. 1349	0. 0389
b. ST_4	32. 5683	2. 8845	26. 7384	38. 3982	11. 2906	0. 0000
b. ST_5	5. 8800	1. 3275	3. 1969	8. 5630	4. 4293	0. 0001
b. ST_6	−6. 3838	1. 6839	−9. 7871	−2. 9804	−3. 7910	0. 0005
b. ST_7	10. 0932	1. 6990	6. 6594	13. 5269	5. 9408	0. 0000
b. ST_8	−12. 0996	2. 6973	−17. 5510	−6. 6481	−4. 4858	0. 0001
b. ST_9	3. 7749	1. 5422	0. 6579	6. 8919	2. 4477	0. 0189
b. ST_10	19. 8503	2. 9285	13. 9315	25. 7691	6. 7782	0. 0000

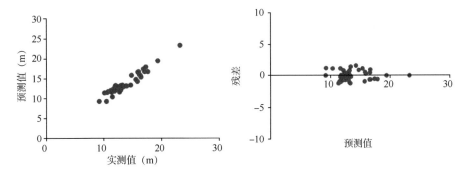

图 3-8 混合效应加在参数 b 上模型的树高实测值—预测值与预测值—残差

（3）效应 ST_n 加在参数 ab 上

模型表达式为： $$H = \exp(a \times ST_n + b \times ST_n + Age)$$

通过模拟，模型的确定系数（R^2）为 0. 9681，AIC 为 144. 55，BIC 为 174. 67，平均绝对误差（MAE）为 0. 3058，均方根误差（$RMSE$）为 0. 4655。模型参数 $a5$、$a9$ 和参数 b 上所有的拟合检验值 P 值大于 0. 05，表明参数 ab 形式的拟合结果不可信。拟合结果如表 3-22 和图 3-9 所示。

表 3-22　混合效应加在参数 ab 上参数模拟值

系数名	系数值	标准差	95%下限	95%上限	t 值	P 值(系数=0)
a. ST_1	2. 6193	0. 0489	2. 5200	2. 7187	>50	1. 0000
a. ST_2	2. 2192	0. 0613	2. 0946	2. 3439	36. 1813	0. 0000
a. ST_3	2. 5411	0. 0503	2. 4390	2. 6433	>50	1. 0000
a. ST_4	3. 1446	0. 0243	3. 0952	3. 1940	>50	1. 0000

（续）

系数名	系数值	标准差	95%下限	95%上限	t 值	P 值（系数＝0）
a. ST_5	2.8483	0.0883	2.6688	3.0278	32.2494	0.0000
a. ST_6	2.4467	0.0534	2.3382	2.5551	45.8314	0.0000
a. ST_7	2.8744	0.1275	2.6154	3.1335	22.5525	0.0000
a. ST_8	2.3279	0.0820	2.1613	2.4945	28.3934	0.0000
a. ST_9	2.7997	0.0528	2.6924	2.9069	>50	1.0000
a. ST_10	2.9627	0.0292	2.9034	3.0220	>50	1.0000
b. ST_1	−1.1478	1.2541	−3.6964	1.4009	−0.9152	0.3665
b. ST_2	0.0000	0.0000	—	—	—	—
b. ST_3	−0.6497	1.5425	−3.7844	2.4850	−0.4212	0.6763
b. ST_4	0.0000	0.0000	—	—	—	—
b. ST_5	−2.2469	2.9891	−8.3214	3.8275	−0.7517	0.4574
b. ST_6	−0.0868	2.2150	−4.5882	4.4146	−0.0392	0.9690
b. ST_7	−1.2502	5.3828	−12.1893	9.6889	−0.2323	0.8177
b. ST_8	0.4940	3.8319	−7.2934	8.2813	0.1289	0.8982
b. ST_9	−2.7202	1.9673	−6.7182	1.2779	−1.3827	0.1758
b. ST_10	0.0000	0.0000	—	—	—	—

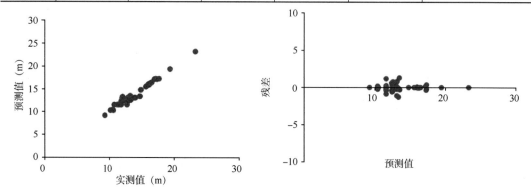

图 3-9　混合效应加在参数 ab 上模型的树高实测值—预测值与预测值—残差

（4）最优树高—年龄模型选取

平均木拟合中，分别在模型 M6 不同参数上添加立地类型混合效应，利用统计之林软件中的非线性回归模块进行 3 次不同的拟合分析。从确定系数、平均绝对误差、均方根误差、AIC、BIC、树高实测值—预测值和树高预测值来看，在模型 M6 参数 a 上添加立地类型混合效应结果最优，最优模型形式为：$H=\exp(a\times ST_n+b+Age)$。基于此导向曲线绘制其立地质量预估效果图，即含立地类型效应的树高—年龄曲线图，图中的散点表示观测值，即建模用数据（图 3-10）。

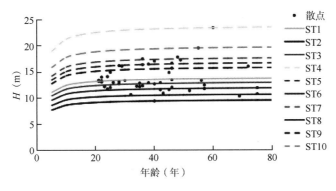

图 3-10　多形树高—年龄曲线

3.3.3.2　平均优势树高—年龄模型

基于平均优势木数据，利用统计之林软件中非线性混合效应模块，将初始的 43 个立地类型(ST_m, $m=1$、2、$\cdots$、42、43)作为混合效应分别加在模型 M6 的参数 a、b、ab 上，拟合结果如表 3-23 所示。

表 3-23　6 种候选模型的拟合结果

模型参数	R^2	MAE	$RMSE$	AIC	BIC
a	0.9856	0.1437	0.3659	345.03	342.60
b	0.9875	0.1405	0.3418	18.3006	15.8666

根据表 3-24 可以得出：将初始的 43 个立地类型作为混合效应加在模型 M6 的参数 a 时拟合结果较好，加在参数 a 上时参数 a 的检验值 P 均大于 0.05，而同时加在参数 a、b 上时运行出现错误。因此，下面将对参数 a 上 43 个立地类型的拟合得分值进行聚类分析，选出聚类后的立地类型混合效应最优模型形式。

根据 51 块样地初始划分的 43 个立地类型应用到模型 M6 参数 a 上拟合的得分值（表 3-24），采用 R 软件中 k-means 聚类，聚类精度 ≥0.99，得出聚类分类数对应的立地编号、精度和数量（表 3-25）。

表 3-24　参数 a 上初始立地类型拟合得分值

参数名	得分值	参数名	得分值
a. ST_1	2.8184	a. ST_23	2.4653
a. ST_2	2.8671	a. ST_24	3.0486
a. ST_3	2.8672	a. ST_25	2.4346
a. ST_4	2.8456	a. ST_26	2.8533
a. ST_5	3.0011	a. ST_27	2.5891
a. ST_6	2.9361	a. ST_28	2.7209
a. ST_7	3.1786	a. ST_29	2.7440
a. ST_8	2.9360	a. ST_30	2.7245

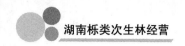

（续）

参数名	得分值	参数名	得分值
a. ST_9	2.9403	a. ST_31	2.4349
a. ST_10	2.6934	a. ST_32	2.6705
a. ST_11	2.7470	a. ST_33	2.6406
a. ST_12	2.7991	a. ST_34	2.8849
a. ST_13	2.8334	a. ST_35	3.0607
a. ST_14	2.7847	a. ST_36	3.0315
a. ST_15	2.8269	a. ST_37	3.1187
a. ST_16	2.7731	a. ST_38	3.1070
a. ST_17	2.6149	a. ST_39	3.0177
a. ST_18	2.9487	a. ST_40	3.1687
a. ST_19	2.6624	a. ST_41	3.1270
a. ST_20	2.7315	a. ST_42	3.1158
a. ST_21	2.5777	a. ST_43	2.9161
a. ST_22	2.6136		

表 3-25　立地类型聚类

聚类数	精度（%）
2	67.0
3	85.4
4	92.1
5	95.1
6	97.1
7	98.3
8	98.8
9	99.1

将各样本的初始立地类型转换为对应的类，以聚类后的立地类型（ST_n，$n = 1$、2、…、7、8）作为混合效应加在基础模型 M6 不同参数（a、b、ab）上进行拟合分析，根据评价指标选出聚类后的立地类型混合效应模型 M6 最优参数形式。

（1）效应 ST_n 加在参数 a 上

模型表达式为：
$$H = \exp(a \times ST_n + b + Age)$$

通过模拟，模型的确定系数（R^2）为 0.9653，AIC 为 147.78，BIC 为 166.62，平均绝对误差（MAE）为 0.3346，均方根误差（$RMSE$）为 0.4703，模型参数 $a1$、$a2$、$a5$、$a7$ 和 $a8$ 的拟合检验值 P 值大于 0.05，表明参数 a 形式的拟合结果不可信。拟合结果如表 3-26 和图 3-11 所示。

表 3-26　混合效应加在参数 a 上参数模拟值

系数名	系数值	标准差	95%下限	95%上限	t 值	P 值(系数=0)
a. ST_1	2.4284	0.0172	2.8884	2.9581	32.2494	0
a. ST_2	2.5889	0.0188	2.9781	3.0540	45.8314	0
a. ST_3	3.0161	0.0331	2.3614	2.4953	22.5525	0
a. ST_4	2.7756	0.0180	2.6820	2.7546	38.3934	0
a. ST_5	2.8330	0.0210	2.7333	2.8180	36.5941	0
a. ST_6	2.6532	0.0227	2.5431	2.6348	45.8314	0
a. ST_7	2.7183	0.0232	2.6063	2.7000	32.5525	0
a. ST_8	3.1260	0.0133	3.0991	3.1529	46.7891	0
a. ST_9	2.9233	0.0223	2.7879	2.8780	48.0934	0
b	−4.5348	0.5837	−5.7137	−3.3559	−7.7685	0

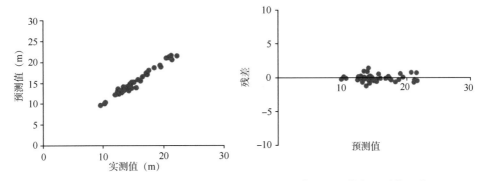

图 3-11　混合效应加在参数 a 上模型的树高实测值—预测值与预测值—残差

（2）效应 ST_n 加在参数 b 上

模型表达式为：
$$H = \exp(a + b \times ST_n + Age)$$

通过模拟，模型的确定系数（R^2）为 0.9190，AIC 为 136.87，BIC 为 155.72，平均绝对误差（MAE）为 0.6739，均方根误差（$RMSE$）为 0.8691。拟合结果如表 3-27 和图 3-12 所示。

表 3-27　混合效应加在参数 b 上参数模拟值

系数名	系数值	标准差	95%下限	95%上限	t 值	P 值(系数=0)
a.	2.8916	0.0282	2.8346	2.9486	>50	1.0000
b. ST_1	−22.5120	2.4450	−27.4498	−17.5743	−9.2074	0.0000
b. ST_2	−24.2247	3.1273	−30.5404	−17.9089	−7.7461	0.0000
b. ST_3	−0.9919	1.1637	−3.3420	1.3582	−0.8524	0.3990
b. ST_4	−8.1294	1.3332	−10.8219	−5.4370	−6.0977	0.0000
b. ST_5	−6.2051	1.0219	−8.2689	−4.1413	−6.0720	0.0000
b. ST_6	−15.5517	2.2311	−20.0575	−11.0458	−6.9704	0.0000
b. ST_7	−12.7846	1.7760	−16.3712	−9.1980	−7.1987	0.0000
b. ST_8	10.1607	2.1008	5.9181	14.4033	4.8367	0.0000
b. ST_9	−2.8242	2.0100	−6.8835	1.2351	−1.4051	0.1675

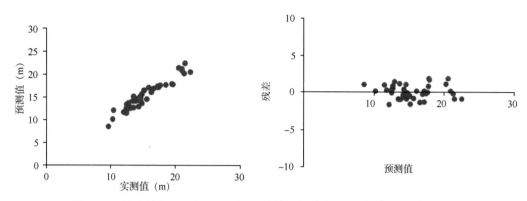

图 3-12　混合效应加在参数 b 上模型的树高实测值—预测值与预测值—残差

（3）效应 ST_n 加在参数 ab 上

模型表达式为：　　　　　　　$H = \exp(a \times ST_n + b \times ST_n + Age)$

通过模拟，模型的确定系数（R^2）为 0.9779，AIC 为 126.92，BIC 为 155.36，平均绝对误差（MAE）为 0.3311，均方根误差（$RMSE$）为 0.4544。模型参数 $a5$ 和参数 $b1$、$b3$、$b4$、$b6$、$b7$ 和 $b8$ 的拟合检验值 P 值大于 0.05，表明参数 ab 形式的拟合结果不可信。

（4）最优树高—年龄模型的选取

平均优势木拟合中，分别在模型 M6 不同参数上添加立地类型混合效应，利用统计之林软件中的非线性回归模块进行 3 次不同的拟合分析。从确定系数、平均绝对误差、均方根误差、AIC、BIC、树高实测值—预测值和树高预测值来看，在模型 M6 参数 a 上添加立地类型混合效应结果最优，最优模型形式为：$H = \exp(a \times ST_n + b + Age)$。基于此导向曲线绘制其立地质量预估效果图，即含立地类型混合效应的树高—年龄曲线图，图中的散点表示观测值，即建模用数据（图 3-13）。

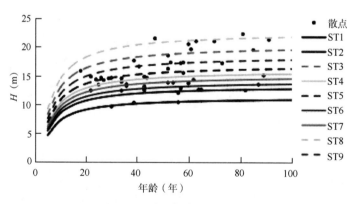

图 3-13　多形树高—年龄曲线

3.3.3.3　最高优势木树高—年龄模型

基于最高优势木数据，利用统计之林软件中非线性混合效应模块，将初始的 43 个立地类型(ST_m，$m=1$、2、…、42、43)作为混合效应分别加在模型 M6 的参数 a、b、ab 上，拟合结果如表 3-28 所示。

表 3-28　6 种候选模型的拟合结果

模型参数	R^2	MAE	RMSE	AIC	BIC
a	0.9552	0.3177	0.7302	366.34	363.91
b	0.9597	0.2955	0.6927	25.68	23.24

根据表 3-28 可以得出：将初始的 43 个立地类型作为混合效应加在模型 M6 的参数 a 时拟合结果较好，加在参数 b 上时参数 b 的检验值 P 均大于 0.05，而同时加在参数 a、b 上时运行出现错误。因此，下面将对参数 a 上 43 个立地类型的拟合的得分值进行聚类分析，选出聚类后的立地类型混合效应最优模型参数形式。

根据 51 块样地初始划分的 43 个立地类型应用到模型 M6 参数 a 上拟合的得分值（表 3-29），采用 R 软件中 k-means 聚类，聚类精度 ≥ 0.99，得出聚类分类数对应的立地编号、精度和数量（表 3-30）。

表 3-29　参数 b 上初始立地类型拟合得分值

参数名	得分值	参数名	得分值
a.ST_1	2.9792	a.ST_23	2.8435
a.ST_2	2.9871	a.ST_24	2.9566
a.ST_3	3.0264	a.ST_25	2.4584
a.ST_4	3.1505	a.ST_26	3.1177
a.ST_5	3.1210	a.ST_27	2.8392
a.ST_6	3.0835	a.ST_28	3.0392
a.ST_7	3.3426	a.ST_29	2.7549
a.ST_8	3.2011	a.ST_30	2.6789
a.ST_9	3.1426	a.ST_31	2.6304
a.ST_10	3.0289	a.ST_32	3.0787
a.ST_11	2.8029	a.ST_33	2.9117
a.ST_12	2.8596	a.ST_34	3.0369
a.ST_13	2.8701	a.ST_35	3.1484
a.ST_14	2.7902	a.ST_36	3.1539
a.ST_15	3.0767	a.ST_37	3.1814
a.ST_16	2.9165	a.ST_38	3.1116
a.ST_17	2.8919	a.ST_39	3.1485
a.ST_18	2.9413	a.ST_40	3.0461
a.ST_19	2.7559	a.ST_41	3.1937
a.ST_20	2.9602	a.ST_42	3.3200
a.ST_21	2.8543	a.ST_43	3.0754
a.ST_22	2.6454		

表 3-30　立地类型聚类

聚类数	精度（%）
2	67.2
3	82.3
4	89.5
5	93.2
6	95.6
7	97.4
8	98.4
9	98.9
10	99.2

将各样本的初始立地类型转换为对应的类，以聚类后的立地类型（ST_n，$n=1、2、\cdots、$ 10、11）作为混合效应加在基础模型 M6 不同参数（$a、b、ab$）上进行拟合分析，根据评价指标选出聚类后的立地类型混合效应模型 M6 最优参数形式。

（1）效应 ST_n 加在参数 a 上

模型表达式为：　　　　　　　　　　$H=\exp(a \times ST_n+b+Age)$

通过模拟，模型的确定系数（R^2）为 0.9477，AIC 为 198.22，BIC 为 218.49，平均绝对误差（MAE）为 0.5228，均方根误差（$RMSE$）为 0.7890，模型除 $a3$、$a6$ 和 $a8$ 外其他参数的拟合检验值 P 值大于 0.05，表明参数 a 形式的拟合结果不可信。拟合结果如表 3-31 和图 3-14 所示。

表 3-31　混合效应加在参数 a 上参数模拟值

系数名	系数值	标准差	95%下限	95%上限	t 值	P 值（系数=0）
a.ST_1	2.8527	0.0290	2.9034	3.0207	45.3091	0
a.ST_2	2.7721	0.0322	2.7877	2.9177	43.2314	0
a.ST_3	3.3285	0.0282	2.8503	2.9643	39.0941	0
a.ST_4	2.9073	0.0389	2.5782	2.7353	40.3214	0
a.ST_5	2.4559	0.0346	2.7021	2.8421	37.9034	0
a.ST_6	3.0313	0.0288	2.9731	3.0895	40.3401	0
a.ST_7	3.0927	0.0203	3.1219	3.2038	38.0916	0
a.ST_8	2.6568	0.0235	3.0453	3.1401	36.0945	0
a.ST_9	3.1628	0.0267	3.2744	3.3825	27.9054	0
a.ST_10	2.9620	0.0843	2.2854	2.6264	29.1158	0
b	-6.2720	0.9088	-8.1087	-4.4353	-6.9016	0

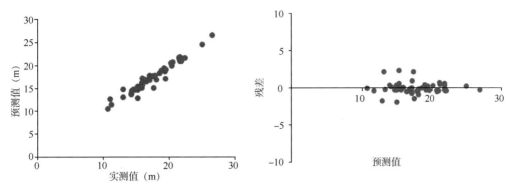

图 3-14　混合效应加在参数 a 上模型的树高实测值—预测值与预测值—残差

（2）效应 ST_n 加在参数 b 上

模型表达式为：
$$H = \exp(a + b \times ST_n + Age)$$

通过模拟，模型的确定系数（R^2）为 0.8792，AIC 为 159.46，BIC 为 179.72，平均绝对误差（MAE）为 0.8624，均方根误差（$RMSE$）为 1.1994。有部分参数的 P 值大于 0.05。

（3）效应 ST_n 加在参数 ab 上

模型表达式为：
$$H = \exp(a \times ST_n + b \times ST_n + Age)$$

通过模拟，模型的确定系数（R^2）为 0.9511，AIC 为 171.08，BIC 为 201.20，平均绝对误差（MAE）为 0.4693，均方根误差（$RMSE$）为 0.7628。模型参数 b 的拟合运行错误，表明参数 ab 形式的拟合结果不可信。

（4）最优树高—年龄模型的选取

最高优势木拟合中，分别在模型 M6 不同参数上添加立地类型混合效应，利用统计之林软件中的非线性回归模块进行 3 次不同的拟合分析。从确定系数、平均绝对误差、均方根误差、AIC、BIC、树高实测值—预测值和树高预测值来看，在模型 M6 参数 a 上添加立地类型混合效应结果最优，最优模型形式为：$H = \exp(a \times ST_n + b + Age)$。基于此导向曲线绘制其立地质量预估效果图，即含立地类型混合效应的树高—年龄曲线图，图中的散点表示观测值，即建模用数据（图 3-15）。

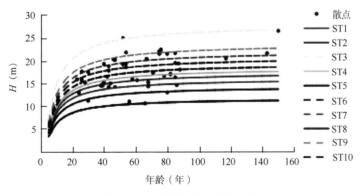

图 3-15　多形树高—年龄曲线

3.3.4 小结

本研究以湖南5个具有代表性地区的栎类天然林为对象，设置固定样地51块，共计3088株活立木。选取林分平均木、平均优势木和最高优势木3组数据进行相关模拟。①采用考虑林分类型的效应，构建了基于林分类型的湖南栎类天然林树高—年龄曲线模型；②采用考虑立地类型划分的思维与立地组合聚类的方法，构建了基于立地类型聚类的湖南栎类天然林树高—年龄曲线模型。

采用理查德（Richards）、坎派兹（Gompertz）、考尔夫（Korf）、单分子（Mitscherlich）、双曲线（Inverse）和S型曲线6种非线性模型对3组树高和年龄的相关关系分别进行模拟，利用模型评价指标分析得出，3组数据的模拟最优模型均为S型曲线函数：$H = \exp(a + b + Age)$。

考虑到不同树种组成生产潜力的差异性，根据样地地点及优势树种组将51块样地划分为5个林分类型。基于3组数据，将林分类型作为混合效应分别加在S型曲线生长方程2个参数的3种情况进行非线性回归模拟，并利用模型的确定系数（R^2）、平均绝对误差（MAE）、均方根误差（$RMSE$）等，来比较分析不同模型的精度。结果表明，基于平均木、平均优势木和最高优势木模拟的林分类型混合效应都是加在模型参数a上模拟最优，即最优模型为：$H = \exp(a \times FT_m + b + Age)$，且平均木模拟结果最优，最高优势木最差；根据模型最优参数形式模拟结果绘制了模型的树高—年龄曲线图，图示表明模型的3组数据模拟效果均较好。

不同立地类型上的同一树种，其树高生长过程存在差异性，如果分别将每种立地类型建立一种树高—年龄模型其工作量大，且不便于实际应用，基于以上科学问题，本研究将有着相同树高生长过程的不同初始立地类型（ST_m）通过科学方法聚为一类，得到若干个新的立地类型（ST_n）。基于3组数据，分别将ST_n作为混合效应进行树高—年龄非线性拟合回归分析，建立基于立地类型聚类的树高—年龄模型。将51个样本中立地因子相同的进行组合，划分为43个初始立地类型，并将初始立地类型分别作为混合效应加在模型2个参数的3种情况进行非线性回归模拟，模型评价指标指出：3组数据在初始立地类型混合效应模拟中，都是模型参数a上拟合最优，即利用参数a上拟合得到的43个初始立地类型所对应的系数值进行立地类型聚类。利用R软件中k-means聚类，合并后的因子水平信息包含合并前的因子水平信息的99%，满足研究要求。初始立地类型混合效应聚类中，平均木和最高优势木都是聚为10类满足要求，平均优势木聚为9类满足要求。将各样本的初始立地类型转换为对应的类，并将新的立地类型ST_n分别作为混合效应加在基础模型3种参数形式上进行非线性拟合回归分析。利用模型的确定系数（R^2）、平均绝对误差（MAE）、均方根误差（$RMSE$）等，来比较分析不同模型的精度，结果表明：基于平均木、平均优势木和最高优势木模拟的立地类型ST_n混合效应都是加在模型参数a上模拟最优，即最优模型为：$H = \exp(a \times ST_n + b + Age)$，且平均优势木模拟结果最优，最高优势木最差；根据模型最优参数形式模拟结果绘制了模型的树高—年龄曲线图，图示表明模型的3组数据模拟效果都很好。立地类型混合效应模型相比林分类

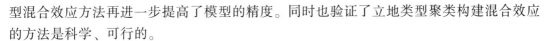

型混合效应方法再进一步提高了模型的精度。同时也验证了立地类型聚类构建混合效应的方法是科学、可行的。

研究结果证实了混合效应方法应用于天然林上是科学可行的，为天然林区域性树高—年龄模型的构建提供一种新思路，有助于区域性天然林立地质量评价的研究。

3.4　基于树高—胸径模型的湖南栎类次生林立地质量评价

3.4.1　立地形基础模型的确定

基于样地平均木、平均优势木和最高优势木数据，采用各基础模型拟合的树高曲线确定系数(R^2)、均方根误差($RMSE$)和平均绝对误差(MAE)如表 3-32 所示。结果表明。平均木中模型 M5 确定系数($R^2 = 0.182$)最大，平均绝对误差($MAE = 1.8211$)和均方根误差($RMSE = 2.3566$)最小；平均优势木中同样是模型 M5 确定系数($R^2 = 0.376$)最大，平均绝对误差($MAE = 2.0711$)和均方根误差($RMSE = 2.5060$)最小；最高优势木中也是模型 M5 确定系数($R^2 = 0.238$)最大，平均绝对误差($MAE = 2.5629$)和均方根误差($RMSE = 3.0109$)最小。综合衡量 3 组数据的拟合结果，选择模型 M5 作为构建非线性混合效应的树高曲线模型的基础模型。

表 3-32　基础模型精度

模型	平均木			平均优势木			最高优势木		
	R^2	MAE	$RMSE$	R^2	MAE	$RMSE$	R^2	MAE	$RMSE$
M1	0.176	1.8369	2.3651	0.332	2.1305	2.5669	0.229	2.5766	3.0288
M2	0.151	1.8995	2.4020	0.238	2.3013	3.2145	0.161	2.8421	3.9431
M3	0.157	1.8755	2.3924	0.272	2.2142	2.9247	0.196	2.7346	3.7632
M4	0.180	1.8290	2.3601	0.343	2.1135	2.5566	0.233	2.5734	3.0216
M5	0.182	1.8211	2.3566	0.376	2.0711	2.5060	0.238	2.5629	3.0109
M6	0.154	1.8799	2.3972	0.263	2.2637	3.0721	0.193	2.7836	3.8145
M7	0.156	1.8758	2.3934	0.332	2.1428	2.5726	0.229	2.5917	3.0329
M8	0.180	1.8536	2.4102	0.365	2.0781	2.5326	0.235	2.5689	3.0182
M9	0.109	1.9377	2.4184	0.172	3.2985	3.8491	0.032	3.2355	4.0534
M10	0.179	1.8436	2.3672	0.372	2.0753	2.5422	0.236	2.5702	3.0174
M11	0.121	1.9819	2.4431	0.071	3.5725	4.1329	0.162	2.8248	3.9143
M12	0.176	1.8369	2.3651	0.332	2.1305	2.5669	0.229	2.5766	3.0288

3.4.2　基于林分类型混合效应的立地形模型构建

利用统计之林软件中非线性混合效应模块，基于 3 组数据，将林分类型(FT_m，$m = 1$、

2、3、4、5)作为混合效应分别加在模型 M5 的参数 a、b、ab 上，对模型 3 种参数形式进行拟合分析，选取最优模型形式。

3.4.2.1　平均木立地形模型

（1）混合效应 FT_m 加在参数 a 上

模型表达式为：
$$H = 1.3 + \frac{a \times FT_m \times D_g}{D_g + 1} + bD_g$$

通过模拟，模型的确定系数（R^2）为 0.7301，AIC 为 190.21，BIC 为 202.85，平均绝对误差（MAE）为 1.0622，均方根误差（$RMSE$）为 1.3539，拟合结果如表 3-33 和图 3-16 所示。

表 3-33　混合效应加在参数 a 上的模型模拟参数

系数名	系数值	标准差	95%下限	95%上限	t 值	P 值（系数＝0）
a. FT_1	7.4010	1.6305	4.1170	10.6851	4.5390	0
a. FT_2	12.6334	1.7338	9.1414	16.1254	7.2867	0
a. FT_3	10.4435	1.0784	8.2714	12.6155	9.6839	0
a. FT_4	7.0254	1.3860	4.2338	9.8170	5.0687	0
a. FT_5	9.7723	1.4212	6.9098	12.6349	6.8759	0
b	0.2142	0.0792	0.0547	0.3738	2.7043	0.0096

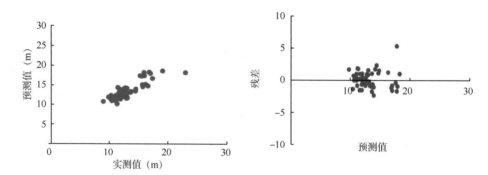

图 3-16　混合效应加在参数 a 上模型的树高实测值—预测值与预测值—残差

（2）混合效应 FT_m 加在参数 b 上

模型表达式为：
$$H = 1.3 + \frac{a \times D_g}{D_g + 1} + b \times FT_m \times D_g$$

通过模拟，模型的确定系数（R^2）为 0.7573，AIC 为 207.79，BIC 为 220.44，平均绝对误差（MAE）为 0.9892，均方根误差（$RMSE$）为 1.2838，模型参数 $b4$ 的拟合检验值 P 值大于 0.05，表明参数 b 形式的拟合结果不可信。

（3）混合效应 FT_m 加在参数 ab 上

模型表达式为：
$$H = 1.3 + \frac{a \times FT_m \times D_g}{D_g + 1} + b \times FT_m \times D_g$$

通过模拟，模型的确定系数（R^2）为 0.7811，AIC 为 191.41，BIC 为 210.26，平均绝对误差（MAE）为 0.9144，均方根误差（$RMSE$）为 1.2191，模型参数 $a3$、$a5$、

$b1$、$b2$、$b3$ 和 $b4$ 的拟合检验值 P 值大于 0.05，表明参数 ab 形式的拟合结果不可信。

（4）最优立地形模型的选取

平均木拟合中，分别在模型 M5 不同参数上添加林分类型混合效应，利用统计之林软件中的非线性回归模块进行 3 次不同的拟合分析。从确定系数、平均绝对误差、均方根误差、AIC、BIC、树高实测值—预测值和树高预测值来看，在模型 M5 参数 a 上添加林分混合效应结果最优，最优模型形式为：$H=1.3+\dfrac{a\times FT_m\times D_g}{D_g+1}+bD_g$。基于此导向曲线绘制其立地质量预估效果图，即含林分类型混合效应的立地形曲线图，图中的散点表示观测值，即建模用数据（图 3-17）。

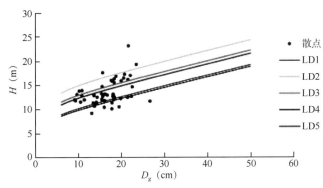

图 3-17　多形树高—胸径曲线

3.4.2.2　平均优势木立地形模型

（1）混合效应 FT_m 加在参数 a 上

模型表达式为：

$$H=1.3+\frac{a\times FT_m\times D_g}{D_g+1}+bD_g$$

通过模拟，模型的确定系数（R^2）为 0.7119，AIC 为 209.64，BIC 为 222.29，平均绝对误差（MAE）为 1.2639，均方根误差（$RMSE$）为 1.6410，拟合结果如表 3-34 和图 3-18 所示。

表 3-34　混合效应加在参数 a 上的模型模拟参数

系数名	系数值	标准差	95%下限	95%上限	t 值	P 值（系数=0）
a. FT_1	10.2090	1.2078	7.7764	12.6416	8.4528	0
a. FT_2	16.0279	1.4673	13.0727	18.9831	10.9237	0
a. FT_3	12.5292	0.9061	10.8042	14.4541	13.9382	0
a. FT_4	10.3141	0.9841	8.3320	12.2961	10.4808	0
a. FT_5	12.8055	1.0437	10.6033	14.8076	12.1732	0
b	0.0922	0.0370	0.0176	0.1668	2.4889	0.0166

（2）混合效应 FT_m 加在参数 b 上

模型表达式为：

$$H=1.3+\frac{aD_g}{D_g+1}+b\times FT_m\times D_g$$

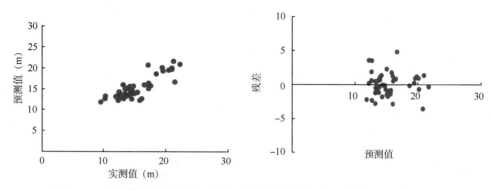

图 3-18　混合效应加在参数 a 上模型的树高实测值—预测值与预测值—残差

通过模拟，模型的确定系数(R^2)为 0.6997，*AIC* 为 236.75，*BIC* 为 249.40，平均绝对误差(*MAE*)为 1.3210，均方根误差(*RMSE*)为 1.6753，模型参数 $b1$、$b3$ 和 $b4$ 的拟合检验值 *P* 值大于 0.05，表明参数 b 形式的拟合结果不可信。

（3）混合效应 FT_m 加在参数 ab 上

模型表达式为：
$$H = 1.3 + \frac{a \times FT_m \times D_g}{D_g + 1} + b \times FT_m \times D_g$$

通过模拟，模型的确定系数(R^2)为 0.7551，*AIC* 为 219.47，*BIC* 为 238.32，平均绝对误差(*MAE*)为 1.1753，均方根误差(*RMSE*)为 1.5130，模型参数 $b1$、$b2$、$b3$ 和 $b4$ 的拟合检验值 *P* 值大于 0.05，表明参数 ab 形式的拟合结果不可信。

（4）最优立地形模型的选取

平均优势木拟合中，分别在模型 M5 不同参数上添加林分类型混合效应，利用统计之林软件中的非线性回归模块进行 3 次不同的拟合分析。从确定系数、平均绝对误差、均方根误差、*AIC*、*BIC*、树高实测值—预测值和树高预测值来看，在模型 M5 参数 a 上添加林分混合效应结果最优，最优模型形式为：$H = 1.3 + \dfrac{a \times FT_m \times D_g}{D_g + 1} + bD_g$。基于此导向曲线绘制其立地质量预估效果图，即含林分类型混合效应的立地形曲线图，图中的散点表示观测值，即建模用数据(图 3-19)。

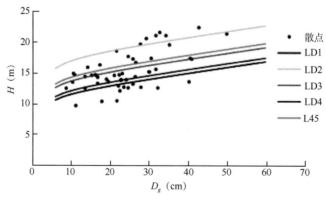

图 3-19　多形树高—胸径曲线

3.4.2.3 最高优势木立地形模型

(1)混合效应 FT_m 加在参数 a 上

模型表达式为:
$$H = 1.3 + \frac{a \times FT_m \times D_g}{D_g + 1} + bD_g$$

通过模拟,模型的确定系数(R^2)为 0.5549,*AIC* 为 240.93,*BIC* 为 253.58,平均绝对误差(*MAE*)为 1.7655,均方根误差(*RMSE*)为 2.3021,拟合结果如表 3-35 和图 3-20 所示。

表 3-35 混合效应加在参数 a 上的模型模拟参数

系数名	系数值	标准差	95%下限	95%上限	t 值	P 值(系数=0)
a. FT_1	10.9300	1.5959	7.7156	14.1443	6.8487	0.0000
a. FT_2	16.0886	1.7523	12.5592	19.6180	9.1813	0.0000
a. FT_3	13.6293	1.1908	11.2309	16.0276	11.4456	0.0000
a. FT_4	10.6119	1.4197	7.9525	13.6712	7.6158	0.0000
a. FT_5	13.8239	1.3107	11.1839	16.4639	10.5466	0.0000
b	0.1152	0.0361	0.0425	0.1879	3.1930	0.0026

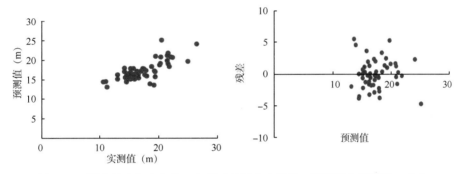

图 3-20 混合效应加在参数 a 上模型的树高实测值—预测值与预测值—残差

(2)混合效应 FT_m 加在参数 b 上

模型表达式为:
$$H = 1.3 + \frac{aD_g}{D_g + 1} + b \times FT_m \times D_g$$

通过模拟,模型的确定系数(R^2)为 0.5212,*AIC* 为 271.43,*BIC* 为 284.08,平均绝对误差(*MAE*)为 1.8265,均方根误差(*RMSE*)为 2.3875,模型参数 b3 和 b4 的拟合检验值 *P* 值大于 0.05,表明参数 b 形式的拟合结果不可信。

(3)混合效应 FT_m 加在参数 ab 上

模型表达式为:
$$H = 1.3 + \frac{a \times FT_m \times D_g}{D_g + 1} + b \times FT_m \times D_g$$

通过模拟,模型的确定系数(R^2)为 0.6286,*AIC* 为 249.26,*BIC* 为 268.11,平均绝对误差(*MAE*)为 1.5943,均方根误差(*RMSE*)为 2.1027,模型参数 a3、a5、

$b1$、$b2$、$b3$ 和 $b4$ 的拟合检验值 P 值大于 0.05，表明参数 ab 形式的拟合结果不可信。

（4）最优立地形模型的选取

最高优势木拟合中，分别在模型 M5 不同参数上添加林分类型混合效应，利用统计之林软件中的非线性回归模块进行 3 次不同的拟合分析。从确定系数、平均绝对误差、均方根误差、AIC、BIC、树高实测值—预测值和树高预测值来看，在模型 M5 参数 a 上添加林分混合效应结果最优，最优模型形式为：$H = 1.3 + \dfrac{a \times FT_m \times D_g}{D_g + 1} + bD_g$。基于此导向曲线绘制其立地质量预估效果图，即含林分类型混合效应的立地形曲线图，图中的散点表示观测值，即建模用数据（图 3-21）。

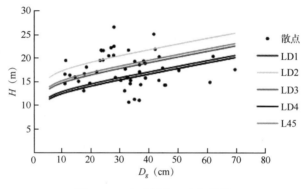

图 3-21　多形树高—胸径曲线

3.4.3　基于立地类型混合效应的立地形模型构建

利用统计之林软件中非线性混合效应模块，基于 3 组数据，将初始的 43 个立地类型（ST_m，$m = 1、2、\cdots、42、43$）作为混合效应分别加在模型 M5 的参数 a、b、ab 上，对 3 种模型进行拟合分析，选出最优模型参数。

3.4.3.1　平均木立地形模型

基于平均木数据，利用统计之林软件中非线性混合效应模块，将初始的 43 个立地类型（ST_m，$m = 1、2、\cdots、42、43$）作为混合效应分别加在模型 M5 的参数 a、b、ab 上，拟合结果如表 3-36 所示。

表 3-36　6 种候选模型的拟合结果

模型参数	R^2	MAE	$RMSE$	AIC	BIC
a	0.9825	0.1606	0.3448	112.61	110.17
b	0.9837	0.1502	0.3332	353.00	350.57

根据表 3-36 分析得出，将初始的 43 个立地类型作为混合效应加在模型 M5 的参数 a 和 b 上时拟合结果都很好，而同时加在参数 a、b 上时运行出现错误。其中，分别加在参数 a、b 上时两种模型形式的确定系数（R^2）、平均绝对误差（MAE）和均方根误差（$RMSE$）很接近，但是混合效应加在参数 a（$AIC = 112.61$，$BIC = 110.17$）上比加在参数 b（$AIC =$

353. 00，*BIC* = 350. 57)上要收敛。因此，下面将对参数 a 上 43 个立地类型拟合的得分值进行聚类分析，选出聚类后的立地类型混合效应最优模型形式。

根据 51 块样地初始划分的 43 个立地类型应用到模型 M5 参数 a 上拟合的得分值（表 3-37），采用 R 软件中 k-means 聚类，聚类精度 ≥0. 99，得出聚类分类数对应的立地编号、精度和数量（表 3-38）。

表 3-37　参数 a 上初始立地类型拟合得分值

参数名	得分值	参数名	得分值
a. ST_1	9. 9765	a. ST_23	7. 5524
a. ST_2	10. 6870	a. ST_24	7. 8941
a. ST_3	11. 1688	a. ST_25	5. 6345
a. ST_4	9. 6237	a. ST_26	8. 9314
a. ST_5	11. 0225	a. ST_27	5. 5722
a. ST_6	11. 1798	a. ST_28	7. 2534
a. ST_7	12. 4557	a. ST_29	6. 3191
a. ST_8	11. 6229	a. ST_30	7. 7029
a. ST_9	11. 8182	a. ST_31	5. 7008
a. ST_10	9. 4710	a. ST_32	7. 9224
a. ST_11	8. 0492	a. ST_33	8. 2391
a. ST_12	8. 8398	a. ST_34	9. 1757
a. ST_13	8. 9923	a. ST_35	11. 1402
a. ST_14	8. 9511	a. ST_36	11. 5815
a. ST_15	9. 2222	a. ST_37	11. 9539
a. ST_16	8. 3438	a. ST_38	12. 4437
a. ST_17	6. 8810	a. ST_39	14. 0642
a. ST_18	7. 3355	a. ST_40	13. 9586
a. ST_19	7. 7531	a. ST_41	11. 1012
a. ST_20	8. 5014	a. ST_42	18. 4289
a. ST_21	8. 1101	a. ST_43	11. 8793
a. ST_22	5. 2863		

表 3-38　立地类型聚类

聚类数	精度(%)
2	66. 0
3	80. 2
4	90. 4
5	94. 0
6	97. 1
7	98. 2
8	98. 6
9	99. 1

将各样本的初始立地类型转换为对应的类，以聚类后的立地类型(ST_n，$n=1$、2、…、8、9)作为混合效应加在基础模型 M5 不同参数(a、b、ab)上进行拟合分析，根据评价指标选出聚类后的立地类型混合效应模型 M5 最优参数形式。

(1)固定效应 ST_n 加在参数 a 上

模型表达式为：
$$H = 1.3 + \frac{a \times ST_n \times D_g}{D_g + 1} + bD_g$$

通过模拟，模型的确定系数(R^2)为 0.9739，AIC 为 94.20，BIC 为 113.04，平均绝对误差(MAE)为 0.2862，均方根误差($RMSE$)为 0.4213，拟合结果如表 3-39 和图 3-22 所示。

表 3-39　混合效应加在参数 a 上的模型模拟参数

系数名	系数值	标准差	95%下限	95%上限	t 值	P 值(系数=0)
a.ST_1	8.9182	0.3861	8.1385	9.6979	23.0992	0
a.ST_2	10.9259	0.3830	10.1524	11.6993	28.5275	0
a.ST_3	5.5734	0.4825	4.5990	6.5478	11.5515	0
a.ST_4	13.8800	0.5672	12.7345	15.0256	24.4695	0
a.ST_5	8.0097	0.4154	7.1708	8.8486	19.2826	0
a.ST_6	11.8364	0.4821	10.8628	12.8099	24.5538	0
a.ST_7	18.2860	0.6925	16.8874	19.6846	26.4044	0
a.ST_8	7.1300	0.4922	6.1359	8.1241	14.4847	0
a.ST_9	9.6754	0.3773	8.9135	10.4373	25.6462	0
b	0.2052	0.0218	0.1612	0.2493	9.4096	0

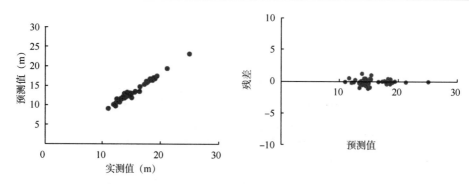

图 3-22　混合效应加在参数 a 上模型的树高实测值—预测值与预测值—残差

(2)固定效应 ST_n 加在参数 b 上

模型表达式为：
$$H = 1.3 + \frac{aD_g}{D_g + 1} + b \times ST_n \times D_g$$

通过模拟，模型的确定系数(R^2)为 0.9586，AIC 为 159.66，BIC 为 178.51，平均绝对误差(MAE)为 0.3972，均方根误差($RMSE$)为 0.5305，模型参数 $b3$ 的拟合检验值 P 值大于 0.05，表明参数 b 形式的拟合结果不可信。

（3）固定效应 ST_n 加在参数 ab 上

模型表达式为： $$H = 1.3 + \frac{a \times ST_n \times D_g}{D_g + 1} + b \times ST_n \times D_g$$

通过模拟，模型的确定系数（R^2）为 0.9728，AIC 为 131.98，BIC 为 160.42，平均绝对误差（MAE）为 0.2848，均方根误差（$RMSE$）为 0.4301，模型参数 $b7$ 的拟合值异常，表明参数 ab 形式的拟合结果失败。

（4）最优立地形模型的选取

平均木中，分别在模型 M5 不同参数上添加立地类型混合效应，利用统计之林软件中的非线性回归模块进行 3 次不同的拟合分析。从确定系数、平均绝对误差、均方根误差、AIC、BIC、树高实测值—预测值和树高预测值来看，在模型 M5 参数 a 上同时添加立地类型混合效应结果最优，最优模型形式为： $H = 1.3 + \dfrac{a \times ST_n \times D_g}{D_g + 1} + bD_g$ 。基于此导向曲线绘制其立地质量预估效果图，即含立地类型混合效应的立地形曲线图，图中的散点表示观测值，即建模用数据（图 3-23）。

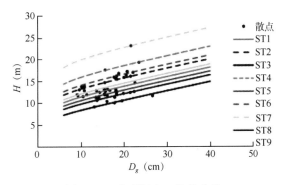

图 3-23　多形树高—胸径曲线

3.4.3.2　平均优势木立地形模型

基于平均优势木数据，利用统计之林中非线性混合效应模块，将初始的 43 个立地类型（ST_m，$m = 1$、2、…、42、43）作为混合效应分别加在模型 M5 的参数 a、b、ab 上，拟合结果如表 3-40 所示。

表 3-40　6 种候选模型的拟合结果

模型参数	R^2	MAE	$RMSE$	AIC	BIC
a	0.9855	0.1544	0.3685	116.60	114.17
b	0.9847	0.1701	0.3782	387.63	385.20

根据表 3-40 可以得出：将初始的 43 个立地类型作为混合效应加在模型 M5 的参数 a 和 b 上时拟合结果都很好，同时加在参数 a、b 上时运行出现错误。其中，分别加在参数 a、b 上时两种模型形式的确定系数（R^2）、平均绝对误差（MAE）和均方根误差（$RMSE$）很接近，但是混合效应加在参数 a（$AIC = 116.60$，$BIC = 114.17$）上比加在参数 b（$AIC = 387.63$，

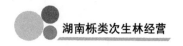

$BIC=385.20$)上要收敛。因此,下面将对参数 a 上 43 个立地类型拟合的得分值进行聚类分析,选出聚类后的立地类型混合效应最优模型形式。

根据 51 块样地初始划分的 43 个立地类型应用到模型 M5 参数 a 上拟合的得分值(表 3-41),采用 R 软件中 k-means 聚类,聚类精度≥0.99,得出聚类分类数对应的立地编号、精度和数量(表 3-42)。

表 3-41 参数 a 上初始立地类型拟合得分值

参数名	得分值	参数名	得分值
a. ST_1	12. 8659	a. ST_23	9. 0246
a. ST_2	13. 7074	a. ST_24	15. 1164
a. ST_3	13. 9326	a. ST_25	8. 9401
a. ST_4	13. 2134	a. ST_26	13. 5452
a. ST_5	16. 3086	a. ST_27	10. 7156
a. ST_6	15. 1784	a. ST_28	12. 3792
a. ST_7	19. 9708	a. ST_29	12. 7971
a. ST_8	15. 8338	a. ST_30	12. 2994
a. ST_9	15. 7326	a. ST_31	8. 7212
a. ST_10	11. 5773	a. ST_32	11. 5381
a. ST_11	12. 3014	a. ST_33	11. 4296
a. ST_12	13. 2994	a. ST_34	15. 2863
a. ST_13	13. 5539	a. ST_35	18. 2311
a. ST_14	12. 7505	a. ST_36	17. 8094
a. ST_15	13. 2625	a. ST_37	19. 4990
a. ST_16	12. 7284	a. ST_38	19. 0914
a. ST_17	11. 1566	a. ST_39	17. 4127
a. ST_18	15. 3578	a. ST_40	20. 3995
a. ST_19	11. 4743	a. ST_41	19. 3884
a. ST_20	12. 3990	a. ST_42	19. 1347
a. ST_21	10. 5758	a. ST_43	15. 2416
a. ST_22	10. 9781		

表 3-42 立地类型聚类

聚类数	精度(%)
2	72. 1
3	86. 4
4	93. 8
5	96. 5
6	98. 1
7	98. 8
8	99. 1

将各样本的初始立地类型转换为对应的类，以聚类后的立地类型（ST_n，$n = 1$、2、…、7、8）作为混合效应加在基础模型 M5 不同参数（a、b、ab）上进行拟合分析，根据评价指标选出聚类后的立地类型混合效应模型 M5 最优参数形式。

（1）固定效应 ST_n 加在参数 a 上

模型表达式为：
$$H = 1.3 + \frac{a \times ST_n \times D_g}{D_g + 1} + bD_g$$

通过模拟，模型的确定系数（R^2）为 0.9775，AIC 为 101.50，BIC 为 118.88，平均绝对误差（MAE）为 0.3414，均方根误差（$RMSE$）为 0.4586，拟合结果如表 3-43 和图 3-24 所示。

表 3-43　混合效应加在参数 a 上的模型模拟参数

系数名	系数值	标准差	95%下限	95%上限	t 值	P 值（系数 = 0）
a. ST_1	13.6021	0.2431	13.1115	14.0927	48.2341	0
a. ST_2	20.2675	0.5298	19.1983	21.3366	38.2574	0
a. ST_3	11.2352	0.3281	10.5731	11.8973	34.2462	0
a. ST_4	15.5694	0.3414	14.8805	16.2583	45.6088	0
a. ST_5	19.3559	0.4523	18.4432	20.2687	42.7956	0
a. ST_6	12.6040	0.2883	12.0222	13.1858	43.7187	0
a. ST_7	8.9371	0.3564	8.2178	9.6563	25.0755	0
a. ST_8	17.8816	0.4185	17.0369	18.7262	42.7242	0
b	0.0227	0.0099	0.0027	0.0426	2.2955	0.0268

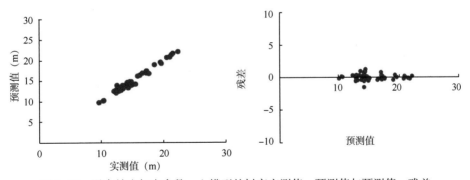

图 3-24　混合效应加在参数 a 上模型的树高实测值—预测值与预测值—残差

（2）固定效应 ST_n 加在参数 b 上

模型表达式为：
$$H = 1.3 + \frac{aD_g}{D_g + 1} + b \times ST_n \times D_g$$

通过模拟，模型的确定系数（R^2）为 0.9395，AIC 为 189.66，BIC 为 207.03，平均绝对误差（MAE）为 0.5957，均方根误差（$RMSE$）为 0.7518，模型参数 $b1$、$b3$ 和 $b6$ 的拟合检验值 P 值大于 0.05，表明参数 b 形式的拟合结果不可信。

（3）固定效应 ST_n 加在参数 ab 上

模型表达式为：$$H = 1.3 + \frac{a \times ST_n \times D_g}{D_g + 1} + b \times ST_n \times D_g$$

通过模拟，模型的确定系数（R^2）为 0.9786，AIC 为 144.28，BIC 为 170.72，平均绝对误差（MAE）为 0.3172，均方根误差（$RMSE$）为 0.4471，模型参数 b 上所有的拟合检验值 P 值大于 0.05，表明参数 ab 形式的拟合结果不可信。

（4）最优立地形模型的选取

平均优势木拟合中，分别在模型 M5 不同参数上添加立地类型混合效应，利用统计之林软件中的非线性回归模块进行 3 次不同的拟合分析。从确定系数、平均绝对误差、均方根误差、AIC、BIC、树高实测值—预测值和树高预测值来看，在模型 M5 参数 a 上添加立地类型混合效应结果最优，最优模型形式为：$H = 1.3 + \frac{a \times ST_n \times D_g}{D_g + 1} + bD_g$。基于此导向曲线绘制其立地质量预估效果图，即含立地类型混合效应的立地形曲线图，图中的散点表示观测值，即建模用数据（图 3-25）。

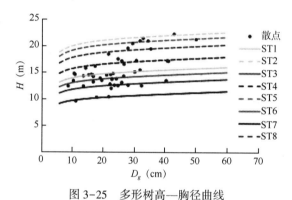

图 3-25　多形树高—胸径曲线

3.4.3.3　最高优势木立地形模型

基于最高优势木数据，利用统计之林软件中非线性混合效应模块，将初始的 43 个立地类型（ST_m，$m = 1$、2、…、42、43）作为混合效应分别加在模型 M5 的参数 a、b、ab 上，拟合结果如下：

表 3-44　6 种候选模型的拟合结果

模型参数	R^2	MAE	$RMSE$	AIC	BIC
a	0.9605	0.3031	0.6858	126.42	123.99
b	0.9545	0.3236	0.7361	419.12	416.68

根据表 3-44 分析得出，将初始的 43 个立地类型作为混合效应加在模型 M5 的参数 a 和 b 上时拟合结果都很好，同时加在参数 a、b 上时运行出现错误。其中，分别加在参数 a、b 上时两种模型形式的确定系数（R^2）、平均绝对误差（MAE）和均方根误差（$RMSE$）很接近，但是混合效应加在参数 a（$AIC = 126.42$，$BIC = 123.99$）上比加在参数 b（$AIC = 419.12$，

$BIC = 416.68$)上要收敛。因此，下面将对参数 a 上 43 个立地类型拟合的得分值进行聚类分析，选出聚类后的立地类型混合效应最优模型形式。

根据 51 块样地初始划分的 43 个立地类型应用到模型 M5 参数 a 上拟合的得分值（表 3-45），采用 R 软件中 k-means 聚类，聚类精度 ≥ 0.99，得出聚类分类数对应的立地编号、精度和数量（表 3-46）。

表 3-45　参数 a 上初始立地类型拟合得分值

参数名	得分值	参数名	得分值
a. ST_1	14.2882	a. ST_23	11.2952
a. ST_2	13.7322	a. ST_24	12.4280
a. ST_3	14.4352	a. ST_25	7.6697
a. ST_4	16.2802	a. ST_26	15.5484
a. ST_5	16.7849	a. ST_27	11.7411
a. ST_6	15.3700	a. ST_28	14.9139
a. ST_7	20.7708	a. ST_29	10.6758
a. ST_8	18.4825	a. ST_30	9.3500
a. ST_9	16.5050	a. ST_31	9.2809
a. ST_10	15.0921	a. ST_32	17.3486
a. ST_11	11.5947	a. ST_33	12.2927
a. ST_12	12.6234	a. ST_34	16.3689
a. ST_13	12.2833	a. ST_35	17.3366
a. ST_14	10.9370	a. ST_36	18.7313
a. ST_15	14.5006	a. ST_37	18.5942
a. ST_16	12.9332	a. ST_38	16.8541
a. ST_17	13.2449	a. ST_39	17.6986
a. ST_18	12.1739	a. ST_40	15.7947
a. ST_19	10.6037	a. ST_41	19.0114
a. ST_20	13.2926	a. ST_42	20.6219
a. ST_21	11.0144	a. ST_43	13.7983
a. ST_22	8.9253		

表 3-46 立地类型聚类

聚类数	精度(%)
2	70.3
3	84.0
4	90.9
5	94.6
6	96.4
7	97.6
8	98.3
9	98.7
10	99.0

将各样本的初始立地类型转换为对应的类,以聚类后的立地类型(ST_n,$n=1$、2、…、9、10)作为混合效应加在基础模型 M5 不同参数(a、b、ab)上进行拟合分析,根据评价指标选出聚类后的立地类型混合效应模型 M5 最优参数形式。

(1)固定效应 ST_n 加在参数 a 上

模型表达式为:

$$H = 1.3 + \frac{a \times ST_n \times D_g}{D_g + 1} + bD_g$$

通过模拟,模型的确定系数(R^2)为 0.9523,AIC 为 146.07,BIC 为 166.34,平均绝对误差(MAE)为 0.4693,均方根误差($RMSE$)为 0.7538,拟合结果如表 3-47 和图 3-26 所示。

表 3-47 混合效应加在参数 a 上的模型模拟参数

系数名	系数值	标准差	95%下限	95%上限	t 值	P 值(系数=0)
a.ST_1	15.5384	0.5995	14.3267	16.7500	25.9183	0
a.ST_2	16.7076	0.5259	15.6446	17.7705	31.7675	0
a.ST_3	20.9458	0.8481	19.2316	22.6599	24.6967	0
a.ST_4	17.6219	0.6285	16.3516	18.8922	28.0373	0
a.ST_5	18.8583	0.5666	17.7131	20.0035	33.2807	0
a.ST_6	11.2662	0.4799	10.2963	12.2362	23.4754	0
a.ST_7	7.7884	0.9214	5.9261	9.6506	8.4527	0
a.ST_8	14.2623	0.4164	13.4207	15.1038	34.2530	0
a.ST_9	12.9356	0.4917	11.9417	13.9295	26.3054	0
a.ST_10	9.3741	0.5624	8.2375	10.5107	16.6692	0
b	0.0752	0.0111	0.0527	0.0978	6.7486	0

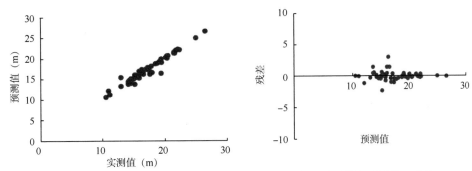

图 3-26 混合效应加在参数 a 上模型的树高实测值—预测值与预测值—残差

（2）固定效应 ST_n 加在参数 b 上

模型表达式为：
$$H = 1.3 + \frac{aD_g}{D_g + 1} + b \times ST_n \times D_g$$

通过模拟，模型的确定系数（R^2）为 0.9158，AIC 为 232.90，BIC 为 253.17，平均绝对误差（MAE）为 0.6791，均方根误差（$RMSE$）为 1.0014，模型参数 $b6$ 的拟合检验值 P 值大于 0.05，表明参数 b 形式的拟合结果不可信。

（3）固定效应 ST_n 加在参数 ab 上

模型表达式为：
$$H = 1.3 + \frac{a \times ST_n \times D_g}{D_g + 1} + b \times ST_n \times D_g$$

通过模拟，模型的确定系数（R^2）为 0.9572，AIC 为 191.59，BIC 为 221.70，平均绝对误差（MAE）为 0.4323，均方根误差（$RMSE$）为 0.7139，模型参数 $b7$ 上运行出现错误，表明参数 ab 形式的拟合失败。

（4）最优立地形模型的选取

最高优势木拟合中，分别在模型 M5 不同参数上添加立地类型混合效应，利用统计之林软件中的非线性回归模块进行 3 次不同的拟合分析。从确定系数、平均绝对误差、均方根误差、AIC、BIC、树高实测值—预测值和树高预测值来看，在模型 M5 参数 a 上添加立地类型混合效应结果最优，最优模型形式为：$H = 1.3 + \dfrac{a \times ST_n \times D_g}{D_g + 1} + bD_g$。基于此导向曲线绘制其立地质量预估效果图，即含立地类型混合效应的立地形曲线图，图中的散点表示观测值，即建模用数据（图 3-27）。

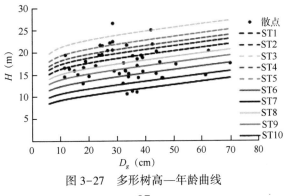

图 3-27 多形树高—年龄曲线

3.4.4　小结

运用林分类型和立地效应对树高与胸径产生影响的回归分析方法，构建了湖南栎类天然林立地形模型来评价天然林立地质量。选择应用最广泛的 13 种常见的树高—胸径关系模型对 3 组树高和胸径的相关关系分别进行模拟，利用模型评价指标分析得出，3 组数据的模拟最优模型均为模型 M5：$H = 1.3 + \dfrac{aD_g}{D_g + 1} + bD_g$。

基于 3 组数据，将林分类型作为混合效应分别加在模型 M5 的 2 个参数的 3 种情况进行非线性回归模拟，根据模型的确定系数（R^2）、平均绝对误差（MAE）、均方根误差（$RMSE$）等比较分析不同模型的精度，结果表明：基于平均木、平均优势木和最高优势木模拟的林分类型混合效应都是加在模型参数 a 上模拟最优，即最优模型为：$H = 1.3 + \dfrac{a \times ST_n \times D_g}{D_g + 1} + b \times D_g$，且平均木模拟结果最优，最高优势木最差。林分类型随机效应模拟的结果与林分类型混合效应的模拟结果一致，都是林分类型随机效应加在模型参数 a 上模拟最优，即最优模型为：$H = 1.3 + \dfrac{a \times ST_n \times D_g}{D_g + 1} + b \times D_g$，且平均木模拟结果最优，最高优势木最差，与基础模型相比，大大提高了模型的精度。

采用立地类型聚类构造立地形模型的方法相比林分类型模拟效果更好。基于 3 组数据，将 51 个样本中立地因子相同的进行组合，划分为 43 个初始立地类型，并将初始立地类型作为混合效应加在模型 2 个参数的 3 种情况进行非线性回归模拟，模型评价指标指出：3 组数据在初始立地类型混合效应模拟中，都是模型参数 a 上拟合最优，即利用参数 a 上拟合得到的 43 个初始立地类型所对应的系数值进行立地类型聚类。利用 R 软件中 k-means 聚类，合并后的因子水平信息包含合并前的因子水平信息的 99%，满足研究要求。初始立地类型混合效应聚类中，平均木聚为 9 类满足要求，平均优势木聚为 8 类满足要求，最高优势木聚为 10 类满足要求。将各样本的初始立地类型转换为对应的类，并将新的立地类型 ST_n 分别作为混合效应加在基础模型 3 种参数形式上进行非线性拟合回归分析。利用模型的确定系数（R^2）、平均绝对误差（MAE）、均方根误差（$RMSE$）等比较分析不同模型的精度。结果表明，基于平均木、平均优势木和最高优势木模拟的立地类型 ST_n 混合效应都是加在模型参数 a 上模拟最优，即最优模型为：$H = 1.3 + \dfrac{a \times ST_n \times D_g}{D_g + 1} + b \times D_g$，且平均优势木模拟结果最优，最高优势木最差。立地形模型相比树高—年龄模型进一步提高了模型的精度。同时也验证了利用树高与胸径的相关关系评价天然林立地质量的方法是正确、可行的。

考虑立地因子的立地形模型能适用于栎类天然林立地质量评价，且建立的模型精度高、适用性强，可解决天然林立地质量评价问题，为天然林立地质量评价提供了一种新思路和参考方法。

第4章
栎类次生林生物量与生物多样性

4.1　青冈栎次生林的生物量与碳密度

森林生物量(forest biomass)是单位面积上有机体或者群落在一定的时间段内积累的有机质总量,它既表明森林的经营水平和开发利用价值,同时又反映了森林与其环境在物质循环和能量流动上的复杂关系。准确估算森林生物量是评估陆地生态系统碳平衡的基础。

森林碳密度(carbon density)是指单位面积上的森林碳储量。森林碳储量一般由估测的森林生物量间接计算得到,即用碳含量百分比把单位面积森林生物量转换为碳密度,再乘以对应的森林面积从而得出碳储量。

青冈栎(*Cyclobalanopsis glauca*)属壳斗科青冈属常绿阔叶树种,是我国亚热带常绿阔叶林的重要组成树种,也是具有高价值的储备林树种。青冈栎作为我国亚热带常绿阔叶林带的主要树种之一,其在涵养水源、固碳释氧等方面发挥了重大生态效益。系统研究湖南青冈栎次生林生物量与碳密度,可为其生态系统服务功能评价提供依据,同时有助于青冈栎次生林科学经营,提高其森林生物量和森林储碳能力。

4.1.1　材料来源

以位于湖南省平江县境内的中南林业科技大学芦头实验林场为研究区,选取青冈栎杉木混交林、青冈栎甜槠混交林、青冈栎拟赤杨混交林3种典型青冈栎混交林,样地内进行每木检尺,每株树测定方位角;主要树种按林分平均标准木法或径阶标准木法选取解析木,分析解析木的生长过程;野外测定干、枝、叶的鲜重,并取样,在实验室测定样品的生物量和碳密度。

3种青冈栎混交林样地基本情况见表4-1至表4-3。

表4-1　3种青冈栎混交林基本情况

林分类型	主要树种	平均胸径（cm）	平均树高（m）	密度（株/hm²）	树种组成	灌木层主要物种	草本层主要物种
青冈栎杉木混交林	杉木 青冈栎	12.77 12.85	10.87 10.22	1600 575	7杉3青	檵木、山胡椒	狗脊蕨、十字苔草
青冈栎甜槠混交林	青冈栎 甜槠	16.49 15.50	11.65 11.20	540 370	4青3甜 2马1杉	尖叶连蕊茶、乌药、鹿角杜鹃	芒萁、狗脊蕨
青冈栎拟赤杨混交林	青冈栎 拟赤杨	13.90 12.34	9.52 10.30	800 300	6青2拟2杉	鹿角杜鹃、檵木、格药柃、狗骨柴	狗脊蕨、十字苔草、铁芒萁

注："杉"为杉木，"青"为青冈栎，"甜"为甜槠，"马"为马尾松，"拟"为拟赤杨。

绘制3种青冈栎混交林的直径分布直方图，所得结果见图4-1。

青冈栎杉木混交林的林木多为5～15径阶的小径阶树木，而缺少25径阶以上的大径阶树木，且在10～15径阶处达到密度峰值。青冈栎甜槠混交林的林木在5～25及25径阶以上各径阶都有分布，并在15～20径阶处达到峰值。青冈栎拟赤杨混交林林分直径结构则为倒"J"形曲线，呈现出伴随林木直径增大而株数减少的特征规律，林木株数在5～10径阶最多。

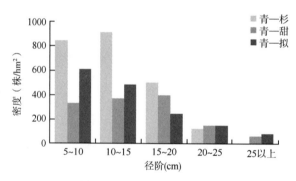

图4-1　不同林分径阶分布

表4-2　标准地基本情况

林分类型	海拔（m）	坡度（°）	坡向	土壤类型	郁闭度	平均胸径（cm）	平均树高（m）	林分密度（株/hm²）
青冈栎杉木混交林	308	33	西北坡	山地黄壤	0.7	12.3	10.4	2400
青冈栎甜槠混交林	324	36	西北坡	山地黄壤	0.8	15.3	10.8	1320
青冈栎拟赤杨混交林	312	32	东坡	山地黄壤	0.7	13.1	9.4	1588

表 4-3　解析木调查因子记录表

树种	株数	胸径（cm）			树高（m）			年龄（年）		
		平均值	最大值	最小值	平均值	最大值	最小值	平均值	最大值	最小值
青冈栎	18	16.44	31.3	5.7	12.56	16.2	7.8	32.5	54	13
拟赤杨	2	11.9	9.7	14	15.6	16.8	14.3	29.5	30	29
杉木	2	11.4	14	9.2	11.4	14.9	8.8	30	34	26
甜槠	2	12.4	15.3	9.5	10.5	12.3	8.7	28	32	24
山矾	2	13.8	16.4	11.2	10.7	11.6	9.8	26.5	28	25

4.1.2　青冈栎单株生物量

4.1.2.1　单株地上部分生物量分配

青冈栎标准木生物量的测定结果见表 4-4。

表 4-4　不同径阶标准木各器官生物量

径阶（cm）	生物量（kg）			合计
	树叶	树枝	树干	
6	1.30	1.55	3.18	6.03
占比（%）	21.70	25.36	52.94	100.00
10	4.36	6.17	11.73	22.25
占比（%）	19.59	27.41	53.01	100.00
14	10.39	34.66	62.18	10 7.23
占比（%）	9.97	32.07	57.96	100.00
18	14.41	74.57	132.94	221.93
占比（%）	6.55	33.54	59.91	100.00
22	19.12	119.61	227.68	366.41
占比（%）	5.22	32.74	62.04	100.00
26	22.94	137.98	289.31	450.23
占比（%）	5.10	30.65	64.26	100.00
30	26.12	163.25	326.35	515.73
占比（%）	5.07	31.65	63.28	100.00

由表 4-4 可看出，青冈栎单株地上部分总生物量与胸径、树高呈正相关关系，伴随着径阶、树高的不断增大，生物量迅速增长。最小径阶青冈栎（6cm）单株地上平均生物量为 6.03kg，最大径阶（30cm）平均生物量为 515.73kg。

伴随胸径的增大，青冈栎地上部分及各器官生物量绝对值都呈上升趋势，但各器官生物量占比变化却有不同。

随着径阶不断增大，树叶生物量占比反而下降，小径阶青冈栎树叶生物量占比明显高于其他径阶；树枝生物量的分配比随着树木生长明显增加，在中径阶时占比达到最大值；树干作为支撑树木的主体部分，其生物量的增加十分迅速，且占地上部分的分配比例一直最高，均在50%以上。

4.1.2.2 单株各器官生物量模型

采用相对生长方程 $W=a\times D^b$ 和 $W=a(D^2H)^b$ 拟合青冈栎单株地上各器官生物量，其相关系数和模型评价指标见表4-5。

表4-5 青冈栎各器官生物量生长相对方程

器官	公式	系数		R^2	SEE	TRE(%)
		a	b			
树叶	$a\times D^b$	0.257	1.370	0.932	1.647	−2.141
	$a(D^2H)^b$	0.090	0.597	0.946	1.452	−1.339
树枝	$a\times D^b$	0.375	1.801	0.951	15.316	−4.265
	$a(D^2H)^b$	0.076	0.810	0.960	12.987	−3.871
树干	$a\times D^b$	0.489	1.930	0.963	27.557	−4.237
	$a(D^2H)^b$	0.085	0.872	0.971	23.722	−3.582

从表4-5可以看出，以胸径为自变量时，树叶模型的决定系数为0.932，而树干模型的决定系数达0.963。将树高变量引入模型后，树叶、树枝、树干生物量模型精度均得到提升，树干生物量模型的决定系数达到了0.971。

因此，选用树高—胸径二元幂函数模型来预测样地中青冈栎单木各器官生物量。即：

$$W_S=0.085(D^2H)^{0.872} \tag{4-1}$$
$$W_b=0.076(D^2H)^{0.81} \tag{4-2}$$
$$W_l=0.09(D^2H)^{0.597} \tag{4-3}$$

式中：W_S为树干生物量；W_b为树枝生物量；W_l为树叶生物量。

随着胸径、树高的不断增大，青冈栎生物量迅速增加，其生长遵循最优分配和异速生长的原则。单木各器官生物量分配比例为：树干 > 树枝 > 树叶。树叶生物量占比在小径阶时最大，树枝生物量占比在中径阶时达到最大值，树干作为支撑林木的主体，在各径阶占比均大于50%。

4.1.3 青冈栎混交林的生物量

对3种青冈栎混交林林分各层次的生物量及其分配进行分析，比较3种不同青冈栎混交林林分生物量的差异。

4.1.3.1 青冈栎杉木混交林生物量

（1）林分各层次生物量及分配

根据样地数据估算，青冈栎杉木混交林地上部分总生物量为183.02t/hm²，其中乔木层生物量所占比例最大，高达96.83%，为177.22t/hm²。枯枝落叶层现存量次之，为4.36t/hm²，灌木层和草本层生物量都为0.72t/hm²，仅占0.39%（表4-6）。

表4-6 林分各层次生物量及其分配

层次		生物量(t/hm²)	百分比(%)
乔木层	树干	126.29	69.00
	树枝	32.74	17.89
	树叶	18.19	9.94
	小计	177.22	96.83
灌木层		0.72	0.39
草本层		0.72	0.39
枯枝落叶层		4.36	2.39
合计		183.02	100

（2）林分乔木层生物量及分配

从表4-7可以看出，群落生物量集中于杉木和青冈栎，其生物量所占比例分别为62.5%、34.5%。乔木层总生物量为177.22t/hm²，其中杉木生物量最大，为110.79t/hm²，其次是青冈栎（61.30t/hm²）。其他树种生物量0.16~2.97t/hm²不等，明显低于杉木和青冈栎。树叶生物量范围在0.02~13.01t/hm²间，其总量达到18.19t/hm²，占地上部分生物量的10.2%。树枝生物量总量达到32.74t/hm²，占地上部分生物量的18.5%。树干占地上部分生物量的比例最大，超过70%。

表4-7 乔木层生物量

树种	生物量(t/hm²)				百分比(%)
	树干	树枝	树叶	合计	
杉木	86.63	11.15	13.01	110.79	62.5
青冈栎	36.60	20.13	4.57	61.30	34.5
甜槠	1.72	0.91	0.34	2.97	1.7
枫香	0.83	0.38	0.15	1.36	0.8
拟赤杨	0.42	0.12	0.10	0.64	0.4
豹纹樟	0.09	0.05	0.02	0.16	0.1
合计	126.29	32.74	18.19	177.22	100
百分比(%)	71.3	18.5	10.2	100	

青冈栎杉木混交林乔木层所有树种5~25cm径阶间的密度、生物量及各器官间的分配情况见表4-8。

表4-8 生物量径阶分布

径阶 (cm)	平均胸径 (cm)	平均树高 (m)	株数密度 (株/hm²)	比例 (%)	生物量(t/hm²)				
					树干	树枝	树叶	总量	占比(%)
5~10	7.9	8.0	850	35.42	14.58	2.86	2.53	19.97	11.27
10~15	12.3	11.0	925	38.54	43.47	12.94	6.56	62.97	35.53

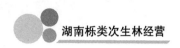

（续）

径阶 （cm）	平均胸径 （cm）	平均树高 （m）	株数密度 （株/hm²）	比例 （%）	生物量（t/hm²）				
					树干	树枝	树叶	总量	占比（%）
15~20	17.3	12.8	500	20.83	47.88	11.57	6.52	65.97	37.23
20~25	22.9	13.4	125	5.21	20.36	5.36	2.59	28.31	15.97
>25	—	—	—	—	—	—	—	—	—
合计			2400	100	126.29	32.73	18.20	177.22	100

从表4-8可以看出，林木主要分布于5~20cm径阶，其个体数达到2275株，占总体株数比例超过94%，在10~15cm径阶处达到密度峰值。生物量主要分布于10~20cm径阶，并在15~20cm径阶达到生物量峰值，为65.97t/hm²，占37.23%。

4.1.3.2 青冈栎甜槠混交林生物量

（1）林分各层次生物量及分配

表4-9　林分各层次生物量及其分配

层次		生物量（t/hm²）	百分比（%）
乔木层	树干	120.12	58.63
	树枝	58.99	28.79
	树叶	17.37	8.48
	小计	196.48	95.90
灌木层		0.99	0.48
草本层		0.19	0.09
枯枝落叶层		7.21	3.53
合计		204.87	100.00

青冈栎甜槠混交林地上部分总生物量为204.87t/hm²，其中乔木层生物量所占比例最大，达到95.90%，达到196.48t/hm²。枯枝落叶层现存量次之，为7.21t/hm²，草本层生物量极低，仅有0.19t/hm²，占比约0.1%。

（2）林分乔木层生物量及分配

表4-10　乔木层生物量

树种	生物量（t/hm²）				百分比 （%）
	树干	树枝	树叶	合计	
青冈栎	58.99	31.22	6.21	96.42	49.1
甜槠	23.28	10.64	4.43	38.35	19.5
马尾松	19.65	12.93	4.23	36.81	18.7
杉木	8.63	1.22	1.26	11.11	5.7
其他10种	9.57	2.98	1.24	13.79	7.0
合计	120.12	58.99	17.37	196.48	100
百分比（%）	61.1	30.0	8.9	100	

青冈栎甜槠混交林乔木层生物量为 196.48t/hm²，其中青冈栎、甜槠和马尾松的生物量分别为 96.42t/hm²、38.35t/hm²、36.81t/hm²。乔木层各组分生物量顺序分别为：树干>树枝>树叶，树木干材总生物量为 120.12t/hm²，占乔木层地上部分生物量比例达 61.1%，树枝总生物量为 58.99t/hm²，树叶所占比例为 8.9%，仅为 17.37t/hm²。

青冈栎甜槠混交林生物量径阶分布见表 4-11。

表 4-11　生物量径阶分布

径阶 (cm)	平均胸径 (cm)	平均树高 (m)	株数密度 (株/hm²)	比例 (%)	生物量(t/hm²)				
					树干	树枝	树叶	总量	占比(%)
5~10	7.9	7.4	330	25.00	4.87	2.27	0.90	8.04	4.1
10~15	13.0	10.4	390	29.55	18.03	8.83	2.69	29.55	15.0
15~20	17.5	12.1	380	28.79	36.05	15.63	4.67	56.36	28.7
20~25	22.3	13.6	150	11.36	23.74	11.38	2.71	37.83	19.3
>25	36.2	14.9	70	5.30	37.43	20.88	6.40	64.68	32.9
合计			1320	100	120.12	58.99	17.37	196.48	100

从表 4-11 可以看出，林木主要分布于 5~20cm 径阶，该范围个体数达到 1100 株，占总体株数比例超过 83%，在 10~15cm 径阶处达到株数密度峰值。生物量峰值出现在最大径阶处，其株数占比虽然只有 5.30%，但生物量达到 64.68t/hm²。

4.1.3.3　青冈栎拟赤杨混交林生物量

（1）林分各层次生物量及分配

从表 4-12 可以看出，青冈栎拟赤杨混交林可分为乔木层、灌木层、草本层和枯枝落叶层，各层生物量分别为 121.62t/hm²、2.31t/hm²、0.44t/hm²、6.16t/hm²，植被层总生物量为 130.52t/hm²。其中乔木层生物量所占比例最大，为 93.17%，其次是枯枝落叶层，达到 6.16t/hm²，草本层生物量占比最低，仅为 0.34%。

表 4-12　林分各层次生物量及其分配

层次		生物量(t/hm²)	百分比(%)
乔木层	树干	77.97	59.74
	树枝	34.10	26.12
	树叶	9.55	7.32
	小计	121.62	93.17
灌木层		2.31	1.77
草本层		0.44	0.34
枯枝落叶层		6.16	4.72
合计		130.52	100

（2）林分乔木层生物量及分配

青冈栎拟赤杨混交林乔木层主要树种生物量的统计结果见表 4-13。

表 4-13　乔木层生物量

树种	生物量(t/hm²)				百分比(%)
	树干	树枝	树叶	合计	
青冈栎	51.66	27.49	5.65	84.80	69.7
拟赤杨	9.55	2.81	1.54	13.89	11.4
杉木	9.18	1.33	1.34	11.85	9.7
其他 8 种	7.58	2.47	1.02	11.07	9.2
合计	77.97	34.10	9.55	121.62	100
百分比(%)	64.1	28.0	7.9	100	

从表 4-13 可以看出，青冈栎拟赤杨混交林乔木层生物量为 121.62t/hm²，并高度集中于青冈栎和拟赤杨 2 个树种，其生物量所占比例分别为 69.7%、11.4%，两树种生物量占比合计超过 80%。其中，青冈栎总生物量达到 84.80t/hm²，拟赤杨为 13.89t/hm²。树叶总生物量达到 9.55t/hm²，占地上部分生物量的 7.9%。树枝生物量总量达到 34.10t/hm²，约占地上部分生物量的 28%。树干生物量占地上部分生物量的比例最大，超过 64.1%。

青冈栎拟赤杨混交林生物量径阶分布见表 4-14。

表 4-14　生物量径阶分布

径阶(cm)	平均胸径(cm)	平均树高(m)	株数密度(株/hm²)	比例(%)	生物量(t/hm²)				
					树干	树枝	树叶	总量	占比(%)
5~10	7.8	7.4	612.5	38.58	8.00	3.79	1.51	13.30	10.9
10~15	12.2	9.4	487.5	30.71	16.41	6.97	2.47	25.85	21.3
15~20	17.4	11.4	250	15.75	17.04	6.50	2.00	25.54	21.0
20~25	21.6	12.6	150	9.45	17.95	7.48	2.02	27.45	22.6
>25	27.5	13.4	87.5	5.51	18.57	9.36	1.55	29.48	24.2
合计			1587.5	100	77.97	34.10	9.55	121.62	100

从表 4-14 中能够看出，株数主要分布于 5~15cm 径阶，该范围个体数达到 1100 株，占总体株数比例超过 83%，在 5~10cm 径阶处达到株数密度峰值，反映出该林分类型中小径阶树木众多。生物量峰值出现在最大径阶处，其株数占比只有 5.51%，但生物量达到最大为 29.48t/hm²。5~10cm 径阶处虽树木数量最多，但生物量占比却是最低的为 10.9%，仅 13.30t/hm²。

4.1.3.4　不同林分类型生物量比较

不同林分类型生物量分配情况可能存在差异。因此，基于调查数据比较 3 种不同青冈栎林分的生物量，结果见表 4-15。

— 106 —

表 4-15　3 种林分生物量分配　　　　　　　单位：t/hm²、%

林分类型	乔木层		灌木层		草本层		枯枝落叶层		合计
	均值	占比	均值	占比	均值	占比	均值	占比	
青冈栎杉木混交林	177.22	96.82	0.72	0.40	0.72	0.40	4.36	2.38	183.02
青冈栎甜槠混交林	196.48	95.91	0.99	0.48	0.19	0.09	7.21	3.52	204.87
青冈栎拟赤杨混交林	121.61	93.17	2.31	1.77	0.44	0.34	6.16	4.72	130.52

从表 4-15 可以得到，青冈栎杉木混交林、青冈栎甜槠混交林、青冈栎拟赤杨混交林 3 种林分类型的植被生物量分别为 183.02t/hm²、204.87t/hm²、130.52t/hm²。青冈栎甜槠混交林生物量最多，其次为青冈栎杉木混交林，青冈栎拟赤杨混交林生物量最少。

3 种林分类型各层次生物量分配各有特点：乔木层生物量最多的是青冈栎甜槠混交林，达到 196.48t/hm²，但其草本层生物量是 3 种类型中最小的，仅 0.19t/hm²。这反映出草本层的发育状况与乔木层有着密切的负相关性，尤其在森林层次分明、乔木层生长良好的常绿阔叶林中，郁闭度越高，不利于其林下植被发育。灌木层生物量最大的是青冈栎拟赤杨混交林，为 2.31t/hm²，由于该林分灌木层生长了大量鹿角杜鹃和檵木。草本层生物量都较低，均不足 0.75t/hm²。这反映了这 3 种林分类型由于郁闭度高，林内透光性差，导致林下草本层发育差，植被稀少。

3 种林分类型中主要树种的单株生物量的计算结果如表 4-16 所示。

表 4-16　主要树种单株生物量

林分类型	树种	生物量（kg）			合计
		树干	树枝	树叶	
青冈栎杉木混交林	青冈栎	63.66	35.01	7.94	106.61
	占比（%）	59.71	32.84	7.45	100
	杉木	54.14	6.97	8.13	69.24
	占比（%）	78.20	10.06	11.74	100
	甜槠	34.37	18.16	6.90	59.43
	占比（%）	57.84	30.55	11.61	100
青冈栎甜槠混交林	马尾松	1965.17	1293.22	423.01	3681.40
	占比（%）	53.38	35.13	11.49	100
	青冈栎	109.24	57.82	11.50	178.56
	占比（%）	61.18	32.38	6.44	100
	甜槠	62.91	28.76	11.97	103.64
	占比（%）	60.70	27.75	11.55	100
	杉木	86.25	12.17	12.63	111.05
	占比（%）	77.67	10.96	11.37	100

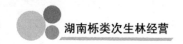

（续）

林分类型	树种	生物量（kg）			合计
		树干	树枝	树叶	
青冈栎拟赤杨混交林	青冈栎	80.72	42.95	8.83	132.50
	占比（%）	60.92	32.42	6.66	100
	杉木	83.49	12.12	12.19	107.80
	占比（%）	77.44	11.25	11.31	100
	拟赤杨	39.78	11.66	6.41	57.85
	占比（%）	68.77	20.15	11.08	100

在3种林分类型中，青冈栎单株地上部分平均生物量分别达到106.61kg、178.56kg、132.50kg，除了在第二种类型中显著低于马尾松（霸王木）外，其余均大于其他树种单株生物量，说明青冈栎在这3种森林类型中生长良好，处于优势地位。

3种林分类型中单株平均生物量分配表现出如下特点：

青冈栎杉木混交林中主要树种单株平均生物量从大到小依次是青冈栎106.61kg、杉木69.24kg、甜槠59.43kg。

青冈栎甜槠混交林中主要树种单株平均生物量从大到小依次是马尾松3681.40kg、青冈栎178.56kg、杉木111.05kg、甜槠103.64kg。马尾松是样地中散生的一株霸王木，胸径达到75.5cm，其单株生物量远超其他树种。青冈栎甜槠混交林树枝生物量占比达30%以上，明显高于杉木的10%。

青冈栎拟赤杨混交林中主要树种单株平均生物量从大到小依次是青冈栎、杉木、拟赤杨，分别为132.5kg、107.8kg、57.85kg，拟赤杨单株生物量明显低于青冈栎和杉木。

4.1.4 青冈栎混交林的碳密度

4.1.4.1 主要树种含碳率

采用重铬酸钾加热法测定了主要树种各器官的含碳率，其测定结果见表4-17。

表4-17 主要树种含碳率

树种	干	枝	叶	组内平均值	变异系数（%）
青冈栎	49.35±0.51bA	46.91±0.93bB	48.33±0.45bA	48.20±1.21	2.51
甜槠	47.55±0.95cA	47.27±1.18bA	44.48±0.83cB	46.44±1.71	3.68
杉木	51.82±1.12aA	50.89±0.28aB	52.47±1.04aA	51.66±1.03	1.99
拟赤杨	44.26±1.02dA	45.21±1.26cA	44.91±1.21cA	44.69±1.10	2.46
组间平均	48.04±3.13	47.76±2.34	47.61±3.31		
变异系数（%）	6.52	4.90	6.95		

注：同列不同小写字母表示组间差异显著（$P<0.05$），同行不同大写字母表示组内差异显著（$P<0.05$），下同。

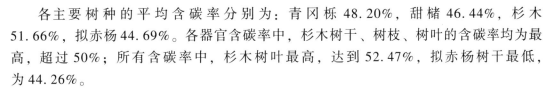

各主要树种的平均含碳率分别为：青冈栎 48.20%，甜槠 46.44%，杉木 51.66%，拟赤杨 44.69%。各器官含碳率中，杉木树干、树枝、树叶的含碳率均为最高，超过 50%；所有含碳率中，杉木树叶最高，达到 52.47%，拟赤杨树干最低，为 44.26%。

由表 4-17 可以看出，青冈栎树干与树叶含碳率无显著差异，但显著高于树枝含碳率（$P<0.05$）；甜槠树干、树枝含碳率无显著差异，而显著高于树叶含碳率（$P<0.05$）；杉木树干和树叶含碳率无显著差异，但显著高于树枝含碳率（$P<0.05$）。拟赤杨各器官之间含碳率差异不显著（$P>0.05$）。各树种树干含碳率之间均差异显著（$P<0.05$）；甜槠、拟赤杨树叶含碳率差异不显著（$P>0.05$），但与杉木、青冈栎树叶含碳率差异显著（$P<0.05$），且杉木与青冈栎树叶含碳率也差异显著（$P<0.05$）。青冈栎与甜槠树枝含碳率差异不显著（$P>0.05$），但与杉木、拟赤杨树叶含碳率差异显著（$P<0.05$），且杉木与拟赤杨树叶含碳率两两之间也差异显著（$P<0.05$）。

同一树种不同器官之间变异系数分别是 2.51%、3.68%、1.99%、2.46%，不同树种同一器官间变异系数依次为 6.52%、4.90%、6.95%。这些数据显示，无论是不同树种同一器官，还是同一树种不同器官，含碳率变异系数 C_v 均小于 10%。

4.1.4.2　林分各层次含碳率

3 种林分类型各层次含碳率测算结果如表 4-18 所示。

表 4-18　林分不同层次含碳率　　　　　　　　　单位：%

林分类型	灌木层	草本层	枯落物层
青冈栎杉木混交林	48.45±0.94aA	38.15±1.22abB	47.06±1.27aA
青冈栎甜槠混交林	44.61±1.53bA	35.36±3.39bB	42.27±0.07bA
青冈栎拟赤杨混交林	44.90±1.73bA	41.53±0.61aA	44.46±1.66abA

3 种林分类型各层次含碳率中，青冈栎杉木混交林灌木层含碳率最高，为 48.45%，青冈栎甜槠混交林草本层含碳率最低，仅为 35.36%，整体看来，3 种林分类型的草本层含碳率均明显低于各自乔木层和灌木层的含碳率。

青冈栎杉木混交林的灌木层含碳率与枯枝落叶层含碳率两两间差异不显著，但都与草本层差异显著，青冈栎甜槠混交林各层次含碳率亦是如此，而青冈栎拟赤杨混交林各层次间含碳率都差异不显著。

青冈栎甜槠混交林灌木层与青冈栎拟赤杨混交林灌木层彼此间含碳率差异不显著，但都与青冈栎杉木混交林灌木层含碳率差异显著。草本层含碳率中，青冈栎杉木混交林与另外两种林分类型都差异不显著，但另外两种林分类型草本层含碳率彼此差异显著。青冈栎杉木混交林与青冈栎甜槠混交林枯枝落叶层间彼此含碳率差异显著，但这两者彼此都与青冈栎拟赤杨混交林的枯枝落叶层含碳率差异不显著。

4.1.4.3　青冈栎杉木混交林的碳密度

青冈栎杉木针阔混交林碳密度由其生物量乘以相应含碳率计算得到。

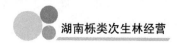

（1）林分各层次碳密度及分配

表4-19　青冈栎杉木混交林碳密度及其分配

层次	碳密度（t/hm²）	百分比（%）
乔木层	89.62	97.10
灌木层	0.35	0.38
草本层	0.28	0.30
枯枝落叶层	2.05	2.22
合计	92.30	100

青冈栎杉木混交林植被层碳密度为92.30t/hm²，其中乔木层占比最大，碳密度为89.62 t/hm²，占97.10%。其次为枯枝落叶层，碳密度为2.05t/hm²，占比2.22%。灌木层和草本层碳密度较低，分别为0.35t/hm²、0.28t/hm²。

（2）林分乔木层碳密度及分配

表4-20　乔木层主要树种碳密度

树种	碳密度（t/hm²）				百分比（%）
	树干	树枝	树叶	合计	
杉木	44.89	5.67	6.83	57.39	64.0
青冈栎	18.06	9.44	2.22	29.72	33.2
其他4种	1.51	0.72	0.28	2.51	2.8
合计	64.46	15.83	9.33	89.62	100
百分比（%）	71.9	17.7	10.4	100	

青冈栎杉木混交林乔木层碳密度为89.62t/hm²。其中杉木碳密度最高，为57.39t/hm²，占比达到64.0%；其次是青冈栎，达到29.72t/hm²，占比33.2%。其他4种树木碳密度合计为2.51t/hm²。乔木层中，树干碳密度占比最大为71.9%，达到64.46t/hm²，其次为树枝，树叶占比最低，碳密度仅为10.4t/hm²。

青冈栎杉木混交林乔木层各径阶碳密度见表4-21。

表4-21　径阶碳密度

径阶（cm）	平均胸径（cm）	平均树高（m）	株数密度（株/hm²）	比例（%）	碳密度（t/hm²）				
					树干	树枝	树叶	总量	占比（%）
5~10	7.9	8.0	850	35.42	7.47	1.39	1.30	10.16	11.3
10~15	12.3	11.0	925	38.54	22.07	6.20	3.32	31.59	35.3
15~20	17.3	12.8	500	20.83	24.50	5.62	3.37	33.49	37.4
20~25	22.9	13.4	125	5.21	10.42	2.62	1.34	14.38	16.0
>25	—	—	—	—	—	—	—	—	—
合计			2400	100	64.46	15.83	9.33	89.62	100

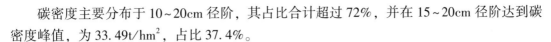

碳密度主要分布于 10~20cm 径阶，其占比合计超过 72%，并在 15~20cm 径阶达到碳密度峰值，为 33.49t/hm²，占比 37.4%。

4.1.4.4 青冈栎甜槠混交林的碳密度

青冈栎甜槠混交林碳密度由其生物量乘以相应含碳率计算得到。

（1）林分各层次碳密度及分配

由表 4-22 可以看出，青冈栎甜槠混交林植被层碳密度为 100.98t/hm²，其中乔木层为 97.42t/hm²，占比最大，达 96.47%。其次为枯枝落叶层，碳密度为 3.05t/hm²，占比 3.02%。灌木层和草本层碳密度都不足 0.5t/hm²，草本层仅有 0.07t/hm²。

表 4-22 青冈栎甜槠混交林分碳密度及其分配

层次	碳密度（t/hm²）	百分比（%）
乔木层	97.42	96.47
灌木层	0.44	0.44
草本层	0.07	0.07
枯枝落叶层	3.05	3.02
合计	100.98	100

（2）林分乔木层碳密度及分配

青冈栎甜槠混交林乔木层碳密度为 97.42t/hm²。其中青冈栎碳密度最大，为 46.76t/hm²，占比达到 48.0%；其次是马尾松，达到 19.45t/hm²，占比 20.1%。其他 11 种树木碳密度合计为 13.14t/hm²。乔木层中，树干碳密度占比最大为 61.1%，达到 60.43t/hm²，其次为树枝，树叶占比最低，碳密度仅为 8.5t/hm²。

表 4-23 青冈栎甜槠混交林乔木层碳密度

树种	碳密度（t/hm²）				百分比（%）
	树干	树枝	树叶	合计	
青冈栎	29.11	14.65	3.00	46.76	48.0
马尾松	10.61	6.63	2.21	19.45	20.1
甜槠	11.07	5.03	1.97	18.07	18.5
其他 11 种	9.64	2.18	1.32	13.14	13.4
合计	60.43	28.49	8.5	97.42	100
百分比（%）	61.1	30.0	8.9	100	

青冈栎甜槠混交林乔木层径阶碳密度分布如表 4-24 所示。

在 10~15cm 径阶处时，达到株数密度峰值，碳密度峰值出现在 25 径阶以上，其株数占比虽然只有 5.30%，但碳密度达到 32.80t/hm²。10~15cm 径阶处树木数量多，且单株碳密度量高，碳密度总量位居第四。

表4-24 径阶碳密度

径阶 （cm）	平均胸径 （cm）	平均树高 （m）	株数密度 （株/hm²）	比例 （%）	碳密度（t/hm²）				
					树干	树枝	树叶	总量	占比（%）
5~10	7.9	7.4	412.5	25.00	2.51	1.12	0.45	4.08	4.2
10~15	13.0	10.4	487.5	29.55	8.98	4.21	1.30	14.49	14.9
15~20	17.5	12.1	475	28.79	17.99	7.42	2.28	27.69	28.4
20~25	22.3	13.6	187.5	11.36	11.71	5.38	1.27	18.36	18.8
>25	36.2	14.9	87.5	5.30	19.23	10.37	3.20	32.80	33.7
合计			1320	100	60.42	28.50	8.50	97.42	100

4.1.4.5 青冈栎拟赤杨混交林的碳密度

（1）林分各层次碳密度及分配

从表4-25可以看出，青冈栎拟赤杨混交林植被碳密度为63.44t/hm²，各层碳密度由大到小依次为乔木层59.48t/hm²，枯枝落叶层2.74t/hm²，灌木层1.04t/hm²，草本层0.18t/hm²。

表4-25 林分碳密度及其分配

层次	碳密度（t/hm²）	百分比（%）
乔木层	59.48	93.76
灌木层	1.04	1.64
草本层	0.18	0.28
枯枝落叶层	2.74	4.32
合计	63.44	100

（2）林分乔木层碳密度及分配

表4-26 青冈栎拟赤杨混交林乔木层碳密度

树种	碳密度（t/hm²）				百分比 （%）
	树干	树枝	树叶	合计	
青冈栎	25.50	12.90	2.73	41.13	69.1
拟赤杨	4.23	1.26	0.69	6.18	10.4
杉木	4.76	0.68	0.70	6.14	10.3
其他8种	4.15	1.32	0.56	6.03	10.2
合计	38.64	16.16	4.68	59.48	100
百分比（%）	65.0	27.2	7.8	100	

青冈栎拟赤杨混交林乔木层碳密度为59.48t/hm²，其中青冈栎、拟赤杨、杉木3个树种的碳密度分别为41.13t/hm²、6.18t/hm²和6.14t/hm²，占比分别为69.1%、10.4%、10.3%，其他8个树种的碳密度合计为6.03t/hm²，占比10.2%。乔木层中，树干碳密度占比最大为65.0%，达到38.64t/hm²，其次为树枝，树叶占比最低，碳密度仅为4.68t/hm²。

青冈栎拟赤杨混交林径阶碳密度分布见表4-27。碳密度峰值出现在最大径阶处，其株数占比只有 5.51%，但碳密度达到最大为 14.30t/hm²。5～10cm 径阶处虽树木数量最多，但由于个体较小，碳储量占比却是最低的，为 10.9%，仅 6.47t/hm²。

表 4-27 径阶碳密度

径阶 （cm）	平均胸径 （cm）	平均树高 （m）	株数密度 （株/hm²）	比例 （%）	碳密度（t/hm²）				
					树干	树枝	树叶	总量	占比（%）
5～10	7.8	7.4	612.5	38.58	3.93	1.81	0.73	6.47	10.9
10～15	12.2	9.4	487.5	30.71	8.05	3.29	1.21	12.55	21.1
15～20	17.4	11.4	250	15.75	8.53	3.12	0.99	12.64	21.3
20～25	21.8	12.6	150	9.45	8.97	3.55	1.00	13.52	22.7
>25	27.5	13.4	87.5	5.51	9.16	4.39	0.75	14.30	24.0
合计			2400	100	38.64	16.16	4.68	59.48	100

4.1.4.6 三种林分类型的碳密度比较

从表 4-28 可以看出，青冈栎杉木混交林、青冈栎甜槠混交林、青冈栎拟赤杨混交林的植被碳密度分别为 92.30t/hm²、100.98t/hm²、63.44t/hm²。比较 3 种林分类型各层的碳密度可以发现：

乔木层碳密度分别为 89.62t/hm²、97.42t/hm²、59.48t/hm²，比重分别为 97.10%、96.47%、93.76%。

灌木层碳密度分别为 0.35t/hm²、0.44t/hm²、1.04t/hm²，比重分别为 0.38%、0.44%、1.64%。

草本层碳密度分别为 0.28t/hm²、0.07t/hm²、0.18t/hm²，比重分别为 0.30%、0.07%、0.28%。

枯枝落叶层碳密度分别为 2.05t/hm²、3.05t/hm²、2.74t/hm²，比重分别为 2.22%、3.02%、4.32%。各层碳密度的分布表现为：乔木层>枯枝落叶层>灌木层>草本层。

乔木层中，青冈栎甜槠混交林的碳密度最高为 97.42t/hm²，青冈栎杉木混交林次之，青冈栎拟赤杨混交林碳密度最低。灌木层碳密度最多的是青冈栎拟赤杨混交林，达到 1.04t/hm²，另外两种林分类型灌木层碳密度均低于 0.45t/hm²。三种林分类型的草本层碳密度都较小，青冈栎甜槠混交林最低，仅为 0.07t/hm²。青冈栎甜槠混交林的枯枝落叶层碳密度最大，达到 3.05t/hm²。

表 4-28 不同林分植被碳密度

林分类型	乔木层		灌木层		草本层		枯枝落叶层		合计
	均值	占比	均值	占比	均值	占比	均值	占比	
青冈栎杉木混交林	89.62	97.10	0.35	0.38	0.28	0.30	2.05	2.22	92.30
青冈栎甜槠混交林	97.42	96.47	0.44	0.44	0.07	0.07	3.05	3.02	100.98
青冈栎拟赤杨混交林	59.48	93.76	1.04	1.64	0.18	0.28	2.74	4.32	63.44

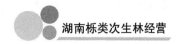

3 种林分类型主要树种的单株碳储量如表 4-29 所示。

青冈栎杉木混交林中主要树种单株平均碳储量从大到小依次是青冈栎 51.68kg、杉木 35.88kg、甜槠 27.99kg。

青冈栎甜槠混交林中主要树种单株平均碳储量从大到小依次是马尾松 1945.42kg、青冈栎 86.59kg、杉木 57.51kg、甜槠 48.82kg。

青冈栎拟赤杨混交林中主要树种单株平均碳储量从大到小依次是青冈栎、杉木、拟赤杨，分别为 64.26kg、55.83kg、25.76kg。

在 3 种林分类型中，青冈栎单株平均碳储量分别达到 51.68kg、86.59kg、64.26kg，除了青冈栎甜槠混交林中，青冈栎均大于其他树种单株碳储量，这反映出青冈栎在三种森林类型中生长良好，处于优势地位。

表 4-29　主要树种单株碳储量

林分类型	树种	碳储量（kg）			合计
		树干	树枝	树叶	
青冈栎杉木混交林	青冈栎	31.42	16.42	3.84	51.68
	占比（%）	60.79	31.78	7.43	100
	杉木	28.06	3.55	4.27	35.88
	占比（%）	78.22	9.89	11.89	100
	甜槠	16.34	8.58	3.07	27.99
	占比（%）	58.38	30.66	10.96	100
青冈栎甜槠混交林	马尾松	1061.19	663.42	220.81	1945.42
	占比（%）	54.55	34.10	11.35	100
	青冈栎	53.91	27.12	5.56	86.59
	占比（%）	62.26	31.32	6.42	100
	杉木	44.69	6.19	6.63	57.51
	占比（%）	77.71	10.77	11.52	100
	甜槠	29.91	13.59	5.32	48.82
	占比（%）	61.26	27.84	10.90	100
青冈栎拟赤杨混交林	青冈栎	39.84	20.15	4.27	64.26
	占比（%）	62.00	31.36	6.64	100
	杉木	43.26	6.17	6.40	55.83
	占比（%）	77.50	11.05	11.45	100
	拟赤杨	17.61	5.27	2.88	25.76
	占比（%）	68.36	20.47	11.18	100

4.1.5　小结

（1）乔木层中，青冈栎甜槠混交林碳密度最高为 89.62t/hm²，灌木层碳密度最多的是

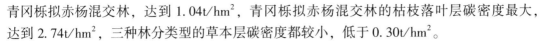

青冈栎拟赤杨混交林，达到 1.04t/hm²，青冈栎拟赤杨混交林的枯枝落叶层碳密度最大，达到 2.74t/hm²，三种林分类型的草本层碳密度都较小，低于 0.30t/hm²。

（2）青冈栎杉木混交林、青冈栎甜槠混交林、青冈栎拟赤杨混交林三种林分类型中，青冈栎单株平均碳储量分别达到 51.68kg、86.59kg、64.26kg，除在第二种林分类型中，均大于其他树种单株碳储量，这反映出青冈栎在三种森林类型中生长良好，处于优势地位。

4.2　林分结构对栎类次生林林下植被生物量的影响

林分结构是指树种组成、林分密度、林分蓄积、树高、直径、年龄、空间分布格局等要素的组织形式。一般来说林分结构是由非空间结构与空间结构组成，非空间结构主要是指树种组成、树高分布、直径分布、林分密度、年龄分布、物种多样性等，而林分的空间结构是指林分中单木的空间分布格局及其相关属性的分布方式。林下植被是指森林当中的低矮灌木与草本植物，是生态系统的重要组成部分，其在改善森林土壤的理化性质、涵养林分水源、保持水土以及固碳等方面有着重要的作用。林下生物量作为林下植被的重要数量指标，能在一定程度上反映森林的演替阶段、受干扰程度，以及气候变化等，也是森林健康的评价标准之一。以湖南栎类次生林典型样地作为研究对象，运用灰色关联分析、Pearson 相关系数、多元线性逐步回归等分析方法，分析林分结构对林下生物量的影响，可为提高栎类次生林的森林经营决策提供理论依据。

4.2.1　数据来源

在湖南省的芦头实验林场、八大公山自然保护区、五盖山国有林场、青阳湖国有林场与龙虎山国有林场选择具有代表性的栎类天然次生林，设立固定样地 50 块，样地面积为 20m×30m。调查每个样地的坡度、坡向、海拔、土壤类型、腐殖质层厚度、凋落物厚度、群落类型、郁闭度以及株树密度。分别对样地的乔木进行每木检尺，调查其胸径、树高、冠幅，确定其坐标；依照坐标系将样地划分为 6 块 10m×10m 的乔木小样方，并随机选取其中一个乔木小样方，在其四个角的位置与对角线的交点，分别设立 1m×1m 的草本样方与 2m×2m 的样方。调查样方中灌木、草本的数量、种类、盖度、基径与高度。

4.2.2　栎类次生林的林分类型划分

采用 k-means 聚类分析法，将林分划分为 5 类的情况下，林分聚类精度达到 91.7%，符合聚类分析要求。因此，将 50 块样地划分为 5 个林分类型，各林分类型样地情况见表 4-30。

表4-30 各林分类型样地基本情况

林分 类型	样地数	样地 位置	优势 乔木	优势 灌木	优势 草本	海拔 （m）	坡度 （°）	土壤 类型
CR	12	芦头林场	甜槠、锥栗	鹿角杜鹃	麦冬、锈毛梅	900~1040 （968）	17~34 （24.5）	黄棕壤
FF	9	八大公山自 然保护区	亮叶水青冈	箭竹尖 连蕊茶	蕨、兰草	1427~1638 （1499）	27~45 （36.3）	黄棕壤
LDC	6	龙虎山林场	石栎	虎刺、山茶	蕨、淡竹叶	80~98 （92）	11~15 （12.3）	黄壤
CQR	10	五盖山林场	甜槠、枹栎	鹿角杜鹃、 尖叶连蕊茶	蕨、淡竹叶	1010~1330 （1222）	17~35 （27.4）	黄棕壤
CCR	13	青阳湖林场	青冈栎	油茶、杜鹃	蕨、淡竹叶	80~240 （175）	28~45 （35.7）	红壤

注：CR：甜槠鹿角杜鹃林；FF：亮叶水青冈箭竹林；LDC：石栎虎刺山茶林；CQR：甜槠枹栎鹿角杜鹃林；CCR：青冈栎油茶杜鹃林。

4.2.3 栎类次生林的林分结构特征分析

基于林分的郁闭度、株树密度、林分胸径、林分树高、林分年龄作为林分非空间结构参数以及林分的角尺度、大小比数、混交度、聚集指数以及开敞度作为林分的空间结构参数，分析栎类次生林的林分结构特征。

根据分析可知，林分的株数密度存在显著性差异，其中以LDC林分类型的林分株树密度最大，且为其他样地类型的两倍。5种林分类型中，高、中、低密度的林分都有存在，但整体林分密度偏大。

林分的平均胸径存在着显著性差异，其中CR、FF林分类型的平均胸径为18cm，CQR、CCR类型的为15cm，而LDC的最小，不到10cm。按径阶分布来看，除LDC的胸径分别为偏态分布外，其余4种林分样地均为倒"J"形分布，同时，可以明显的看到，各林分类型的林木胸径集中在中、小径阶（10~20cm、5~10cm），栎类次生林的平均胸径偏低。

总的来说，林分的平均高整体相差不大，除FF林分类型为18m外，其余4个样地的平均高基本都在15m上下。在树高分布上，5种林分类型林木树高都为偏正态分布，同时，各林分类型中，8~12m区间的树高分布占比最大，综合平均胸径来看，FF林分类型的林分单木生长情况最好。

林分的年龄在20~80年，且存在显著差异。其中，CR、FF、CQR林分类型多为中龄林，并有一定数量的近熟林以及幼龄林；而LDC全为幼龄林，CCR林分类型仅有少部分中龄林，其他均为幼龄林。除LDC林分类型外，各林分类型的年龄均有一定的变动。

林分的水平分布格局，基本都为聚集分布。从角尺度来看，仅有CR林分类型中有一块样地为随机分布，而从聚集指数来看，也仅有7块样地为聚集分布。

各林分类型的大小比数从单木分布的情况来看，在 5 种情况(绝对优势、优势、中庸、劣势以及绝对劣势)的分布概率相近，而从林分类型整体来看，5 种林分类型平均大小比数都在 0.5 左右，林分大小分化适中，样地内各单木之间的竞争趋向稳定。

林分的混交度变动较大，其中 CR、FF 的强度混交的样地与极强混交的样地占比较大，林分的混交程度较高；而 LDC 与 CQR 林分类型的中度混交与强度混交占比较大，混交度适中；CCR 林分类型则以低度混交与中度混交为主，混交程度较差。

林分的开敞度变动小，基本都在 0.3 以下，其中 LDC 林分类型的光照条件最差，严重不足，而 CQR 林分类型的光照条件较其他 4 种林分类型好。

4.2.4 栎类次生林的林下植被生物量特征分析

通过对比不同林分类型下的林下灌木、草本以及林下植被总体生物量，分析在湖南栎类次生林中，不同林分类型的林下植被生物量的分配情况。各林分类型的林下植被生物量如表 4-31 所示。

表 4-31 各林分类型林下植被生物量特征

林分类型	植被类型	最小值(t/hm^2)	最大值(t/hm^2)	平均数(t/hm^2)	标准偏差	变异系数
CR	灌木	0.184	1.695	0.883	0.409	46.30%
	草本	0.000	1.129	0.465	0.356	76.46%
	总体	0.339	2.355	1.349	0.541	40.14%
FF	灌木	0.779	1.461	1.040	0.200	19.21%
	草本	0.767	1.713	1.188	0.286	24.10%
	总体	1.747	2.925	2.228	0.396	17.78%
LDC	灌木	0.551	1.786	0.958	0.406	42.41%
	草本	0.578	2.227	1.117	0.521	46.68%
	总体	1.444	3.091	2.075	0.607	29.25%
CQR	灌木	0.682	1.165	0.887	0.148	16.67%
	草本	0.784	1.502	1.049	0.220	20.98%
	总体	1.540	2.376	1.936	0.263	13.56%
CCR	灌木	0.629	1.426	0.863	0.252	29.17%
	草本	0.742	1.844	1.175	0.287	24.43%
	总体	1.545	3.036	2.038	0.425	20.85%

不同林分类型的湖南栎类次生林的生物量整体偏低，各林分类型的平均林下植被的整体生物量均不超过 2.3t/hm²。各林分类型的林下灌木生物量之间无显著性差异，而林下草本与林下植被整体生物量存在着显著性差异；可以发现，CR 林分类型中，林下草本的生物与林下植被总体的生物量明显要低于其他 4 种林分类型，同时除 CR 林分类型外，其他 4 种林分类型均是林下草本生物量要高于林下灌木生物量。其中，林下灌木生物量大小顺序为：FF>LDC>CQR>CCR>CR；林下草本的生物量大小顺序为：FF>CCR>LDC>CQR>

CR；林下植被整体生物量的大小顺序为：FF>LDC>CCR>CQR>CR。

4.2.5　栎类次生林林分结构与林下植被生物量的相关分析

（1）单因子相关分析

分别以 5 种栎类次生林的林分类型的林分 5 个非空间结构指标：郁闭度（x1）、株树密度（x2）、平均胸径（x3）、平均高（x4）、林分年龄（x5），以及 5 个林分空间结构指标：角尺度（x6）、大小比数（x7）、混交度（x8）、聚集指数（x9）、开敞度（x10）共 10 个指标作为自变量，分别以灌木层生物量（y1）、草本层生物量（y2）以及林下植被的总体生物量（y3）为因变量，进行 Pearson 相关分析，分析结果如表 4-32 所示。

表 4-32　不同林分类型林下生物量与林分结构相关关系

林分类型	生物量指标	林分非空间结构					林分空间结构				
		x1	x2	x3	x4	x5	x6	x7	x8	x9	x10
CR	y1	−0.09	−0.36	−0.35	−0.16	−0.37	0.06	0.41	0.11	0.32	0.36
	y2	−0.58*	−0.32	0.14	−0.28	−0.16	−0.66*	−0.42	0.36	0.21	0.55
	y3	−0.45	−0.48	0.36	−0.31	−0.17	−0.39	0.04	0.32	0.38	0.63*
FF	y1	−0.67*	0.16	−0.31	−0.02	−0.30	−0.41	−0.43	0.27	0.06	0.00
	y2	−0.36	0.18	0.43	−0.16	−0.08	0.29	0.38	0.75*	−0.64	−0.45
	y3	−0.60	0.21	0.16	−0.13	−0.21	0.00	0.06	0.68*	−0.43	−0.33
LDC	y1	.a	0.35	0.14	0.32	−0.31	0.28	0.34	−0.11	0.81*	0.17
	y2	.a	0.01	−0.12	0.22	−0.40	−0.06	−0.60	0.72	0.13	−0.11
	y3	.a	0.24	−0.20	0.40	−0.55	−0.23	−0.28	0.55	0.65	0.02
CQR	y1	−0.35	0.13	−0.18	0.14	−0.37	−0.58	−0.10	−0.64*	0.20	0.20
	y2	0.42	0.64*	0.18	−0.22	0.38	−0.29	0.28	0.47	0.21	−0.26
	y3	0.16	0.61	0.05	−0.11	0.11	−0.57	0.18	0.03	0.29	−0.33
CCR	y1	0.12	−0.10	0.11	−0.04	−0.19	0.17	0.21	0.45	0.04	0.07
	y2	0.30	0.32	−0.38	−0.28	−0.30	−0.10	0.08	0.17	0.05	−0.01
	y3	0.28	0.16	0.19	−0.21	−0.32	0.03	0.18	0.38	0.05	0.03

注：x1 为郁闭度、x2 为株树密度、x3 为平均胸径、x4 为平均高、x5 为林分年龄、x6 为角尺度、x7 为大小比数、x8 为混交度、x9 为聚集指数、x10 为开敞度。* 表示显著相关。

①在不同的林分类型中林分平均胸径、平均高、林分年龄、角尺度以及大小比数 5 个指标与林下植被生物量没有显著的相关关系。

②在 CR 林分类型中，草本层生物量与郁闭度以及角尺度呈显著负相关（$P<0.05$），林下植被总体生物量与开敞度呈现显著正相关。

③在 FF 林分类型中，灌木层与林分的郁闭度呈显著负相关，草本层与林下植被总体生物量均与混交呈显著正相关。

④在 LDC 林分类型中，草本层生物量与林分的聚集指数有着显著的正相关关系。

⑤在 CQR 林分类型中，灌木层与林分的混交度呈显著负相关（P<0.05），草本层与林分的株树密度呈显著正相关。

⑥而在 CCR 林分类型中，林分结构与林下生物量没有显著相关关系。

（2）多元逐步回归分析

在 Pearson 相关分析的基础上，构建林分结构与林下植被生物量的多元线性逐步回归方程如表 4-33 所示。

①CR 林分类型中，林下草本生物量和林下植被生物量回归方程通过了显著性检验，林下草本生物量回归方程选择了郁闭度与角尺度；林下植被生物量回归方程选择了开敞度，回归系数 R^2 分别为 0.572 与 0.402。

②FF 林分类型中，林下灌木、草本与林下植被总体生物量回归方程均通过了显著性检验，林下灌木回归方程选择了角尺度与郁闭度，林下草本与林下植被生物量的回归方程均选择了混交度，回归系数 R^2 分别为 0.673、0.502 与 0.380。

③LDC 林分类型中，仅林下灌木生物量的回归方程通过了显著性检验，回归系数 R^2 为 0.573。

④CQR 林分类型中，林下灌木与林下草本生物量的回归方程通过了显著性检验，林下灌木生物量的回归方程选择了混交度，林下草本生物量的回归方程选择了株树密度。

⑤CCR 林分类型中，林下植被生物量的回归方程均未通过显著性检验。

表 4-33　不同林分类型林下生物量多元逐步回归方程

林分类型	生物量指标	逐步回归方程	P	R^2	AIC
CR	$y1$	不显著	—	—	—
	$y2$	$y2=6.35-2.69x1-6.69x6$	0.008	0.572	−33.40
	$y3$	$y3=0.22+4.43x10$	0.027	0.402	−16.90
FF	$y1$	$y1=5.572-3.458x1-2.829x6$	0.015	0.673	−37.63
	$y2$	$y2=-4.10+2.156x8$	0.020	0.502	−25.97
	$y3$	$y3=0.235+2.688x8$	0.045	0.380	−18.19
LDC	$y1$	$y1=-1.741+2.927x9$	0.050	0.573	−13.25
	$y2$	不显著	—	—	—
	$y3$	不显著	—	—	—
CQR	$y1$	$y1=1.194-0.715x8$	0.044	0.342	−39.59
	$y2$	$y2=0.481+0.000463x2$	0.047	0.335	−31.53
	$y3$	不显著	—	—	—
CCR	$y1$	不显著	—	—	—
	$y2$	不显著	—	—	—
	$y3$	不显著	—	—	—

注：$x1$ 为郁闭度、$x2$ 为株树密度、$x3$ 为平均胸径、$x4$ 为平均高、$x5$ 为林分年龄、$x6$ 为角尺度、$x7$ 为大小比数、$x8$ 为混交度、$x9$ 为聚集指数、$x10$ 为开敞度。

4.2.6 栎类次生林林下植被生物量预估模型构建

本小节的符号系统如表4-34所示。

表4-34 符号与指标

指标	符号	指标	符号
灌木地径	Ds	草本地径	Dh
灌木高	Hs	草本高	Hh
灌木盖度	Gs	草本盖度	Gh
灌木体积	$Vs(Hs×Gs)$	草本体积	$Hs(Hh×Gh)$
灌木生物量	Ws	草本生物量	Wh
郁闭度	CD	株树密度	SD
角尺度	W	混交度	M
聚集指数	R	开敞度	B

4.2.6.1 林下灌木生物量预估模型

拟用一次线性方程与相对生长方程等生物量方程，利用林下灌木的高、盖度、体积进行拟合，相关模型及评价指标如表4-35所示。

表4-35 林下灌木生物量预测模型

模型	系数				R^2	$RMSE$	AIC	F 值检验
	a	b	c	d				
$Ws=a+bDs$	—	—	—	—	—	—	—	—
$Ws=a+bHs$	0.8361	0.0535	—	—	0.0591	0.2974	35.3891	*
$Ws=a+bGs$	0.6618	0.3907	—	—	0.3907	0.2393	20.1690	*
$Ws=a+bVs$	0.7459	0.0048	—	—	0.3067	0.2553	27.3207	*
$Ws=a+bHs+cGs$	0.4971	0.0873	0.0104	—	0.5381	0.2087	14.4356	*
$Ws=a+bDs+cHs+dGs$	0.5239	−0.0305	0.1093	0.0100	0.5495	0.2061	20.5644	*
$Ws=aDs^b$	—	—	—	—	—	—	—	—
$Ws=aHs^b$	0.9055	0.1076	—	—	0.0687	0.2959	33.6885	*
$Ws=aGs^b$	0.3765	0.2849	—	—	0.4307	0.2316	11.8915	*
$Ws=aVs^b$	0.4459	0.2238	—	—	0.4663	0.2240	8.8963	*

注：R^2 为调整的决定系数；SSR 为模型残差平方和；AIC 为信息准则；* 为 $P<0.05$。

如表4-35所示，灌木的地径 Ds 与林下灌木生物量 Ws 之间的相关方程没有通过检验；在通过检验的方程中，方程 $Ws=a+bHs+cGs$ 与 $Ws=a+bDs+cHs+dGs$ 的 R^2 最大且 $RMSE$ 最小，R^2 分别为0.5381与0.5495，$RMSE$ 分别为0.2087与0.2061相差不大，而 $Ws=a+bHs+cGs$ AIC 值较小，为14.4356，因此最终选定的最优模型为 $Ws=a+bHs+cGs$，即林下灌木与林下灌木的高以及盖度的二元一次线性方程。

将相关分析的结果所得出的影响林下植被的林分结构指标：郁闭度、株树密度、混交度、角尺度、聚集指数以及开敞度作为固定效应且不考虑交互作用，分别加入 $Ws=a+bHs+cGs$，比较预测模型的精度提升，确定对湖南栎类次生林的林下灌木生物量起主要影响的林分结构指标。

当聚集指数作为固定效应加到参数 a、b、c 上时，模型的精度提升最大，R^2 从 0.5381 提升到了 0.7135，其次株数密度，R^2 从 0.5381 最大提升到了 0.6997，而其中郁闭度对精度的提升最小，R^2 最大也只从 0.5381 提升到了 0.5690，仅有 5.74% 的提升。而角尺度、混交度、聚集指数对于模型的精度提升差不多。整体来看，林分的聚集指数是对林下灌木生物量影响最大的因子，其次是林分的株树密度。林下灌木的最佳预测模型为 $Ws=(a+R)+(b+R)Hs+(c+R)Gs$。

4.2.6.2 林下草本生物量预估模型

利用林下草本的地径、高、盖度、体积进行拟合，相关结果如表 4-36 所示，相关模型及评价指标如下林下草本的预测模型都通过了检验，但是与林下草本的盖度的相关模型 R^2 最小，所以两者之间的关系不显著。草本的林下生物量模型当中，方程 $Ws=a+bDh+cHh$ 与 $Ws=a+bDh+cHh+dGh$ 的 R^2 最大且 $RMSE$ 较小，R^2 分别为 0.3307 与 0.3351，$RMSE$ 相差不大，而 $Ws=a+bHh+cDh$ AIC 值较小，为 20.9305，因此最终选定的最优模型为 $Ws=a+bHh+cDh$，即林下草本与林下草本的地径以及高的二元一次线性方程。

表 4-36 林下草本生物量预测模型

模型	系数				R^2	$RMSE$	AIC	F 值检验
	a	b	c	d				
$Ws=a+bDh$	0.9530	0.9131	—	—	0.1833	0.2987	25.6761	*
$Ws=a+bHh$	0.7189	1.2431	—	—	0.2930	0.2780	20.5421	*
$Ws=a+bGh$	1.0867	0.0046	—	—	0.0377	0.3243	40.5812	*
$Ws=a+bVh$	1.0338	0.0225	—	—	0.2623	0.2839	29.7804	*
$Ws=a+bDh+cHh$	0.7054	0.4708	0.9062	—	0.3307	0.2704	20.9305	*
$Ws=a+bDh+cHh+dGh$	0.7016	0.4832	0.8620	0.0017	0.3351	0.2790	32.2070	*
$Ws=a*Dh^b$	1.6453	0.2088	—	—	0.2124	0.2934	26.8283	*
$Ws=a*Hh^b$	1.7423	0.4147	—	—	0.2810	0.3450	22.4445	*
$Ws=a*Gh^b$	1.0441	0.0440	—	—	0.0173	0.3306	36.3615	*
$Ws=a*Vh^b$	1.0495	0.0880	—	—	0.0926	0.3149	33.8750	*

注：R^2 为调整的决定系数；SSR 为模型残差平方和；AIC 为信息准则；* 为 $P<0.05$。

将相关分析的结果所得出的影响林下植被的林分结构指标：郁闭度、株树密度、混交度、角尺度、聚集指数以及开敞度分别固定效应且不考虑交互作用，分别加入 $Wh=a+bDh+cHh$，比较预测模型的精度提升，确定对湖南栎类次生林的林下草本生物量起主要影响的林分结构指标。

当聚集指数作为固定效应加到参数 a、b、c 上时，模型的精度提升最大，R^2 从 0.3307

提升到了 0.5591,其次为郁闭度,R^2 最大提升到了 0.5507,而开敞度对精度的提升最小,R^2 最大也只从 0.3307 提升到了 0.3995。整体来看,林分的聚集指数与郁闭度是对林下草本生物量影响最大的因子,其次是林分的株数密度。而林分的开敞度对林下草本生物量的影响不大。依据 AIC 来选择林下草本的最佳预测模型为 $Ws=(a+R)+(b+R)Dh+(c+R)Hh$。

综上所述,湖南栎类次生林林下植被生物量的整体水平较低,林下植被生物量均在 2.3t/hm² 以下,其中,CR 林分的林下植被生物量在 1.5t/hm² 以下,而其他 4 种林分类型 FF、LDC、CQR、CCR 的林下植被生物量在 2.0t/hm² 左右。

Pearson 相关分析结果表明,林分的平均胸径、平均高、林分年龄以及大小比数和林下植被生物量没有显著的相关关系。其中,郁闭度对 CR 的草本层、FF 的灌木层生物量有显著影响;株数密度对 CQR 林分的株数密度有显著影响;角尺度对 CR 的草本层有显著影响;混交度对 FF 的林下草本层、林下植被总体以及 CQR 的林下灌木层生物量有显著影响;聚集指数对 LDC 的灌木层生物量有显著影响;开敞度对 CR 的林下植被总体生物量有显著影响。而逐步回归分析结果与 Pearson 相关分析结果相类似,仅在 FF 林分类型中,灌木层的林下植被生物量回归方程更进一步的选择了角尺度作为显著影响因子。

林下灌木的最佳生物量预测模型为 $Ws=0.4791+0.0873Hs+0.0104Gs$,在将林分的聚集指数作为固定效应加入的情况下,林下灌木生物量预测模型的精度提升最大,R^2 提升至 0.71,其次是株数密度,提升至 0.6997;而提升最小的是郁闭度。林下草本生物量的预测模型为 $Wh=0.7054+0.4708Dh+0.9062Hh$,其 R^2 为 0.3307,在将林分的聚集指数作为固定效应加入的情况下,林下草本生物量的预测模型精度提升最大,R^2 提升至 0.5591,其次是郁闭度,提升至 0.5507,而提升最小的是开敞度。

FF、LDC、CCR、CQR 林分中下草本占据优势的原因是因为这 4 种林分类型基本都在 20 年到 50 年之间,林分处在由幼龄林到中龄林的转变阶段,林分从幼龄林到中年龄的发育过程中,郁闭度增加,导致灌木层的生物量降低;而林分完全郁闭后,灌木层的这种转变完成,因此灌木层生物量会回升。在对林分结构的单因素方差分析可以看出,各林分类型中,除了聚集指数、大小比数与角尺度外,其他的均有显著性差异;然而,在对各林分类型的林下植被生物量进行分析时,发现除 CR 林分类型外,林下植被生物量没有显著性的差异,说明除了聚集指数、大小比数与角尺度外的其他林分结构可能不是影响林下植被生物量的主要因素。

生物量预测模型研究表明,影响湖南栎类次生林的灌木和草本生物量的最主要林分结构因子是林分的聚集指数,对林下灌木生物量影响作用最小的是林分的郁闭度,在林下草本中,郁闭度却是除聚集指数外最主要的影响因子。

4.3　林分空间结构对栎类次生林林下植被多样性的影响

森林空间结构决定着森林生态系统的稳定性,决定林分中树木之间的竞争势及其目标树在所属空间结构中的生态位。惠刚盈(2011)指出林分空间结构比非空间结构更为重要,因为前者直接决定了周围环境或者对应研究样地的物种多样性,并基于相邻木空间关系构建了树种空间多样性指数，将群落中树种的空间隔离关系考虑在内，将两者结合起来更加全面地表述林分的空间状态与相应的物种多样性。

物种多样性是群落功能复杂性和稳定性的重要量度指标，是影响生态系统功能和服务效能发挥的关键因素之一。林下植被是森林生态系统的重要组成部分，它对改善土壤理化特征、提高水源涵养能力、发展更高级群落等方面具有十分重要的作用。乔木层作为森林生态系统的主体，其林木的空间结构特征将对林分空间异质性产生明显的影响，导致林下植被生长微环境发生变化，从而影响林下植被多样性。

以湖南栎类次生林典型样地为对象，运用 Pearson 相关系数、多元线性回归分析和典型相关分析法分析林分空间结构对单个及多个物种多样性的影响，全面深入地探索林分空间结构对林下物种多样性的影响机理。

4.3.1 数据来源

在湖南龙虎山国有林场、芦头实验林场、青羊湖国有林场、八大公山自然保护区和湖南五盖山国有林场的栎类天然次生林中，设置 49 块 20m×30m 的样地。并在每块样地建立起的直角坐标系内，划分为 6 块 10m×10m 的乔木小样方，并按照顺序进行编号，依次为 1、2、3、4、5、6。对小样方内的乔木进行每木检尺，逐株测量其胸径、树高、冠幅、坐标等因子。在样地的四个角上设置 4 块 2m×2m 灌木小样方和 4 块 1m×1m 草本小样方，对角线交点处设置 1 块灌木小样方和 1 块草本小样方，共计 5 块灌木小样方和 5 块草本小样方，调查记录植被的种类、数量、盖度等因子。样地基本情况调查因子包括样地的经纬度、海拔、坡位、坡度、坡向、土壤类型、凋落物厚度、腐殖质厚度、群落类型、林分起源、郁闭度和林龄等。

4.3.2 栎类次生林空间结构特征分析

基于林分空间结构单元 n 取 4，选择大小比数、混交度、聚集指数与开敞度作为评价林分空间结构的指标，栎类次生林的空间结构特征有：

(1)基于实测样地的调查数据，通过 WINKELMASS 软件与 Excel 软件，计算各个样地参照木结构单元的大小比数及其分布频率。49 块样地的平均大小比数的范围在 0.4402～0.5500 之间，变异幅度不大，进一步说明各个样地的林木大小分化程度较低，相邻木之间竞争力的差距不大。调查样地乔木生长的竞争优势木与劣势木的所占比例较为均匀，林分中林木的生长空间较为均衡。

(2)49 块样地的平均混交度的范围在 0.1033～0.8875 之间，变异系数为 40.183%，变化幅度较大，弱度混交和强度混交的样地都有。其中，极强度混交的样地所占比例为 20.41%，强度混交的样地所占比例为 30.61%，中度混交的样地所占比例为 36.73%，弱度混交的样地所占比例为 12.24%。混交度总体结构较为复杂。

(3)利用 FORSTAT 软件各个样地的聚集指数，聚集指数的平均值为 0.8739，变异系数 CV 为 11.536%，变化幅度不大，49 块栎类天然次生林样地的聚集指数最低值出现在第 18 号样地，其值为 0.6446，说明该样地的林木分布较为密集，各个林木间的生长空间较为紧张，也从侧面反映出林木竞争激烈；聚集指数最高值出现在第 4 号样地，值为 1.0631，其近邻单株聚集的平均值与随机分布下的期望平均距离之比与 1 差距不大。大多数样地林木分布状况趋向于聚集分布，说明在没有经过合适的森林经营规划下，湖南栎类天然次生林大多数的林分空间分布格局表现并不好。

（4）各个样地平均开敞度的变化范围在 0.0947~0.4508，变异系数 CV 为 30.21%，大多数样地的平均开敞度较低且变化范围并不大，表明湖南栎类次生林的林木受光照条件与生长空间并不充足，林分密度偏大，单株林木的生长受到周围相邻木的影响。

4.3.3 栎类次生林林下植被多样性分析

4.3.3.1 林下植被物种重要值特征

重要值是确定群落中植物相对重要性的一个综合指标，可以比较全面地反映植被不同发育时期该种群在群落中的功能地位与种群在群落中的分布格局。灌木层、草本层是林下植被群落的主要成分，其组成结构反映了群落生态系统的结构功能特点。研究灌木层、草本层的物种重要值情况，便于了解该地区栎类天然次生林林下植被的特点。对调查的所有栎类天然次生林样地的林下植被重要值进行统计，结果如表 4-37 和表 4-38 所示。

表 4-37　各样地林下灌木的重要值

标准地号	种名	拉丁名	物种数	重要值
1	油茶	*Camellia oleifera*	2	38.9
	冬青	*Ilex chinensis*		61.1
2	海金子	*Pittosporum illicioides*	2	30.3
	檵木	*Loropetalum chinensis*		69.7
3	杜鹃	*Rhododendron simsii*	2	48.5
	油茶	*Camellia oleifera*		51.5
4	杜鹃	*Rhododendron simsii*	2	44.4
	油茶	*Camellia oleifera*		55.6
5	尖叶连蕊茶	*Camellia cuspidata*	2	54.2
	檵木	*Loropetalum chinensis*		45.8
6	尖叶连蕊茶	*Camellia cuspidata*	2	18.4
	檵木	*Loropetalum chinensis*		81.6
7	山茶	*Camellia japonica*	2	44.4
	海金子	*Pittosporum illicioides*		55.6
8	海金子	*Pittosporum illicioides*	2	55.6
	山茶	*Camellia japonica*		44.4
9	海金子	*Pittosporum illicioides*	2	55.6
	小檗	*Berberis thunbergii*		44.4
10	油茶	*Camellia oleifera*	2	50

（续）

标准地号	种名	拉丁名	物种数	重要值
	杜鹃	*Rhododendron simsii*		50
…	…	…	…	…
45	尖叶连蕊茶	*Camellia cuspidata*	1	31.2
	鹿角杜鹃	*Rhododendron latoucheae*	4	68.8
46	鹿角杜鹃	*Rhododendron latoucheae*	6	75.5
	尖叶连蕊茶	*Camellia cuspidata*	1	24.5
47	鹿角杜鹃	*Rhododendron latoucheae*	5	79.6
	尖叶连蕊茶	*Camellia cuspidata*	1	20.4
48	尖叶连蕊茶	*Camellia cuspidata*	1	32.4
	鹿角杜鹃	*Rhododendron latoucheae*	3	67.6
49	鹿角杜鹃	*Rhododendron latoucheae*	7	79.2
	尖叶连蕊茶	*Camellia cuspidata*	1	20.8

表4-38 各样地林下草本的重要值

标准地号	种名	拉丁名	物种数	重要值
1	麦冬	*Ophiopogon japonicus*	2	32.9
	蕨	Pteridophyta		67.1
2	淡竹叶	*Lophatherum gracile*	2	50
	蕨	Pteridophyta		50
3	蕨	Pteridophyta	2	77.3
	淡竹叶	*Lophatherum gracile*		22.7
4	蕨	Pteridophyta	2	68.3
	淡竹叶	*Lophatherum gracile*		31.7
5	蕨	Pteridophyta	2	72.9
	淡竹叶	*Lophatherum gracile*		27.1
6	蕨	Pteridophyta	2	85.2
	淡竹叶	*Lophatherum gracile*		14.8
7	蕨	Pteridophyta	2	58.9
	淡竹叶	*Lophatherum gracile*		41.1
8	蕨	Pteridophyta	2	58.3
	茅莓	*Rubus parvifolius*		41.7
9	蕨	Pteridophyta	2	58.3
	麦冬	*Ophiopogon japonicus*		41.7
10	蕨	Pteridophyta	2	71.1
	麦冬	*Ophiopogon japonicus*		28.9

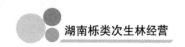

（续）

标准地号	种名	拉丁名	物种数	重要值
	…	…	…	…
45	冬茅	*Cortaderia selloana* ' Pumila'	2	25.0
	淡竹叶	*Lophatherum gracile*	5	32.1
	蕨	Pteridophyta	3	42.9
46	淡竹叶	*Lophatherum gracile*	3	44.4
	冬茅	*Cortaderia selloana* ' Pumila'	2	34.7
	蕨	Pteridophyta	1	20.8
47	蕨	Pteridophyta	3	32.3
	冬茅	*Cortaderia selloana* ' Pumila'	2	19.2
	淡竹叶	*Lophatherum gracile*	7	48.5
48	锈毛莓	*Rubus reflexus*	1	17.5
	淡竹叶	*Lophatherum gracile*	6	52.3
	冬茅	*Cortaderia selloana* ' Pumila'	3	30.2
49	冬茅	*Cortaderia selloana* ' Pumila'	2	19.0
	蕨	Pteridophyta	4	28.8
	淡竹叶	*Lophatherum gracile*	11	52.3

由表4-37和表4-38可知，湖南省栎类次生林林下植被的生长状况较差，不论是灌木层还是草本层，物种数量均十分稀少，其中草本层物种数比灌木层多的样地有17块，并且由于物种数都比较少，所以相差不明显，物种数差距基本在2种以内。

灌木层物种数量稀少，其中有38块样地的灌木层的物种数只有2种，尖叶连蕊茶在24个样地中都占有较大优势，重要值都在18.4以上，草本层中，蕨在39个样地中都占有较大优势，是栎类天然次生林林下优势种，重要值都在13.9以上，淡竹叶也具有较大的种群地位，在20个样地中占有较大优势，重要值都在14.8以上，其他种重要值较小且分布较为均衡，差异不大。灌木层优势种主要有：鹿角杜鹃、尖叶连蕊茶、箭竹、杜鹃、细枝柃；草本层优势种主要有锈毛莓、兰草、蕨、淡竹叶和麦冬等。

灌木层优势种重要值的平均值要高于草本层，变化幅度较草本层也较大；由于栎类次生林林下植被物种数量普遍较少，因此灌木层与草本层的各个优势种重要值都明显较高，当然也存在部分物种的重要值仍然比较低下的情况。

4.3.3.2 林下植被物种多样性特征分析

统计计算各个样地灌木层、草本层物种多样性指数、丰富度指数和均匀度指数，所得结果如表4-39所示。

（1）Magalef 丰富度指数

灌木层 Magalef 丰富度指数比草本层丰富度指数高的样地有1、3、4、5、6、7、8等24块样地，所占比例为48.98%。灌木层中 Magalef 指数最高的样地是第30块样地，为1.8205，Magalef 指数最低的样地为第36块样地，为0.3001；草本层中 Magalef 指数最高的样地是第 35 块样地，为 1.8205，最低的样地是第 6 块样地，为 0.3530。灌木层 Magalef 指数的变异系数 CV 为 46.42%，草本层 Magalef 指数的变异系数 CV 为 43.58%。

表 4-39　样地灌木层与草本层基本情况

标准地号	灌木层			草本层		
	Margalef 指数	Pielou 指数	Auclair & Goff 指数	Margalef 指数	Pielou 指数	Auclair & Goff 指数
1	1.4427	0.9506	0.7244	0.4343	0.8824	0.7475
2	0.6213	0.8444	0.7601	0.9102	1.0000	0.7071
3	0.5581	0.9991	0.7074	0.4170	0.7025	0.8055
4	1.4427	0.9877	0.7115	0.5581	0.8660	0.7530
5	1.4427	0.9931	0.7096	0.4809	0.7906	0.7776
6	0.6213	0.6011	0.8363	0.3530	0.5047	0.8647
7	1.4427	0.9877	0.7115	0.4551	0.9682	0.7183
8	1.4427	0.9877	0.7115	0.7213	0.9722	0.7169
9	1.4427	0.9877	0.7115	0.7213	0.9722	0.7169
10	0.7213	1.0000	0.7071	0.6213	0.8217	0.7676
…	…	…	…	…	…	…
45	0.6213	0.8583	0.7556	0.6676	0.9223	0.6206
46	0.5139	0.7391	0.7940	1.1162	0.9426	0.6096
47	0.5581	0.6488	0.8219	0.8049	0.9647	0.5974
48	0.7213	0.8762	0.7496	0.8686	0.9922	0.5818
49	0.4809	0.6597	0.8186	0.7059	0.9858	

（2）Auclair & Goff 多样性指数

灌木层的 Auclair & Goff 多样性指数比草本层高的样地有 2、45、46、47、48 号样地，所占比例为 12.24%。灌木层中 Auclair & Goff 指数最高的样地是第 24 块样地，为 0.8667，最低的样地为第 36 块样地，其值为 0.3554；草本层中，Aulair & Goff 指数最高的样地是第 24 块样地，为 0.8699，最低的样地为第 40 块样地，其值为 0.4341。灌木层 Auclair & Goff 指数的变异系数 CV 为 19.33%，草本层 Auclair & Goff 指数的变异系数 CV 为 15.08%。

（3）Pielou 均匀度指数

采用基于 Simpson 指数的 Pielou 的均匀度指数 Jsi 具体表达均匀度，在 49 块样地中，灌木层 Pielou 均匀度指数比草本层高的样地有 1、3、4、5、6 等 27 块样地，所占比例为 55.1%。灌木层中 Pielou 指数最高的样地是第 36 块样地，其值为 1.8744，最低的样地为第 52 块样地，其值为 0.3172；草本层中 Pielou 指数最高的样地是第 29 块样地，其值为 1.3460；最低的样地为第 6 块样地，其值为 0.5047。灌木层 Pielou 指数的变异系数 CV 为 31.72%，草本层 Pielou 指数的变异系数为 19.54%。

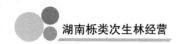
4.3.4 林分空间结构对林下植被多样性的影响

4.3.4.1 林分空间结构对灌木物种多样性的影响

（1）单因子相关分析结果

对典型样地计算所得的空间结构指数（大小比数、混交度、聚集指数、开敞度）和林下灌木的物种多样性指数的计算结果进行 Pearson 相关性检验，所得结果如表4-40所示。

表4-40 空间结构指数—林下灌木多样性的 Pearson 相关系数

空间结构指标	Margalef	P	Pielou	P	Auclair & Goff	P
U	0.189	0.1925	0.1117	0.4449	-0.1069	0.4649
M	0.2174	0.8330	0.3041*	0.0336*	-0.4347*	0.0018*
R	-0.0167	0.9203	0.0939	0.5209	-0.0011	0.9941
B	0.0309	0.8330	-0.1521	0.2969	0.17820	0.2372

注：* 在 0.05 水平上显著相关；* * 在 0.01 水平上显著相关。

表4-40结果显示，Margalef 指数与4个空间结构指标无显著相关关系。Pielou 指数只与混交度呈显著相关，相关系数为0.3041，与其余指标无显著相关关系。Auclair & Goff 指数也只与混交度呈显著相关，相关系数为-0.4347，与其余指标无显著关系。由于 Auclair & Goff 多样性指数是一个逆向指标，因此，林下灌木的多样性与混交度是正相关，会随着林分混交度的提高而提高。

（2）多元逐步回归分析结果

由于林分空间结构各个指标会综合作用于林下灌木物种多样性，因此在单因素分析的基础上，以灌木物种多样性指标为因变量，林分空间结构指标为自变量，采用多元线性逐步回归法建立逐步回归方程，筛选出影响林下灌木物种多样性的关键指标。

如表4-41所示，多元线性逐步回归结果如下：①Margalef 指数的多元逐步回归方程拟合效果不佳，无法通过显著性检验。②Pielou 指数的回归方程通过显著性检验，模型选择了混交度，聚集指数和开敞度加入方程。③在 Auclair & Goff 指数方面，选择了混交度，开敞度加入回归方程。2个指数都选择了多个空间结构指数作为主要影响因子且都受到混交度的影响。2个回归模型的决定系数 R^2 均不高，分别为0.1631和0.2328，说明被筛选进入方程的林分空间结构仅能解释灌木物种多样性的部分变异，物种多样性指数会受到除林分空间结构外其他因素的影响。

表4-41 灌木物种多样性多元逐步回归方程

物种多样性	逐步回归方程	P	R^2	AIC
Margalef	不显著	不显著	不显著	不显著
Pielou	$Pielou = 0.4842M + 0.6665R - 1.1485B + 0.4152$	0.04397	0.1631	-117
Auclair & Goff	$Auclair = -0.30425M + 0.41125B + 0.73417$	0.00226	0.2328	-198.71

（3）典型相关分析结果

运用 R3.4.0 对林分空间结构与灌木物种多样性的典型相关分析结果如下：

由表 4-42 可知，经检验，在 $\alpha = 0.05$ 的水平上，第一组典型变量通过了典型相关系数检验，且其典型相关系数为 0.5411，说明林分空间结构指标与林下灌木物种多样性指标在整体上具有较高的相关性。

表 4-42　典型相关系数及其检验

组号	典型相关系数	Q	P
1	0.5410774	21.44416	0.04424263
2	0.3113899	6.061939	0.41628753
3	0.1955321	1.637280	0.44103101

从表 4-43 可得出第一对典型变量的线性组合是：

$$\begin{cases} u_1 = 0.00585U - 0.13586M + 0.01688R + 0.05078B \\ v_1 = 0.03938\text{Margalef} + 0.20209\text{Pielou} + 0.31256\text{Auclair} \end{cases} \tag{4-4}$$

表 4-43　三对典型相关变量的载荷

林分空间结构变量的典型载荷			
	第 1 组	第 2 组	第 3 组
U	0.00585	-0.05084	0.013618
M	-0.13586	-0.00982	-0.016644
R	0.01688	-0.14464	-0.056564
B	0.05078	0.08965	0.042617
灌木物种多样性的典型载荷			
Margalef	0.03938	-0.03975	0.139417
Pielou	0.20209	-0.32931	-0.043056
Auclair & Goff	0.31256	-0.23185	-0.037574

在第一对典型变量 u_1、v_1 中，u_1 为栎类天然林林分空间结构指标的线性组合，其中混交度 M、开敞度 B 和聚集指数 R 的载荷较大，分别为 -0.13586、0.05078 和 0.01688，说明在对林下灌木物种多样性的影响力上，乔木层林木的混交程度，林木分布格局和林分透光度占主导地位。v_1 是林下灌木物种多样性指标的线性组合，其中具有较大载荷的变量是 Pielou 指数和 Auclair & Goff 指数，说明林下灌木的多样性指数与均匀度指数对乔木层林分空间结构指数较为敏感。

4.3.4.2　林分空间结构对草本物种多样性的影响

（1）单因子相关分析结果

对典型样地计算所得的空间结构指数（大小比数、混交度、聚集指数、开敞度）和林下草本的物种多样性指数的计算结果进行 Pearson 相关性检验，所得结果如下：

表 4-44 结果显示，栎类天然林的草本层 Margalef 指数、Pielou 指数和 Auclair & Goff 指数与林分空间结构指数(U、M、R、B)在 $\alpha = 0.05$ 水平上都未呈显著相关，只有 Pielou 指数在 0.1 水平上与大小比数 U 呈显著正相关，Pearson 指数为 0.2621，说明林下草本层的物种多样性指数与上层乔木的空间结构特征没有存在显著线性关系。

表 4-44 空间结构指数—林下草本多样性的 Pearson 相关系数

空间结构指标	Margalef	P	Pielou	P	Auclair & Goff	P
U	0.0493	0.7365	0.2621**	0.0687	−0.2019	0.1643
M	0.0977	0.5039	−0.1093	0.4546	−0.0228	0.8762
R	−0.1869	0.1984	−0.1455	0.3184	0.1811	0.2129
B	−0.1922	0.1859	−0.1602	0.2716	0.0462	0.7525

注：**在 0.01 水平上显著相关。

(2)多元逐步回归分析结果

由于林分空间结构各个指标会综合作用于林下灌木物种多样性，因此在单因素分析的基础上，以灌木物种多样性指标为因变量，林分空间结构指标为自变量，采用多元线性逐步回归法建立逐步回归方程，筛选出影响林下草本物种多样性的关键指标。

如表 4-45 所示，草本层各个物种多样性指数(Margalef 指数、Pielou 指数、Auclair & Goff 指数)与上层林木的空间结构指数的多元线性逐步回归模型在 $\alpha = 0.05$ 水平上均未通过 F 检验，栎类次生林的林分空间结构可能并不是影响其林下草本物种多样性的主要因子。

表 4-45 草本物种多样性多元逐步回归方程

物种多样性	逐步回归方程	P	R^2
Margalef	不显著	不显著	不显著
Pielou	不显著	不显著	不显著
Auclair & Goff	不显著	不显著	不显著

(3)典型相关分析结果

运用 R3.4.0 对林分空间结构与灌木物种多样性的典型相关分析结果如下：

表 4-46 三对典型相关变量的载荷

	林分空间结构变量的典型载荷		
	第 1 组	第 2 组	第 3 组
U	0.09583	−0.05730	0.06427
M	−0.09170	−0.05413	−0.05481
R	0.01893	0.12121	−0.03449
B	−0.07682	−0.01300	0.13591

（续）

灌木物种多样性的典型载荷		
Margalef	−0.01969	−0.06563	−0.14732
Pielou	0.26501	0.07269	−0.03387
Auclair & Goff	0.17504	0.16066	−0.14641

由表 4-47 可知，经检验，在 $\alpha = 0.05$ 的水平上，前 3 组典型变量的 P 值都远大于 0.05，在 $\alpha = 0.05$ 水平上都未通过显著性检验。典型相关分析的结果显示林下草本的物种多样性指标与林分空间结构指标两组变量在整体上的相关性不高。

表 4-47　典型相关系数及其检验

组号	典型相关系数	Q	P
1	0.4160694	15.617903	0.4078902
2	0.2978652	6.166804	0.6251974
3	0.2269874	2.195268	0.5328811

4.3.5　小结

栎类次生林的灌木层与草本层的物种数普遍较低，灌木层较于草本层相对更少。优势种重要值都较高，灌木层优势种主要有：鹿角杜鹃、尖叶连蕊茶、箭竹、杜鹃、细枝柃；草本层优势种主要有锈毛莓、兰草、蕨、淡竹叶和麦冬等。Margalef 指数与 Pielou 均匀度指数方面，灌木层与草本层的差距不大，Auclair & Goff 指数上，除个别样地外，草本层大于灌木层。

利用 3 种统计分析方法分析两者之间的相关关系，研究结果表明：①Pearson 相关分析结果显示灌木层方面：混交度对灌木层 Pielou 指数和 Auclair & Goff 指数影响显著，其余指数均不显著草本层方面：林木空间结构指数与其林下植被物种多样性指数均不显著。②多元线性逐步回归分析结果显示灌木层方面：林下灌木物种多样性受到多个林分空间指标的综合影响。其中 Pielou 指数受到混交度、聚集指数和开敞度的显著影响，Auclair & Goff 指数受到混交度与开敞度的显著影响。草本层的拟合效果均不显著。③典型相关分析结果显示，灌木层第一对典型相关变量通过显著性检验，典型相关系数为 0.5411，林分空间结构与灌木层多样性指标两组变量在整体上相关性较强，其中混交度是影响力最大的变量。草本层的典型相关变量未通过显著性检验。

栎类次生林乔木层的混交程度和林木分布状况是影响林下灌木物种多样性的主要因子，其中混交度的影响最大；乔木层林木混交程度越高，其林下灌木物种的均匀度指数与多样性指数越大；乔木层林木分布状况越均匀，其林下灌木的均匀度指数越高。

栎类次生林的混交度是影响其林下灌木物种多样性的主要因素。混交度与 Pielou 指数、Auclair & Goff 指数都呈现明显的线性关系，随着混交度的增大，Pielou 指数相应增大，说明林分乔木层的混交程度越大，其林下灌木的物种均匀度与多样性程度都会随之增大。

多元线性逐步回归结果与典型相关分析结果显示聚集指数也是影响林下灌木物种多样性的关键指标，上层林木的空间格局分布会影响其枯落物与林下光斑位置，导致林下灌木均匀度也随之改变，聚集指数越大表明林木分布越均匀，相应地，其林下灌木的均匀度指数也就越高。研究结果也显示开敞度作为表达林下光照条件的指标，开敞度越大，林下光照条件越好，但其林下灌木的均匀度与多样性却反而相应减小了。同时，两个多元线性回归模型的决定系数 R^2 均不高，这也表明了林分空间结构指标只能解释其林下灌木物种多样性的部分变异，其他影响因子如林分非空间结构以及生境因子对林下灌木的生长也起着至关重要的作用。

第5章
栎类次生林林分生长模型

5.1 栎类次生林林分断面积生长模型

天然林是我国森林资源的重要组成部分，是实现经济社会可持续发展的重要物质基础。但目前现存天然林资源受到严重破坏，已呈现出资源结构不良、质量低下以及生态功能减弱等态势。根据第八次全国森林资源清查结果，栎类林的面积和蓄积分别占全国森林资源总量的 10.15% 和 8.76%，在所有优势树种中均排名首位。栎类以天然混交林为主，其天然林的面积和蓄积分别占全国栎类林总量的 96.29% 和 99%。作为湖南的一种典型森林类型，栎类林多为天然次生林，常存在林分经营不合理、林分质量等级不高、林地生产力低等问题。因此，迫切需要建立合适的林分生长模型来帮助掌握林分生长动态变化规律，从而优化栎类天然林林分结构，提高栎类林林分质量。

由于天然林多为混交异龄林，树种组成多样，并具有不同的生物学与生态学特性，其林分结构和生长动态变化规律相比纯林更加复杂，目前对林分生长模型的研究多以人工纯林为主，而对天然混交林的研究则相对较少。但随着天然混交林在国民经济与生态保护中地位的增强，迫切需要研究合适的模型用于天然混交林的生长预测和经营，才能更加完善林木生长理论，为更加科学合理地经营和管理天然混交林提供科学依据。

林分断面积作为常用的林分密度指标之一，其大小与林木株数和林木胸径有关。利用林分断面积与单株断面积的比值可以计算与距离无关的单木竞争指标，并构建基于该指标随着年龄变化的现实林分表模型。由于林分断面积与林分优势高的密切关系，林分断面积也可用于评价林分立地质量的高低。此外，林分断面积不仅可以作为反映林分生长过程的生长指标，还可以反映林分收获，直接影响林分蓄积量的大小。本研究将以断面积生长模型为核心进行栎类林分生长模型的构建，以期建立一套新的混交林断面积生长模型构建方法。

5.1.1 数据采集

5.1.1.1 数据来源

以湖南省的栎类天然林为研究对象，在平江县芦头实验林场、桑植县八大公山自然保护区、沅江市龙虎山林场、郴州市五盖山林场、宁乡县青阳湖林场及永州市金洞林场等地共设置栎类林样地 104 块，其中固定样地 51 块，临时样地 53 块。标准地大小为 20m×30m，对样地内胸径大于 5cm 的活立木进行每木检尺，主要林分调查因子包括胸径、树高、冠幅、林分年龄、平均优势木高、郁闭度、地理坐标、海拔、坡向、坡度、坡位、土壤类型、土壤厚度等。其中，气候因子是根据样地 GPS 坐标点及海拔数据，从 Wang 等编写的提取亚太地区气候数据的 ClimateAP 软件中获得的 2016 年年平均气候因子，相关气候因子变量及含义说明见表 5-1。

样地中确定林分年龄的方法是利用生长锥钻取木芯计数年轮，以林分平均直径、加权平均高选取树种组成最大的优势树种的平均木年龄代表混交林的年龄（T），再依据林层的划分方法和标准划分林层，分别钻取上层平均木年龄（T_{up}）、下层平均木年龄（T_{down}）、平均优势木年龄（T_{md}）及最高优势木年龄（T_h），以表达混交林不同林分层次的年龄问题。

表 5-1 气候变量的含义说明

变量	描述
MAT（℃）	年平均温度
$MWMT$（℃）	最热月平均温
$MCMT$（℃）	最冷月平均温
TD（℃）	平均气温差
MAP（mm）	年降水量
AHM（℃）	年热：湿指数
$DD5$（℃）	生长积温
CMD	哈格里夫水汽亏缺

5.1.1.2 数据整理

（1）林分因子计算

对 104 块栎类天然次生林样地进行数据整理，剔除记录不详、明显有误和离散异常的样地 3 块，筛选后样地 101 块（其中固定样地 51 块，临时样地 50 块），然后计算各样地的主要林分因子，具体计算公式如下：

①林分平均胸径

$$D_g = \sqrt{\frac{1}{n}\sum_{i=1}^{n} d_i^2} \tag{5-1}$$

式中：D_g 为林分平均胸径（cm）；n 为林木株数；d_i 为第 i 株林木的胸径（cm）。

②林分每公顷株数

$$N = \frac{n}{A} \tag{5-2}$$

式中：N 为每公顷株数（株/hm^2）；n 为林木株数；A 为样地面积（hm^2）。

③林分密度指数

$$SDI = N \left(\frac{D_0}{D_g} \right)^{\beta} \tag{5-3}$$

式中：SDI 为林分密度指数；N 为每公顷株数（株/hm^2）；D_g 为林分平均胸径（cm）；D_0 为标准平均胸径；β 为自然稀疏率。本文中标准直径 $D_0 = 20$cm，自然稀疏率采用赖内克提出的 $\beta = -1.605$。

④林分断面积

$$G = \frac{g}{A} \tag{5-4}$$

式中：G 为林分断面积（m^2/hm^2）；g 为样地内树木的断面积之和（m^2）；A 为样地面积（hm^2）。

（2）林分因子统计

为了准确评价模型的拟合和预测效果，本书将所有样地数据按 4:1 划分为建模样本与检验样本。对于所有样地而言，81 个样地为建模样本，20 个样地为检验样本，这些数据用来拟合和检验天然林立地指数模型与林分断面积生长模型；对于 51 个固定样地数据而言，41 个样地为建模样本，10 个样地为检验样本，这些数据用来拟合和检验林层断面积生长模型；其中每个固定样地具有总平均木、上层平均木、下层平均木、平均优势木及最高优势木等 5 株单木数据，205 株为建模样本，50 株为检验样本，这些数据用来拟合和检验单木断面积生长模型。相关统计量如表 5-2 至表 5-4 所示。

表 5-2　天然林立地指数模型与林分断面积生长模型建模和检验数据统计

变量	建模数据				检验数据			
	最小值	最大值	平均值	标准差	最小值	最大值	平均值	标准差
G（m^2/hm^2）	14.3	96.0	57.5	43.8	15.5	96.2	68.9	50.0
N（株/hm^2）	500.0	4118.3	1390.2	655.8	493.6	3923.6	1570.4	891.9
SDI	1578.5	5645.8	3941.8	829.3	1665.8	5965.4	3722.3	750.6
HT（m）	9.3	27.5	16.3	2.9	12.6	27.5	16.3	3.2
SI（m）	9.8	22.1	15.8	2.6	12.2	21.0	15.7	2.3
T（a）	18.0	96.0	45.7	30.2	22.0	87.0	55.5	42.1
MAT（℃）	12.6	18.2	16.7	1.8	12.6	18.2	17.1	1.5
MAP（mm）	1458.0	3382.0	1988.5	552.4	1458.0	3284.0	1854.4	431.7
TD（℃）	21.9	26.0	23.9	1.1	22.0	26.0	23.9	1.2

表5-3　林层断面积生长模型建模和检验数据统计

变量	建模数据				检验数据			
	最小值	最大值	平均值	标准差	最小值	最大值	平均值	标准差
$G(m^2/hm^2)$	14.4	59.4	30.1	10.7	14.6	47.7	30.3	10.4
$N(株/hm^2)$	722.0	4118	1518.2	810.7	961.5	3913.8	1556.3	841.3
SDI	1564.3	5398.5	3140.0	954.3	1646.6	4807.5	3156.6	940.4
$HT(m)$	11.1	27.5	16.4	3.2	13.1	20.5	15.2	2.1
$T(a)$	18	72	38	14.0	21	56	35.7	11.8

表5-4　单木断面积生长模型建模和检验数据统计

变量	建模数据				检验数据			
	最小值	最大值	平均值	标准差	最小值	最大值	平均值	标准差
$G(m^2)$	0.0033	0.3848	0.0498	0.0561	0.0036	0.3167	0.0573	0.0754
$T(a)$	16	75.0	46.2	22.2	18.0	82.0	41.6	17.4
$H(m)$	6.0	28.4	14.6	3.7	8.7	28.4	15.2	4.4
$D_g(cm)$	9.1	26.6	16.5	3.9	9.3	21.6	15.3	4.0
$SI(m)$	11.1	22.1	15.5	2.7	12.2	21.0	15.5	2.7
$AHM(℃)$	7.3	18.6	12.5	3.9	7.5	18.6	13.3	4.6
$Gleason$	0.31	0.65	0.37	0.08	0.31	0.63	0.38	0.11

5.1.2　研究方法

5.1.2.1　林分类型与立地类型划分

（1）林分类型划分

优势树种与优势树种组是划分林分类型的重要依据，也是划分经营小班的依据之一。通过统计样地内各树种的胸高断面积 BA_i，从而计算样地内不同树种的组成系数 XS_i。采用k-means聚类分析方法，以树种组成系数作为各样地的林分类型属性进行逐步聚类，以获取林分类型（Forest type，FT）。其思想是先进行初步分类，然后按照 K 均值最优原则进行逐个修改，直至分类合理为止，林分类型聚类结果见表5-5。聚类分析的分类数标准为精度 ≥ 0.90，即合并后的因子水平信息要包含合并前的因子水平信息的90%。

表5-5　林分类型聚类结果

聚类数	精度（%）	林分类型	样本
1	0.00	I	3
2	19.70	II	4
3	41.70	III	10
4	54.60	IV	6
5	65.30	V	8

（续）

聚类数	精度（%）	林分类型	样本
6	70.00	Ⅵ	7
7	74.60	Ⅶ	5
8	79.70	Ⅷ	13
9	83.30	Ⅸ	12
10	86.70	Ⅹ	20
11	88.70	Ⅺ	10
12	90.00	Ⅻ	3

（2）立地类型划分

参照《中国森林立地分类》（1989 年和 1995 年）的原则与方法，首先确定研究区所处的立地区化单位：如立地区域、立地区与立地亚区，并在此基础上进行立地类型的划分。选取海拔、坡度、坡位、坡向、土壤类型、土壤厚度等 6 个影响栎类林生长的立地因子，并参照《中国森林立地分类》划分标准对立地因子分级。其中，为了区分不同海拔梯度的影响，将海拔每 100m 划分为一级，具体划分标准见表 5-6。

表 5-6　立地因子等级划分

立地因子	符号	等级划分				
海拔	HB	100m 为一级				
坡度	PD	缓坡	斜坡	陡坡	急坡	险坡
坡位	PW	阳坡	半阳坡	阴坡	半阴坡	
坡向	PX	脊部	上坡	中坡	下坡	
土壤类型	TL	红壤	黄壤	棕黄壤		
土壤厚度	TH	薄	中	厚		

采用数量化方法 I，以各林分优势木平均高为因变量，以立地因子和年龄为自变量，对立地因子进行分类评价，显著性分析结果见表 5-7。依据方差分析表中各因子的"$P>F$"值，对显著性影响因子进行筛选，从而确定主导因子，并通过分级与组合来划分立地类型（site type，ST）。由表 5-7 可知海拔、坡度、坡位、坡向、土壤类型、土壤厚度对林分优势高的影响均显著，经过组合可将 101 个样本划分为 83 个初始立地类型（ST）。

表 5-7　立地因子的显著性检验

因子组	平方和	自由度	均方	F 值	$P>F$
HB	299.8422	9	33.3158	6.7673	0.0046
PD	121.4504	4	30.3626	6.1675	0.0042
PW	132.7343	4	33.1836	6.7405	0.0046
PX	43.74045	3	14.5802	2.9616	0.0020
TH	116.9091	2	58.4546	11.8737	0.0081
TL	11.8317	1	11.8317	2.4033	0.0016

5.1.2.2 自变量筛选

采用多元逐步回归分析方法对以测树因子、立地因子、气候因子及土壤因子等为自变量的多元线性模型进行自变量筛选；并利用方差膨胀因子(VIF)剔除具有明显共线性的自变量，而保留共线性弱且对因变量贡献较大的自变量。当模型回归系数显著($P<0.05$)，且方差膨胀因子小于5的自变量才允许进入模型。其具体步骤如下：

(1)对回归模型的 m 个自变量 X_1、X_2、$\cdots$、X_m，分别同因变量 Y 进行线性回归分析，构建一元线性模型 $Y=\beta_0+\beta_i X_i+\varepsilon$，$i=1$、$2$、$\cdots$、$m$；计算自变量 X_i 的回归系数 β_i 的 F 检验统计量的值 $F_i^{(1)}$，并选取其中的最大值 $F_{i1}^{(1)}$。对于给定的显著性 α，记相应的临界值 $F^{(1)}$，当 $F_{i1}^{(1)} \geqslant F^{(1)}$ 时，则将 X_{i1} 引入回归模型。

(2)建立因变量 Y 与自变量的子集 $\{X_{i1}, X_1\}$，$\{X_{i1}, X_2\}$，$\cdots$，$\{X_{i1}, X_m\}$ 的二元回归模型，并计算自变量的回归系数 F 检验的统计量值 $F_k^{(2)}$，选取其中的最大值 $F_{i2}^{(2)}$。对于给定的显著性 α，记相应的临界值 $F^{(2)}$，当 $F_{i2}^{(2)} \geqslant F^{(2)}$ 时，则将 X_{i2} 引入回归模型，否则终止。

(3)将自变量子集逐个引入模型，每引入一个解释变量后都要进行 F 检验，当原来引入的自变量由于后面自变量的引入变得不再显著时，则将其删除，以确保每次引入新的变量之前回归方程中只包含显著性变量，重复步骤(2)。

5.1.2.3 混合效应模型构建

混合效应模型(mixed effects model)是依据回归函数依赖于固定效应参数和随机效应参数的回归关系而建立的，其一般形式如下：

$$Y_i=f(\beta, u_i, X_i)+\varepsilon_i \tag{5-5}$$

式中：Y_i 与 X_i 分别为第 i 个样地的因变量向量和自变量向量；ε_i 为误差向量；β 与 μ_i 分别为固定效应参数向量和随机参数向量，且 $\varepsilon_i \sim N(0, R_i)$、$\mu_i \sim N(0, \Psi)$；$R_i$、$\Psi$ 分别为第 i 个样地内的方差协方差矩阵和随机参数的方差协方差矩阵。在本研究中，假定随机效应参数方差为无结构类型。

构建混合效应模型，首先要确定模型的形式参数构造，即固定效应与随机效应参数构造。一般是将所有可能的参数或参数组合都作为随机效应进行拟合，但过多的参数会造成模型不收敛。为了避免多参数问题，本研究利用最优基础模型进行多参数效应模拟检验，并通过 AIC、BIC 及对数似然比(Log-likelihood)对模型进行评价，选取参数较少且收敛的形式参数构造，AIC、BIC 值越小，Log-likelihood 值越大，模型的拟合效果越好。

其次是确定样地内方差协方差结构，用于解释同一样地中林木间的差异程度。通常用包括相关因子和加权因子的矩阵 R_i 来平衡误差，但由于本研究不是重复观测数据，不存在样地内测量值之间的误差相关性，故 Γ_i 为单位矩阵。因此，本研究只考虑异方差问题，其计算公式为：

$$R_i=\sigma^2 G_i \tag{5-6}$$

式中：σ^2 是描述样地共同方差的未知尺度参数；G_i 是描述样地内异方差结构的对角矩阵。

5.1.2.4 模型评价与检验

模型评价采用确定系数(R^2)、平均绝对误差(MAE)及均方根误差($RMSE$)，3个评价指标计算公式如下。其中，R^2、MAE、$RMSE$ 用于评价模型对建模样本的拟合效果，MAE 和 $RMSE$ 用于评价模型对检验样本的预测效果。

$$R^2 = 1 - \frac{\sum_{i=1}^{n}(y_i - \hat{y}_i)^2}{\sum_{i=1}^{n}(y_i - \bar{y})^2} \tag{5-7}$$

$$MAE = \frac{\sum_{i=1}^{n}|y_i - \hat{y}_i|}{n} \tag{5-8}$$

$$RMSE = \sqrt{\frac{\sum_{i=1}^{n}(y_i - \hat{y}_i)^2}{n-1}} \tag{5-9}$$

式中：y_i 为第 i 个样本的实测值；$\bar{y}$ 为样本的平均值；$\hat{y}_i$ 为第 i 个样本的预估值；n 为所有样本数。

5.1.3 栎类次生林立地指数模型构建

立地指数模型是森林立地质量评价的核心与关键，在天然混交林中的应用却存在诸多难点。现有的立地指数模型构建方法，没有全面考虑林分类型和立地类型对林分优势高生长的影响，从而导致相同条件下的林分优势高生长过程差异。且传统回归模型只适用于模型参数不受随机因素影响的条件，对于样地的个体差异却难以有效反映。已经有不少学者通过构建气候敏感的立地指数模型来量化分析气候变化对森林立地质量的影响，但研究结果并不一致，且存在较大的不确定性。尽管一些学者提出数量化方法Ⅰ构建立地指数模型，但该方法是假定因子不同分级之间的差异为固定效应，当为随机效应时此方法无效。因此，本研究将考虑不同林分类型与立地类型的林分优势树高生长差异，采用 NLMEMs 方法，建立含随机效应的天然林立地指数模型。

5.1.3.1 基础模型选择

基础模型的选择直接影响立地质量评价的准确性，要求基础模型既能反映林木的树高生长规律，又能对数据进行最优化拟合。良好的立地指数曲线基础模型一般呈典型的"S"型生长，并具有上下渐近线。本文选用最常见的 4 种理论生长方程作为模拟平均优势高生长的候选模型，并利用 Forstat 2.1 对候选模型进行参数拟合，以确定系数（R^2）、平均绝对误差（MAE）及均方根误差（RMSE）对模型进行评价，4 种候选模型的拟合结果见表 5-8。

由表 5-8 可以看出，4 种理论生长方程对平均优势高—年龄关系的拟合精度均较低（$R^2 = 0.1956 \sim 0.1965$），且不同方程的拟合效果差异均不大。其中 Richards 方程的拟合效果最好，其确定系数（$R^2 = 0.1965$）最大，平均绝对误差（$MAE = 2.0406$）与均方根误差（$RMSE = 2.5025$）最小，故选择 Richards 方程作为模拟平均优势高生长的基础模型，其模型形式为：

$$HT = a \times [1 - \exp(-b \times T)]^c + \varepsilon \tag{5-10}$$

式中：HT 为林分平均优势高；T 为林分年龄；a、b、c 为模型参数。

表5-8　4种候选模型的拟合结果

模型	参数	参数值	标准差	建模数据			检验数据	
				R^2	MAE	RMSE	MAE	RMSE
理查德 （Richards）	a	16.9050	0.5005	0.1965	2.0406	2.5025	1.9604	2.5282
	b	0.1063	0.0505					
	c	2.1603	2.4352					
坎派兹 （Gompertz）	a	16.8444	0.4647	0.1957	2.0426	2.5038	1.9637	2.5307
	b	0.1177	0.0489					
	c	2.8885	3.0015					
逻辑斯蒂 （Logistic）	a	16.8076	0.4485	0.1962	2.0464	2.5064	1.9641	2.5320
	b	0.1297	0.0537					
	c	4.1663	4.8475					
单分子 （Mitscherlich）	a	16.8841	0.4827	0.1956	2.0422	2.5030	1.9830	2.5402
	b	0.1064	31.1514					
	c	-34.4408	0.0444					

5.1.3.2　气候敏感的立地指数模型

为了分析气候效应对立地指数模型的影响，采用逐步回归分析方法对影响林分平均优势高生长的气候因子进行逐步筛选，剔除具有明显共线性的因子后发现：年平均温度（MAT）、年降水量（MAP）与平均气温差（TD）的影响显著。采用再参数化的方法建立气候敏感的立地指数模型，即将模型(5-10)中的参数用含有气候因子的函数描述。根据理论方程的生物学意义，以年平均温度、年降水量表示影响优势高生长最大值的变量，以平均气温差表示影响优势高生长速率的变量，确定的最终模型形式如下：

$$HT = (a_0 + a_1 \times MAT + a_2 \times MAP) \times [1 - \exp(-b \times T)]^{(c + c_1 \times TD)} + \varepsilon \qquad (5-11)$$

式中：MAT 为年平均温度；MAP 为年降水量；TD 为平均气温差；a_0、a_1、a_2、c_1 为模型参数。

由表5-9可以看出，年平均温度（MAT）、年降水量（MAP）只影响林分优势高生长的最大值，其模型的参数估计为负，即优势高生长随年平均温度、年降水量的增加而减小，但这种作用并不明显（$a_1 = -0.0032$，$a_2 = -0.5874$）。平均气温差（TD）与优势高的最大生长速率呈正相关（$c_1 = 0.2131$），即随平均气温差的增大，优势高的最大生长速率增加。

表5-9　6种立地指数模型的参数估计

参数	估计	模型 (5-11)	模型 (5-12)	模型 (5-13)	模型 (5-14)	模型 (5-15)	模型 (5-16)
		None	FT	ST	FT+ST	STG	FT+STG
a_0	估计值	33.3055	29.1010	33.5633	29.7251	35.0471	35.0471
	标准差	3.2420	5.3880	3.2631	4.8986	1.6574	1.6573

（续）

参数	估计	模型 (5-11)	模型 (5-12)	模型 (5-13)	模型 (5-14)	模型 (5-15)	模型 (5-16)
		None	FT	ST	FT+ST	STG	FT+STG
a_1	估计值	-0.0032	-0.0026	-0.0030	-0.0027	-0.0029	-0.0029
	标准差	0.0005	0.0007	0.0005	0.0007	0.0002	0.0002
a_2	估计值	-0.5874	-0.3819	-0.6486	-0.4516	-0.7136	-0.7136
	标准差	0.1537	0.2581	0.1574	0.2370	0.0692	0.0692
b	估计值	0.1104	0.0784	0.1621	0.1254	0.1730	0.1730
	标准差	0.0389	0.0288	0.0603	0.0446	0.0329	0.0329
c	估计值	-2.4005	2.4119	-15.0277	3.1056	-15.4270	-15.4273
	标准差	8.5341	4.8537	41.4662	13.2805	25.2239	25.2237
c_1	估计值	0.2131	0.0378	0.9181	0.0174	0.9918	0.9918
	标准差	0.3908	0.1847	2.0031	0.5562	1.2321	1.2321
评价指标	AIC	470.7052	467.8251	464.5836	465.2594	347.8447	349.8447
	BIC	488.5824	488.2561	485.0146	488.2443	368.2757	372.8296
	logLik	-228.3526	-225.9126	-224.2918	-223.6297	-165.9224	-165.9223

表 5-10　6 种立地指数模型形式的评价与检验统计

模型	建模数据			检验数据	
	R^2	MAE	RMSE	MAE	RMSE
模型(5-11)	0.4372	1.7074	2.0944	1.7479	2.1897
模型(5-12)	0.5830	1.4773	1.8028	1.3693	1.7823
模型(5-13)	0.7679	1.1037	1.3450	1.0683	1.3851
模型(5-14)	0.7798	1.0709	1.3102	1.0364	1.3216
模型(5-15)	0.9038	0.5384	0.8658	0.5460	0.9035
模型(5-16)	0.9038	0.5384	0.8657	0.5460	0.9036

从表 5-8 与表 5-10 可以看出，模型(5-10)与模型(5-11)具有明显的精度差异。其中，建模样本的确定系数(R^2)从 0.1965 提高到 0.4372，增加了约 122.49%，平均绝对误差(MAE)降低了 16.33%，均方根误差(RMSE)降低了 16.31%；检验样本平均绝对误差(MAE)降低了 12.16%，均方根误差(RMSE)降低了 15.46%，说明气候因子对林分优势高生长的影响显著。

5.1.3.3　含随机效应的立地指数模型

（1）初始模型构建

考虑林分类型与立地类型对立地指数模型的影响，构建含随机效应的立地指数模型来反映林分类型与立地类型所产生的生长过程差异，以求同一林分类型在相同的立地条件下具有相同的生长过程。以模型(5-11)为基础，分别以林分类型效应、立地类型效应及其共同效应为随机效应，其模型形式如下：

$$HT_i = (a_0 + a_{0i} + a_1 \times MAT + a_2 \times MAP) \times \left[1 - \exp(-b \times T_i) \right]^{(c + c_1 \times TD)} + \varepsilon_i \qquad (5-12)$$

$$HT_j = (a_0 + a_{0j} + a_1 \times MAT + a_2 \times MAP) \times \left[1 - \exp(-b \times T_j) \right]^{(c + c_1 \times TD)} + \varepsilon_j \qquad (5-13)$$

$$HT_{ij} = (a_0 + a_{0i} + a_{0j} + a_1 \times MAT + a_2 \times MAP) \times \left[1 - \exp(-b \times T_{ij}) \right]^{(c + c_1 \times TD)} + \varepsilon_{ij} \qquad (5-14)$$

式中：HT_i、HT_j、HT_{ij} 分别为第 i 个林分类型的平均优势高、第 j 个立地类型的平均优势高、第 i 个林分类型第 j 个立地类型的平均优势高；T_i、T_j、T_{ij} 分别为第 i 个林分类型的林分年龄、第 j 个立地类型的林分年龄、第 i 个林分类型第 j 个立地类型的林分年龄；a_{0i}、a_{0j} 分别为林分类型效应、立地类型效应的随机效应参数，且 $a_{0i} \sim N(0, \varPsi_1)$，$a_{0j} \sim N(0, \varPsi_2)$，$\varPsi_1$、$\varPsi_2$ 分别为林分类型随机效应参数、立地类型随机效应参数的方差协方差矩阵；ε_i、ε_j、ε_{ij} 分别为第 i 个林分类型的误差项、第 j 个立地类型的误差项、第 i 个林分类型第 j 个立地类型的误差项，且 $\varepsilon_i \sim N(0, R_i)$、$\varepsilon_j \sim N(0, R_j)$、$\varepsilon_{ij} \sim N(0, R_{ij})$；$R_i$、$R_j$、$R_{ij}$ 分别为第 i 个林分类型、第 j 个立地类型、第 i 个林分类型第 j 个立地类型的方差协方差矩阵。

（2）立地组合聚类

依据海拔、坡度、坡位、坡向、土壤类型、土壤厚度 6 个主导因子，经过组合可将 101 个样本划分为 83 个初始立地类型（ST）。由于立地类型组合数过多，不利于混合模型的有效应用。为了简化立地类型组合数，将拟合的参数得分值进行 k-means 聚类。在满足森林立地分类的原则基础上，以确定系数 ≥0.99 为聚类精度标准，将得分值相近的立地类型合并成立地类型组（STG）。当聚为 11 类时，达到聚类精度标准，立地类型聚类结果见表 5-11。

以模型（5-11）为基础，分别以立地类型聚类及林分类型与立地类型聚类为随机效应，构建模型表达式如下：

$$HT_k = (a_0 + a_{0k} + a_1 \times MAT + a_2 \times MAP) \times \left[1 - \exp(-b \times T_k) \right]^{(c + c_1 \times TD)} + \varepsilon_k \qquad (5-15)$$

$$HT_{ik} = (a_0 + a_{0i} + a_{0k} + a_1 \times MAT + a_2 \times MAP) \times \left[1 - \exp(-b \times T_{ik}) \right]^{(c + c_1 \times TD)} + \varepsilon_{ik} \qquad (5-16)$$

式中：HT_k、HT_{ik} 分别为第 k 个立地类型组的平均优势高、第 i 个林分类型第 k 个立地类型组的平均优势高；T_k、T_{ik} 分别为第 k 个立地类型组的林分年龄、第 i 个林分类型第 k 个立地类型组的林分年龄；a_{0k} 为立地类型组的随机效应参数，且 $a_{0k} \sim N(0, \varPsi_3)$，$\varPsi_3$ 为立地类型组的随机效应参数的方差协方差矩阵；ε_k、ε_{ik} 分别为第 k 个立地类型组的误差项、第 i 个林分类型第 k 个立地类型组的误差项，且 $\varepsilon_k \sim N(0, R_k)$、$\varepsilon_{ik} \sim N(0, R_{ik})$；$R_k$、$R_{ik}$ 分别为第 k 个立地类型组、第 i 个林分类型第 k 个立地类型组的方差协方差矩阵。

表 5-11　立地类型聚类结果

聚类数	精度（%）	立地类型	样本量
1	0.00	Ⅰ	9
2	61.90	Ⅱ	15
3	80.40	Ⅲ	6
4	90.20	Ⅳ	2
5	94.00	Ⅴ	12

（续）

聚类数	精度（%）	立地类型	样本量
6	95.90	Ⅵ	5
7	97.20	Ⅶ	11
8	98.00	Ⅷ	13
9	98.60	Ⅸ	9
10	98.80	Ⅹ	4
11	99.00	Ⅺ	15

（3）模型模拟分析

采用 Forstat 2.1 分别对模型（5-12）至模型（5-16）进行非线性混合效应模拟，其中参数拟合结果见表 5-9，模型评价与检验统计结果见表 5-10。

由表 5-9 可以看出，所有模型的参数拟合结果均显著。从评价指标 AIC、BIC、$logLik$ 来看，加入随机效应后的立地指数模型（5-12）至模型（5-16）拟合效果均优于气候敏感的立地指数模型（5-11），说明随机效应效果显著。其中模型（5-15）与模型（5-16）的拟合效果最优，但模型（5-16）受林分类型、立地类型聚类共同效应影响，而模型（5-15）只考虑立地类型聚类效应，故选择模型（5-15）作为计算地位指数的最优模型。

由表 5-10 可以看出，加入随机效应后的立地指数模型（5-12）至模型（5-16）建模精度与检验精度均优于气候敏感的立地指数模型（5-11）。其中，最优模型（5-15）相比模型（5-11）来说，建模样本的确定系数（R^2）从 0.4372 提高到 0.9038，增加了约 106.72%，平均绝对误差（MAE）降低了 68.47%，均方根误差（$RMSE$）降低了 58.66%；检验样本平均绝对误差（MAE）降低了 68.76%，均方根误差（$RMSE$）降低了 58.73%。

模型（5-11）至模型（5-16）的残差均表现为随机分布的趋势，未发现异质性，因此不考虑对模型（5-11）至模型（5-16）进行异方差消除，即 $R_i = \sigma^2 I$。

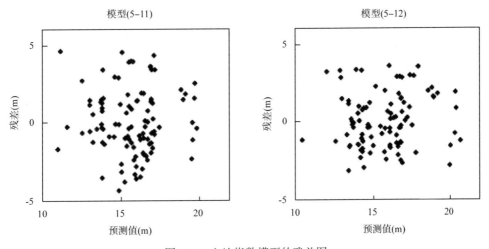

图 5-1　立地指数模型的残差图

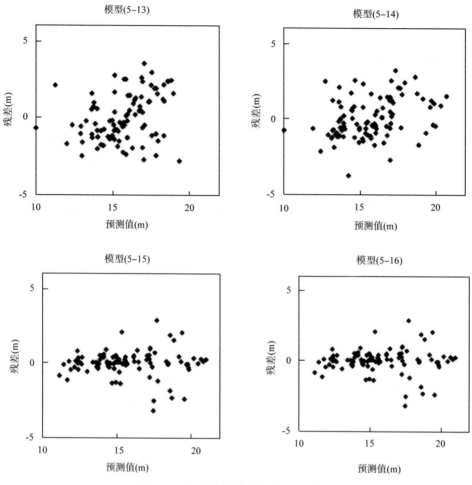

图 5-1　立地指数模型的残差图(续)

（4）立地指数计算

传统的立地指数计算方法多是先构建导向曲线，再采用标准差法或者差分法得到立地指数曲线簇，但应用该方法的前提在于导向曲线具有较高的模拟精度。本研究构建含随机效应的立地指数模型，通过立地类型水平的随机效应参数反映出不同立地之间的优势高生长差异，从而获取不同立地类型的优势高—年龄曲线。通过模型（5-15）预估栎类天然林的立地指数，则该模型曲线上基准年龄（20 年）时对应的林分优势高就是立地指数，其模型形式为：

$$SI_k = (a_0 + a_{0k} + a_1 \times MAT + a_2 \times MAP) \times [1 - \exp(-b \times 20)]^{(c + c_1 \times TD)} + \varepsilon_k \qquad (5-17)$$

5.1.3.4　小结

研究采用非线性混合效应模型方法，构建含随机效应的天然林立地指数模型。通过对 Richards、Gompertz、Logistic 及 Mitscherlich 等 4 种方程的平均优势高—年龄关系模拟，选出最优基础模型为 Richards 方程 $HT = a \times [1 - \exp(-b \times T)]^c + \varepsilon$，其建模精度 $R^2 = 0.1965$，$MAE = 2.0406$，$RMSE = 2.5025$。考虑气候效应对立地指数模型的影响，采用逐步回归分析方法进行优化筛选，结果发现，年平均温度(MAT)、年降水量(MAP)与平均气温差(TD)的影响显著。以年平均温度、年降水量表示影响优势高生长最大值的变量，以平均气温差表示影响优势高生长速率的变量，采用再参数化的方法建立气候敏感的立地指数模型$HT = (a_0 + a_1 \times MAT + a_2 \times MAP) \times [1 - \exp(-b \times TD)]^{(c+c_1 \times TD)} + \varepsilon$，其建模精度$R^2 = 0.4372$，$MAE = 1.7074$，$RMSE = 2.0944$。考虑天然混交林林分类型与立地类型对立地指数模型的影响，分别以林分类型效应、立地类型效应及其共同效应为随机效应，构建含随机效应的立地指数模型来反映林分类型与立地类型所产生的生长过程差异。其中，为了简化立地类型组合数，本文将83个初始立地类型在模型(5-12)拟合的参数得分值进行k-means聚类。在满足森林立地分类的原则基础上，以确定系数≥0.99为聚类精度标准，将83个不同立地类型合并成11个立地类型组(STG)，并分别以立地类型聚类及林分类型与立地类型聚类为随机效应进行非线性混合效应模拟。结果发现，立地类型聚类效应的影响最为显著，确定最优随机效应的立地指数模型形式为 $HT_k = (a_0 + a_{0k} + a_1 \times MAT + a_2 \times MAP) \times [1 - \exp(-b \times T_k)]^{(c+c_1 \times TD)} + \varepsilon_k$，其建模精度$R^2 = 0.9038$，$MAE = 0.5384$，$RMSE = 0.8657$。

5.1.4　栎类次生林林分断面积生长模型构建

林分断面积生长模型是描述林分断面积生长变化规律的数学方程式。在当前的研究中，主要包括生长方程的选取、断面积模型的分类研制及相关指标(如间伐、林分密度、立地指数、单木竞争指标)在模型中的应用等。林分断面积生长模型作为全林整体生长模型的核心，其精度直接影响着该系统整体的预测精度。随着人们对林分断面积认识的加深及其在全林整体生长模型中的重要作用，林分断面积生长模型已成为国内外研究的热点之一。现阶段对于林分断面积模型的模拟多是人工纯林，而关于天然混交林的林分断面积模型研究还未见报道。因此，本文将考虑混交林林分类型与立地类型差异对林分断面积生长的影响，构建含随机效应的林分断面积生长模型来反映不同林分类型、立地类型的林分断面积生长差异。

5.1.4.1　基础模型选择

林分在自然发育过程中，很大程度上取决于林分年龄、林地生产潜力(立地质量)以及对林地的充分利用程度(林分密度)等因素，所以在断面积生长模型构建过程中，必须包含立地质量、年龄和密度3个变量，但在以往的研究中这3个变量并不是均能在模型中得以体现。根据林分断面积生长规律及其研究现状，本文选择最常用的4种模型形式作为候选基础模型，并比较不同模型与密度指标对栎类天然林断面积模型拟合效果的影响，具体模型形式如下：

$$G = b_1 SI^{b_2}\{1 - \exp[-b_4(N/1000)^{b_5}T]\}^{b_3} \tag{5-18}$$

$$G = b_1 SI^{b_2}\{1 - \exp[-b_4(SDI/1000)^{b_5}T]\}^{b_3} \tag{5-19}$$

$$G = HT^{b_0 + b_1/T}(N/1000)^{b_2 + b_3/T}\exp(b_4 + b_5/T) \tag{5-20}$$

$$G = HT^{b_0 + b_1/T}(SDI/1000)^{b_2 + b_3/T}\exp(b_4 + b_5/T) \tag{5-21}$$

式中：G 为林分断面积；SI 为林分立地指数；N 为林分每公顷林木株数；SDI 为林分密度指数；HT 为林分优势木平均高；T 为林分年龄；b_0、b_1、b_2、b_3、b_4、b_5 均为模型待估参数。

以湖南省 101 块栎类天然次生林样地数据为基础,采用 Forstat 2.1 分别对候选模型(5-18)至模型(5-21)进行参数拟合,并以确定系数(R^2)、平均绝对误差(MAE)及均方根误差($RMSE$)对模型进行精度评价,4 种候选模型的参数拟合与精度评价结果见表 5-12。

表 5-12 4 种候选模型的参数拟合与精度评价

数据	指标	模型(5-18)		模型(5-19)		模型(5-20)		模型(5-21)	
		估计值	标准差	估计值	标准差	估计值	标准差	估计值	标准差
参数	b_0	—	—	—	—	0.6459	0.5700	0.2133	0.1039
	b_1	23.8545	27.3632	16.1075	5.8506	−11.1788	30.0143	−5.9261	5.5216
	b_2	0.7464	0.3983	0.9000	0.1211	−0.2246	0.2745	1.2269	0.0502
	b_3	0.0093	0.0082	0.0001	0.0010	8.5336	12.5493	−0.3209	2.0802
	b_4	−0.0721	0.2217	6.7659	1.2776	3.3282	1.6467	1.5683	0.2969
	b_5	1.0632	0.4116	0.1694	0.0300	−13.1251	8.5218	11.9192	14.5447
建模数据	R^2	0.4436		0.9303		0.4635		0.9352	
	MAE	2.4340		0.7103		2.3724		0.5256	
	$RMSE$	3.2866		1.1629		3.2274		1.1218	
检验数据	MAE	2.599		0.6682		2.3746		0.5358	
	$RMSE$	3.2926		0.9430		3.0861		0.7387	

由表 5-12 可以看出,模型(5-18)、模型(5-20)的确定系数(R^2)均在 0.45 左右,平均绝对误差(MAE)不小于 2.35,均方根误差($RMSE$)均大于 3.20;模型(5-19)、模型(5-21)的确定系数(R^2)均在 0.93 左右,平均绝对误差(MAE)不小于 0.5,均方根误差($RMSE$)均大于 1.10,以上说明林分密度指数模拟效果要优于株数密度模拟效果,选择林分密度指数作为林分密度评价指标更能反映林分断面积生长趋势。其中,含年龄、平均优势高与林分密度指数的 Schumacher 模型(5-21)模拟效果最优,其确定系数($R^2 = 0.9352$)最大,平均绝对误差($MAE = 0.5256$)与均方根误差($RMSE = 1.1218$)最小,故选择模型(5-21)作为模拟林分断面积生长的基础模型,确定模型形式为:

$$G = HT^{\beta_0 + \beta_1/T}(SDI/1000)^{\beta_2 + \beta_3/T}\exp(\beta_4 + \beta_5/T) + \varepsilon \qquad (5-22)$$

式中:G 为林分断面积;SDI 为林分密度指数;HT 为林分优势木平均高;T 为林分年龄;β_0、β_1、β_2、β_3、β_4、β_5 均为模型待估参数。

5.1.4.2 含随机效应的林分断面积生长模型

考虑天然混交林林分类型与立地类型差异对林分断面积生长的影响,构建含随机效应的林分断面积生长模型来反映林分类型与立地类型不同所产生的林分断面积生长过程差异。以模型(5-22)作为基础模型形式,采用 Forstat 2.1 分别以林分类型效应、立地类型效应及其共同效应为随机效应,并将随机效应加到 β_0、β_1、β_2、β_3、β_4、β_5 不同参数及其组合上(63 种)进行非线性混合效应模型模拟。剔除不收敛的参数组合后,采用 AIC、BIC 及对数似然比(Log-likelihood)对模型进行评价,并选取最优随机效应参数构造。

由随机效应参数构造与精度评价结果分析可知，当林分类型随机效应加到参数 β_0、β_4 上时，其参数构造的 AIC、BIC 最小，对数似然比（Log-likelihood）最大；当立地类型随机效应加到 β_0、β_4 上时，其参数构造的 AIC、BIC 最小，对数似然比（Log-likelihood）最大；当其共同效应加到 β_4 上时，其参数构造的 AIC、BIC 最小，对数似然比（Log-likelihood）最大。因此，最终确定 3 种随机效应的形式参数构造如下：

$$G_i = HT_i^{\beta_0+\beta_{0i}+\beta_1/T_i} (SDI_i/1000)^{\beta_2+\beta_3/T_i} \exp(\beta_4+\beta_{4i}+\beta_5/T_i) + \varepsilon_i \tag{5-23}$$

$$G_k = HT_k^{\beta_0+\beta_{0k}+\beta_1/T} (SDI_k/1000)^{\beta_2+\beta_3/T_k} \exp(\beta_4+\beta_{4k}+\beta_5/T_k) + \varepsilon_k \tag{5-24}$$

$$G_{ik} = HT_{ik}^{\beta_0+\beta_1/T_{ik}} (SDI_{ik}/1000)^{\beta_2+\beta_3/T_{ik}} \exp(\beta_4+\beta_{4i}+\beta_{4k}+\beta_5/T_{ik}) + \varepsilon_{ik} \tag{5-25}$$

式中：G_i、G_j、G_{ik} 分别为第 i 个林分类型的林分断面积、第 k 个立地类型组的林分断面积、第 i 个林分类型第 k 个立地类型组的林分断面积；HT_i、HT_j、HT_{ij} 分别为第 i 个林分类型的平均优势高、第 k 个立地类型组的平均优势高、第 i 个林分类型第 k 个立地类型组的平均优势高；SDI_i、SDI_k、SDI_{ik} 分别为第 i 个林分类型的林分密度指数、第 k 个立地类型组的林分密度指数、第 i 个林分类型第 k 个立地类型组的林分密度指数；T_i、T_k、T_{ik} 分别为第 i 个林分类型的林分年龄、第 k 个立地类型组的林分年龄、第 i 个林分类型第 k 个立地类型组的林分年龄；β_{0i}、β_{4i} 分别为林分类型效应的随机效应参数、β_{0k}、β_{4k} 分别为立地类型效应的随机效应参数，且 $\beta_{0i} \sim N(0, \boldsymbol{\Psi}_{0i})$、$\beta_{4i} \sim N(0, \boldsymbol{\Psi}_{4i})$、$\beta_{0k} \sim N(0, \boldsymbol{\Psi}_{0k})$、$\beta_{4k} \sim N(0, \boldsymbol{\Psi}_{4k})$，$\boldsymbol{\Psi}_{0i}$、$\boldsymbol{\Psi}_{4i}$ 分别为林分类型随机效应参数方差协方差矩阵，$\boldsymbol{\Psi}_{0k}$、$\boldsymbol{\Psi}_{4k}$ 分别为立地类型组随机效应参数的方差协方差矩阵，ε_i、ε_k、ε_{ik} 分别为第 i 个林分类型的误差项、第 k 个立地类型组的误差项、第 i 个林分类型第 k 个立地类型的误差项，且 $\varepsilon_i \sim N(0, R_i)$、$\varepsilon_k \sim N(0, R_k)$、$\varepsilon_{ik} \sim N(0, R_{ik})$；$R_i$、$R_k$、$R_{ik}$ 分别为第 i 个林分类型、第 k 个立地类型组、第 i 个林分类型第 k 个立地类型组的方差协方差矩阵。

采用 Forstat 2.1 分别对模型（5-22）至模型（5-25）进行非线性混合效应模拟，其中固定效应参数拟合结果见表 5-13，模型评价与检验统计结果见表 5-14。

表 5-13　4 种林分断面积生长模型的固定效应参数估计

参数	估计 形参构造	模型（5-22） None	模型（5-23） FT $\beta_0+\beta_4$	模型（5-24） ST $\beta_0+\beta_4$	模型（5-5） $FT+ST$ β_4
β_0	估计值	0.2133	0.2136	0.0797	0.2984
	标准差	0.1069	0.1443	0.1505	0.0967
β_1	估计值	−5.9261	−6.8364	−1.6489	−7.6909
	标准差	5.5216	5.4122	6.3707	4.9442
β_2	估计值	1.2269	1.2413	1.1808	1.1909
	标准差	0.0502	0.0437	0.0544	0.0489
β_3	估计值	−0.3209	−2.1893	−0.0132	−2.8515
	标准差	2.0802	1.8545	2.0978	1.8973

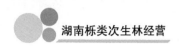

（续）

参数	估计	模型（5-22）	模型（5-23）	模型（5-24）	模型（5-5）
	形参构造	None	FT	ST	$FT+ST$
			$\beta_0+\beta_4$	$\beta_0+\beta_4$	β_4
β_4	估计值	1.5683	1.5264	2.0307	1.4069
	标准差	0.2969	0.4266	0.4249	0.2759
β_5	估计值	11.9192	18.4295	-1.1125	19.9128
	标准差	14.5447	14.9681	17.0921	13.1416
评价指标	AIC	958.2057	956.2027	882.3211	877.9586
	BIC	982.0828	981.7416	907.8598	900.9434
	$logLik$	-470.1028	-468.1014	-431.1605	-429.9793

由表 5-13 可以看出，所有模型的参数拟合结果均显著。从评价指标 AIC、BIC、$logLik$ 来看，加入随机效应后的林分断面积生长模型（5-22）至模型（5-25）拟合效果均优于基础模型（5-22），说明随机效应效果显著。其中模型（5-25）的拟合效果最优，其参数构造的 AIC、BIC 最小，对数似然比（Log-likelihood）最大，故选择模型（5-25）作为模拟林分断面积生长的最优模型。

由表 5-14 可以看出，加入随机效应后的林分断面积生长模型（5-23）至模型（5-25）建模精度与检验精度均优于基础模型（5-22）。其中，最优模型（5-25）相比模型（5-22）来说，建模样本的确定系数（R^2）从 0.9352 提高到 0.9917，增加了约 6.04%，平均绝对误差（MAE）降低了 49.11%，均方根误差（$RMSE$）降低了 64.24%；检验样本平均绝对误差（MAE）降低了 24.00%，均方根误差（$RMSE$）降低了 28.12%。

表 5-14　4 种断面积生长模型的评价与检验统计结果

模型	建模数据			检验数据	
	R^2	MAE	$RMSE$	MAE	$RMSE$
模型（5-22）	0.9352	0.5256	1.1218	0.5358	0.7387
模型（5-23）	0.9829	0.3849	0.5752	0.4661	0.6238
模型（5-24）	0.9875	0.3399	0.4918	0.4651	0.5890
模型（5-25）	0.9917	0.2675	0.4012	0.4072	0.5310

由图 5-2 可以看出，模型（5-22）至模型（5-25）的残差均表现为随机分布的趋势，未发现异质性，因此不考虑对模型（5-22）至模型（5-25）进行异方差消除，即 $Ri=\sigma^2I$。

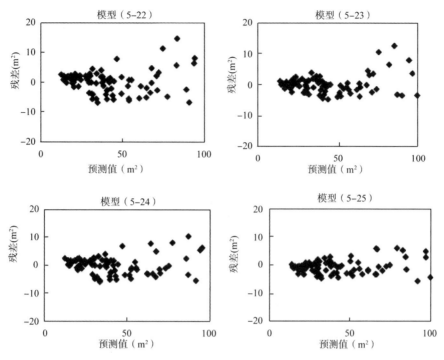

图 5-2 林分断面积生长模型残差

5.1.4.3 小结

采用非线性混合效应模型方法,构建了含随机效应的湖南栎类天然林林分断面积生长模型,通过对 101 块湖南栎类林样地的林分断面积生长模拟,得到以下结论:

(1)选择最常用的 4 种模型形式作为候选基础模型,并比较不同理论生长方程与密度指标对栎类天然林断面积模型拟合效果的影响,选择其中拟合优度较高的模型作为基础模型。结果发现,以株数密度作为密度指标的林分断面积生长模型确定系数(R^2)均在 0.45 左右,以林分密度指数作为密度指标的林分断面积生长模型确定系数(R^2)均在 0.93 左右,说明林分密度指数模拟效果要优于株数密度模拟效果,选择林分密度指数作为林分密度评价指标更能反映林分断面积生长趋势。其中,含年龄、平均优势高与林分密度指数的 Schumacher 模型(5-22)的模拟效果最优,$G = HT^{\beta_0+\beta_1/T}(SDI/1000)^{\beta_2+\beta_3/T}\exp(\beta_4+\beta_5/T)+\varepsilon$,其建模精度 $R^2 = 0.9352$,$MAE = 0.5256$,$RMSE = 1.1218$。

(2)考虑天然混交林林分类型与立地类型差异对栎类天然林林分断面积生长的影响,分别以林分类型效应、立地类型效应及其共同效应为随机效应,构建了含随机效应的湖南栎类天然林林分断面积生长模型。通过随机效应参数构造与精度评价结果,确定了 3 种随机效应的最优形式参数构造,并比较了不同随机效应的模型拟合效果。结果发现,加入随机效应后的林分断面积生长模型拟合效果均优于基础模型,说明随机效应效果显著。其中,含林分类型、立地类型共同效应模型(5-25)的拟合效果最优,其建模精度指标 $R^2 = 0.9917$,$MAE = 0.2675$,$RMSE = 0.4012$。表达式 $G_{ik} = HT_{ik}^{\beta_0+\beta_1/T_{ik}}(SDI_{ik}/1000)^{\beta_2+\beta_3/T_{ik}}\exp(\beta_4+\beta_{4i}+\beta_{4k}+\beta_5/T_{ik})+\varepsilon_{ik}$。

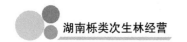

5.2　栎类次生林生长收获模型研究

在森林经营中，林木的个体与林木集合体即林分是一个相互关联、影响因子多、生长周期长且结构复杂的系统。所以在做正确的经营决策前，对森林进行监测，掌握林木个体与林分的结构与其动态变化规律以及不同措施下林木个体和林分的未来生长收获就显得十分重要。

研究森林生长和收获模型以及编制森林收获表是监测和了解林木个体及林分结构与其动态变化规律最有效的方法之一。近年来，林分生长和收获模型的研究得到了突破性的发展，经过长期探索，构建出大量的生长和收获模型，并在此基础上编制了对应的预估软件，不仅简化了计算过程，加快计算速率，也提高了预估的准确度，并且模型的建立方式从传统经验建模方法发展成更为精准的包涵林分生长机理的建模方法，使得模型的实用性和可解释性有所提高。理论上，全林分模型、径阶模型和单木模型得出的林分和单木的生长量与收获量以及全林分的生长指标与单木的平均生长指标应该是一致的，但是在现实中，由于各种误差以及不同模型自身的问题，不同模型所模拟的生长量与收获量以及同一生长指标却经常有差异，模型间的相容性以及整体一致性没有得到很好的解决。近年来，不少学者还引进其他学科许多先进实用的建模技术，如：度量误差模型、混合效应模型、人工神经网络模型等近代模型技术，能够更为准确地预估林分生长，更精准地预测森林动态规律，为编制林分可持续经营方案提供理论基础。

由于历史原因，我国大多数栎林是经历破坏后形成的次生林，绝大多数都处于自生自灭状态，利用率低，产业链不完整。因此，为了改变栎类次生林经营的现状，进一步研究确定提高栎林林分生产力的经营措施及其保护对策，本研究以湖南省国家森林资源连续清查 1989—2014 年共 6 期复测结果中以栎类为优势树种的样地数据建立相容性林分生长收获模型，为栎林的合理经营提供科学依据。

5.2.1　数据采集

研究数据来源于湖南省国家森林资源连续清查（1989—2014 年共 6 期）的 330 块以栎类为优势树种的固定样地的复测数据，在其中筛选数据完整且林分类型为天然次生林的 176 块样地数据作为研究数据。连续清查样地的抽样设计间距按 4km×8km 进行抽取，面积大小为 0.06667hm²，调查间隔时间 5 年，采用 GPS 定位，对样地内的林木进行每木检尺，起测胸径为 5cm，并且对达到起测胸径的林木使用铁牌进行编号，样地的主要调查内容包括胸径（cm）、树种、林分平均树高（m）、郁闭度和相对位置等测树因子；海拔、地貌、坡位、坡向和坡度等地形因子；土壤厚度、枯枝落叶厚度以及腐殖质厚度等土层因子。经第八次湖南省国家森林连续清查数据统计得出 2014 年湖南栎类资源现状（表 5-15）。

表 5-15 2014 年湖南栎类资源现状统计

龄阶(年)	样地数	株数	平均直径(cm)	平均断面积(m²/hm²)	平均蓄积(m³/hm²)
20	2	1613	7.3	7.27	26.60
25	21	1793	8.2	10.69	42.75
30	35	1554	9.5	12.41	54.05
35	38	1777	10.3	17.56	82.09
40	26	1454	10.7	15.73	76.37
45	16	1722	11.4	21.61	114.20
50	14	1622	11.9	21.97	115.35
55	9	1173	12.2	19.02	109.27
60	4	1586	16.8	27.56	155.78

5.2.2 研究方法

本节重点对混合效应模型方法进行介绍。

5.2.2.1 非线性混合效应模型

非线性混合模型是通过考虑回归函数依赖于固定效应和随机效应的非线性关系而建立的。非线性混合效应包括单水平和多水平非线性混合效应，本次研究采用的是单水平的非线性混合效应模型，其一般表达式为：

$$\begin{cases} y_{ij} = f(\Phi_{ij}, x_{ij}) + \varepsilon_{ij}, \quad i=1, 2, \cdots, m, j=1, 2, \cdots, n_i \\ \Phi_{ij} = A_{ij}\lambda + B_{ij}b_i \\ \varepsilon_{ij} \sim N(0, \sigma^2 R_i) b_i \sim N(0, D) \end{cases} \quad (5-26)$$

式中：y_{ij} 和 x_{ij} 分别为 i 样地第 j 次观测的因变量与自变量，且为 $n_i \times 1$ 维的向量；Φ_{ij} 为 $r \times 1$ 维的参数向量；r 为模型参数个数；n_i 为第 i 个研究对象的观测次数；f 表示非线性方程；ε_i 为 $n_i \times 1$ 维的残差向量；λ 为 $p \times 1$ 维的固定效应向量(p 为模型中固定参数的个数)；b_i 为与 i 样地相关的 $q \times 1$ 维随机效应向量(q 为模型中随机参数的个数)；A_{ij} 和 B_{ij} 分别为 $r \times p$ 维的固定效应和 $r \times q$ 维的随机效应的设计矩阵，且具体到每一块样地，其元素通常为 0、1 或与固定效应和随机效应相关的协方差值；σ^2 为方差；R_i 为方差协方差矩阵，D 为随机效应协方差矩阵。

(1)确定混合参数

模型中固定参数和混合参数的确定是构建混合模型最重要的一步，其一般依赖于所研究的数据。通常情况下，我们首先将基础模型中全部的参数看作是混合参数，若无法收敛，则逐次地减少混合参数的个数并将其随机组合进行拟合来达到收敛，最后选择可以收敛的模型统计量进行比较，包括赤池信息量准则(AIC)、贝叶斯信息准则(BIC)和-2 倍的对数似然值(-2LL)等，其值越小，表明模型的拟合效果越好，选择拟合效果最好的模型作为最终的混合模型。其表达式为：

$$LL = -\frac{n}{2} \times \ln(2p) - \frac{n}{2} \times \ln\left(\frac{SSE}{n}\right) - \frac{n}{2} \quad (5-27)$$

$$AIC = 2p - 2LL \tag{5-28}$$

$$BIC = p\ln(n) - 2LL \tag{5-29}$$

式中：n 为有效的数据个数；p 为模型参数的个数；SSE 为模型的残差平方和；LL 为最大似然函数的对数值。

（2）组内方差协方差结构

确定组内方差协方差结构，需要在模型中考虑异方差问题和自相关性。目前，在林业中常用下式来描述模型的异方差问题和自相关性。

$$R_i = \sigma^2 K_i^{0.5} \Gamma_i K_i^{0.5} \tag{5-30}$$

式中：σ^2 为模型的误差方差值；K_i 为描述异方差问题的对角矩阵；Γ_i 为组内误差的相关性结构。

相关性结构一般是用来处理时间序列数据，在本研究中选用一阶自回归矩阵模型［AR（1）］、一阶自回归与滑动平均模型相结合的矩阵模型［ARMA（1.1）］和复合对称矩阵模型（CS）三种自相关结构来描述模型的时间序列相关性。混合模型产生的异方差问题，在本研究中选择指数函数和幂函数来描述模型中的异方差问题，其异方差结构的表达式为：

幂函数 $\qquad g(u_{ij}, \ \alpha) = |v_{ij}|^{\alpha} \tag{5-31}$

指数函数 $\qquad g(u_{ij}, \ \beta) = \exp(\beta v_{ij}) \tag{5-32}$

式中：v_{ij} 为基于固定参数的预测值；α、β 为模型的参数。

（3）随机效应的方差协方差结构

随机效应的方差协方差结构反映的是样地之间的可变性，常用的有三种方差协方差结构，即复合对称、对角矩阵以及广义正定矩阵，通过阅读文献对比分析，本研究最终选用效果最好的广义正定矩阵作为随机效应的方差协方差结构。以包括 2 个随机参数（a，b）的方差协方差结构为例，广义正定矩阵的结构为：

$$D = \begin{bmatrix} \sigma_a & \sigma_{ab} \\ \sigma_{ab} & \sigma_b \end{bmatrix} \tag{5-33}$$

式中：σ_a 为随机参数 a 的方差；σ_b 为随机参数 b 的方差；σ_{ab} 为随机参数 a 和 b 的协方差。

（4）模型检验

为了对最终模型预测的准确性进行评价，需要对混合模型中的固定效应部分和随机效应部分进行检验，其中固定效应的检验采用传统的检验方法，随机效应的检验首先需要获得随机参数值。本研究采用 Vonesh 和 Chinchilli（1997）的计算方法来获得模型的随机参数 b_k，其表达式为：

$$\hat{b}_k \approx \hat{D} \hat{Z}_k^T (\hat{Z}_k \hat{D} \hat{Z}_k^T + \hat{R}_k)^{-1} \hat{e}_k \tag{5-34}$$

式中：$\hat{D}$ 为随机效应参数的方差协方差矩阵；$\hat{Z}_k$ 为设计矩阵，具体为原方程对各随机效应部分的固定参数的偏导数；$\hat{R}_k$ 为组内方差协方差结构；$\hat{e}_k$ 为测量值减去用固定效应参数计算的预测值所得到的误差值。

5.2.2.2 模型的评价以及检验

本研究选择决定系数（R^2）、均方根误差（$RMSE$）、平均误差（ME）、平均绝对相对误差（$MAE\%$）及预测精度等指标对模型进行评价和检验。计算方法如下：

$$R^2 = 1 - \frac{\sum\limits_{i=1}^{m}\sum\limits_{j=1}^{n_i}\left(y_{ij}-\hat{y_{ij}}\right)^2}{\sum\limits_{i=1}^{m}\sum\limits_{j=1}^{n_i}\left(y_{ij}-\overline{y}\right)^2} \tag{5-35}$$

$$RMSE = \sqrt{\frac{\sum\limits_{i=1}^{m}\sum\limits_{j=1}^{n_i}\left(y_{ij}-\hat{y_{ij}}\right)^2}{n-1}} \tag{5-36}$$

$$ME = \frac{1}{n}\sum\limits_{i=1}^{m}\sum\limits_{j=1}^{n_i}\left(y_{ij}-\hat{y_{ij}}\right) \tag{5-37}$$

$$MAE\% = \frac{1}{n}\sum\limits_{i=1}^{m}\sum\limits_{j=1}^{n}\left|\frac{y_{ij}-\hat{y_{ij}}}{\hat{y_{ij}}}\right| \tag{5-38}$$

$$p = \left(1 - \frac{t_\alpha\sqrt{\sum\limits_{i=1}^{m}\sum\limits_{j=1}^{n_i}\left(y_{ij}-\hat{y_{ij}}\right)^2}}{\overline{\hat{y_{ij}}}\sqrt{n(n-q)}}\right) \times 100\% \tag{5-39}$$

式中：y_{ij} 为测量值；$\hat{y_{ij}}$ 为估算值；t_α 置信水平为 $a = 0.05$ 时 t 的分布值；$\overline{\hat{y_{ij}}}$ 为估计值的平均值；m 为样地数量；n_i 为第 i 块样地的连续测量次数；n 为样本总数量；q 为曲线方程中参数个数。

5.2.3   栎类次生林年龄估算

林分年龄是评价立地质量、研究林分生长收获模型、制定营林措施和评定经营效果等的重要基础，异龄林是我国森林资源的重要组成部分，因此如何准确地估计异龄林的年龄就显得尤为重要。研究表明，林木的胸径与年龄存在一定的相关关系，因此，本研究利用湖南省一类清查的多期直径测定数据来探索预测异龄林年龄的方法。

5.2.3.1   单株林木信息采集

从湖南省一类清查数据中筛选 330 块以栎类为优势树种的样地作为研究对象，收集整理各样地各树种各期测量的单木直径信息。以某一个固定样地的栎类树种为例，首先将样地内栎类树种第一期直径分别按大小排列，以样地内第一期直径最小的林木作为起始点，设定其直径和年龄分别为 D_{11} 和 t_1，因为一类清查是每五年进行一次，所以可以得到第一株林木的 6 期坐标信息依次为（D_{11}，t_1）、（D_{12}，t_1+5）、（D_{13}，t_1+10）、（D_{14}，t_1+15）、（D_{15}，t_1+20）、（D_{16}，t_1+25）。然后假设第二株林木第一期的直径和年龄分别为 D_{21} 和 t_2，其直径大小介于（D_{11}，D_{12}）之间，根据同林分类型、同树种、同起源、同立地条件下，相同直径的林木拥有相同的生长过程，可以认为相同直径下第二株林木与第一株林木生长速率基本一致，于是有 $t_2 = \dfrac{5D_{21}-5D_{11}}{D_{12}-D_{11}}+t_1$，于是得到第二株林木 6 期坐标信息为（$D_{21}$，$t_2$）、（$D_{22}$，$t_2+5$）、（$D_{23}$，$t_2+10$）、（$D_{24}$，$t_2+15$）、（$D_{25}$，$t_2+20$）、（$D_{26}$，$t_2+25$），如图 5-3a 所示。以此类推，第 n 株林木 6 期的坐标信息为(D_{n1}, t_n)、(D_{n2}, t_n+5)、(D_{n3}, t_n+10)、(D_{n4}, t_n+15)、(D_{n5}, t_n+20)、(D_{n6}, t_n+25)，其中 $t_n = \dfrac{5D_{n1}-5D_{(n-1)1}}{D_{(n-1)2}-D_{(n-1)1}}+t_{n-1}$。于是只要假定一个 t_1 就可以分别得到样地内栎类树种全部的直径—年龄的坐标信息，如图 5-3b 所示，同理也可以得到样地内其他优势树种以及其他样地内各优势树种的直径—年龄的坐标信息。

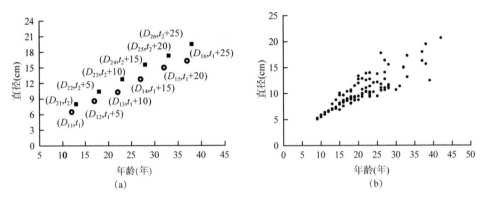

图 5-3　直径与年龄坐标分布

5.2.3.2　直径生长模型筛选

本研究选择理查德理论生长模型对栎类、杉木和马尾松等主要树种的直径生长进行拟合，原因在于理查德生长模型的参数具有生物学意义，模型的拟合精度较高，能较好地反映林木直径和年龄的生长关系，并且满足 $t=t_0$ 时（t_0 为林木树高生长到 1.3m 时的年龄），$y=0$ 的初始条件。

理查德方程是描述林分以及林木生长过程方面应用最广且适应性较强的生长方程之一，模型表达式为：

$$Y=a\left(1-e^{-bt}\right)^c \quad (a, b, c>0) \tag{5-40}$$

式中：a 为树木生长的最大值参数；b 为生长速率参数；c 为与同化作用幂指数 m 有关的参数。

假设 t_0 为林木生长至 1.3m 所需的年龄，于是模型(5-40)有当 $t=t_0$ 时，$y=0$ 的初始条件，据此，将模型(5-40)进行变化可得新模型(5-41)为

$$Y=a\left[1-e^{-b(t-t_0)}\right]^c \quad (a, b, c>0) \tag{5-41}$$

5.2.3.3　生长曲线的准确定位

对于起始年龄 t_1 的设定，在对比同一样地同一树种不同起始年龄的几组生长曲线后，可以发现不同的起始年龄 t_1，并不会改变各林木坐标之间的相对位置，即生长曲线的走向与斜率不变，只会改变曲线与 x 轴的交点 t_0。因此，设定不同 t_1 拟合生长曲线方程(5-41)时，各方程中的 a，b，c 三个参数在数值上保持一致，而生长曲线与 x 轴的交点 t_0 的位置发生变化，且 t_0 的变动幅度与 t_1 的变动幅度一致，即当起始年龄 t_1 的设定值增加 10 年时，生长曲线与 x 轴的交点 t_0 的值也相应增加 10 年。图 5-4 是对初始年龄 t_1 设定不同值时的平

行生长曲线簇。

　　生长曲线的定位是否准确就在于初始年龄 t_1 的设定是否准确，其关键在于生长曲线与 x 轴的交点 t_0 值是否接近模型(5-41)中参数 t_0 的生物学意义即林木树高生长到 1.3m 时的年龄。因此，使用模型(5-41)进行林木生长过程拟合时，在某一个起始年龄 t_1 的设定下，生长曲线与 x 轴的交点 t_0 值等于其树高生长到 1.3m 时的年龄时，认为生长曲线已经定位准确，可以反映该树种在该样地内的实际生长过程。在实际的计算过程中，不同树种不同立地条件的林木其树高生长到 1.3m 时的年龄不同，因此，需要对各样地内的树种分别做树干解析来准确预测此样地内各树种树高生长到 1.3m 时的年龄。其次，虽然可以同时设定几个不同的初始年龄 t_1 值，但其所对应的与 x 轴的交点 t_0 值仍然并不一定等于树高生长到 1.3m 时的年龄，这时需要通过 t_0 的变动与 t_1 的变动一致这一特点来对 t_1 值进行调整，使得其所对应 t_0 值等于树高生长到 1.3m 时的年龄。

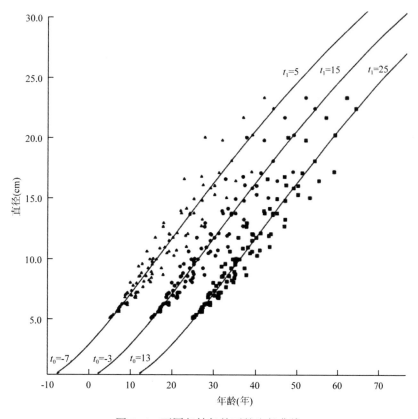

图 5-4　不同起始年龄下的生长曲线

5.2.3.4　适用性检验

　　验证样地位于湖南省平江县芦头林场内，林分为天然次生林，面积大小为 50m×50m，主要树种为青冈栎、马尾松和杉木。另外，为准确获知此样地内各树种的实际生长情况，在验证样地内砍伐三个主要树种的各径阶解析木共 37 株，其中青冈栎 17 株，杉木 10 株，马尾松 10 株。

— 155 —

根据解析木结果，样地内青冈栎、杉木和马尾松生长到 1.3m 时的年龄分别为 4 年、3 年和 4 年。首先假定青冈栎、杉木和马尾松的初始年龄 t_1 为 15 年、5 年和 5 年，然后使用模型(5-41)进行拟合得到此时与 x 轴的交点 t_0 分别为 -1、-1、-2，为使生长曲线与 x 轴的交点 t_0 值等于生长到 1.3m 时的年龄，将青冈栎、杉木和马尾松的初始年龄 t_1 调整为 20 年、9 年和 11 年，得到 3 个树种的实际生长模型，最后将所得模型因变量与自变量进行转换，得到年龄与直径生长模型，可以直接利用胸径来预测年龄。

利用 3 个树种所得的年龄与直径生长模型对单木年龄、径阶年龄以及林分平均年龄分别进行估算，并将估算得到的年龄与解析木得到的真实年龄进行比较，结果见图 5-5 所示。

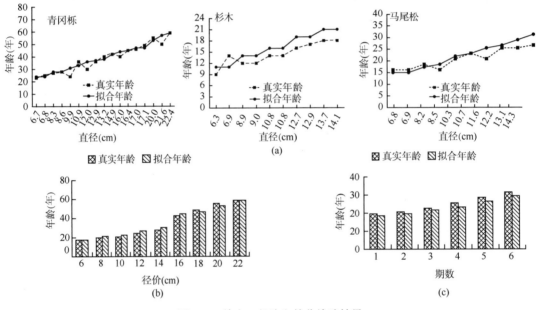

图 5-5　单木、径阶和林分检验结果

图 5-5a 中分别将青冈栎、杉木和马尾松的单木估算年龄与解析木得到的单木真实年龄进行比较，结果显示：青冈栎单木估算年龄与真实年龄的残差最大值为 7 年，相对误差的最大值为 29.3%；杉木单木估算年龄与真实年龄的残差最大值为 3 年，相对误差的最大值为 19.4%；马尾松单木估算年龄与真实年龄的残差最大值为 4 年，相对误差的最大值为 17.6%。图 5-5b 为林分径阶估算年龄与林分径阶真实年龄进行比较，结果显示径阶估算年龄与真实年龄的残差最大值为 3 年，相对误差最大值为 12.5%，平均绝对百分误差为 5.1%。图 5-5c 为估算的林分平均年龄与真实的林分平均年龄进行比较，结果显示估算的林分平均年龄与真实年龄的残差最大值为 2 年，相对误差的最大值为 8.2%。因此，由图 5-5 可知，基于林木多期直径估算异龄林年龄的方法在估算单木年龄时差异较大，在估算径阶和林分平均年龄时差异较小，说明该方法在估算径阶和林分平均年龄时具有较高的精度。

5.2.4　栎类次生林胸径地位指数表研制

5.2.4.1　数据分析

数据来源于湖南省 330 块以栎类为优势树种的一类连续清查(1989—2014 年共 6 期)固定样地数据,经过对数据完整性、林分类型以及林分状况等情况的筛选,最终选择符合条件的 176 块样地数据作为研究数据。随机地将研究数据分为拟合数据和验证数据,其中拟合数据包括 146 块样地,验证数据包括 30 块样地。对拟合数据的 146 块样地的每期数据进行统计、分析以及处理计算,得到样地每期的加权平均胸径和加权平均年龄。然后将获得的胸径—年龄数组按照 5 年一个龄阶,将 20~60 年划分为 9 个龄阶,剔除郁闭度小于 0.4 的胸径—年龄数据组后,计算各龄阶的平均胸径和标准差,再以每龄阶的平均胸径为基准,使用 3 倍标准差法对各个龄阶内异常的胸径—年龄数据组进行剔除,最终得到 399 组胸径—年龄数据作为建模样本,进而统计出各龄阶的样本数量、平均胸径、标准差、平均断面积和平均材积,其按龄阶整理的样地林分特征见表 5-16。

表 5-16　样地林分特征

龄阶 (年)	样本数	平均胸径 (cm)	株数 (株/hm²)	平均断面积 (m²/hm²)	平均蓄积 (m³/hm²)	胸径范围 (cm)	胸径 3 倍标准 差下限(cm)	胸径 3 倍标准 差上限(cm)
20	19	7.9	24870	7.19	22.96	6.6~9.3	5.1	10.6
25	72	8.3	112935	9.70	37.65	6.6~10.2	5.7	10.9
30	83	9.3	141150	13.22	55.69	6.7~12.0	5.7	12.9
35	70	10.3	119355	16.94	79.50	7.5~14.1	6.2	14.4
40	67	10.8	102525	16.65	82.37	8.1~15.1	6.3	15.3
45	41	11.2	66150	18.71	94.07	8.0~15.4	6.4	15.9
50	23	11.7	38745	22.17	120.04	8.7~14.3	6.5	16.9
55	17	12.8	18660	19.96	119.88	9.7~15.7	7.5	18.2
60	7	12.8	9345	20.86	124.05	10.5~17.4	4.6	21.0

5.2.4.2　导向曲线方程的选择和拟合

胸径地位指数是指某一立地上特定基准年龄时林分的平均胸径值。选择理查德式、单分子式、逻辑斯蒂式、坎派兹式、对数曲线式、韦布尔式、双曲线式 7 个常用的生长曲线方程对胸径生长曲线进行拟合。拟合使用 SPSS22 统计软件,参数估计使用最小二乘法,各方程的表达式及拟合结果见表 5-17。

比较表 5-17 中 7 个胸径曲线方程表达式及其结果,综合考虑决定系数(R^2)、残差平方和(SSE)以及均方根误差($RMSE$)后,选择决定系数(R^2)最大,残差平方和(SSE)和均方根误差($RMSE$)最小的逻辑斯蒂式方程为最优导向曲线的拟合方程,其 $R^2 = 0.9857$,$SSE = 0.3658$,$RMSE = 0.2016$,表达方程为:

$$D = 15.4084/(1 + 2.2099 \mathrm{e}^{-0.04064}) \tag{5-42}$$

式中:D 为样地平均胸径(cm);A 为样地平均年龄(年)。

表 5-17　导向曲线方程表达式及其结果

方程名称	表达式	a	b	c	R^2	SSE	$RMSE$
理查德式	$D=a(1-e^{-bA})^c$	53.3786	0.0009	0.4779	0.9849	0.3871	0.2074
单分子式	$D=a(1-e^{-bA})$	14.3445	0.0359	—	0.9716	0.7558	0.2898
逻辑斯蒂式	$D=a/(1+be^{-cA})$	15.4084	2.2099	0.0406	0.9857	0.3658	0.2016
坎派兹式	$D=ae^{-be^{-cA}}$	16.6505	1.3249	0.0276	0.9856	0.3687	0.2024
对数曲线式	$D=a+b\lg(A)$	-6.7675	10.9919	—	0.9789	0.5398	0.2449
韦布尔式	$D=a(1-e^{-bA^c})$	398.362	0.0047	0.4761	0.9849	0.3872	0.2074
双曲线式	$D=a+b/A$	14.9512	-155.371	—	0.9298	1.8000	0.4472

注：D 为样地平均胸径（cm）；A 为样地平均年龄；a、b、c 为模型参数；R^2 为决定系数；SSE 为残差平方；$RMSE$ 为均方根误差。

5.2.4.3　基准年龄和地位指数级距的计算

基准年龄是指林木生长趋于稳定而且可以灵敏地反映出立地条件差异时的年龄，一般需要综合考虑采伐年龄、自然成熟龄的一半左右的年龄以及林分生长过程中平均生长量最大或生长趋于稳定后的年龄。本研究中，以经过整理最终得到的 399 组胸径—年龄建模样本为对象，计算出各龄阶的胸径标准差 S_D 以及胸径变动系数 C_D，根据各龄阶的胸径变动系数 C_D 绘制折线图（图 5-6），根据图 5-6 的折线图可以看出，前 30 年胸径变动系数 C_D 的变化幅度一直较大，随着年龄的继续增长，到了 40 年之后趋于平稳，因此，综合考虑栎林生长较平缓时的年龄以及其成熟林年龄较大的特点，确定本次研究中栎类天然次生林的基准年龄 A_0 为 40 年。

指数级距 C 的确定取决于编表树种在基准年龄时，胸径绝对变动幅度除以指数级个数。在本研究中，栎类在基准年龄 40 年时的胸径变化范围为 8.1~15.1cm，因此确定指数级距 C 为 3cm，最终获得 6、9、12、15、18、21 共 6 个指数级。

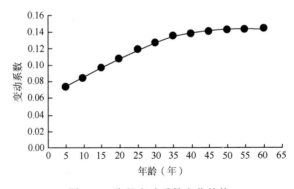

图 5-6　胸径变动系数变化趋势

5.2.4.4　胸径地位指数表的编制

以年龄—优势木高编制地位指数表时，形成地位曲线簇常用的 3 种方法为标准差调整法，变动系数调整法，相对优势高法。以往研究表明：3 种方法中相对优势高法形成的各指数曲线各龄阶的树高值精度较低；变动系数法多用于针叶树种的地位指数表编制；标准差调整法多用于阔叶树种的地位指数表编制。但其以往都是针对优势木平均高而言，对于平均胸径，是否也存在相同或类似的情况，其结果还有待商榷。因此，本研究分别使用标准差调整法、变动系数调整法和相对胸径法三种方法编制胸径地位指数表，并对其检验结果进行比较分析。

（1）标准差调整法

首先，利用导向曲线方程（5-42），可以得到各龄阶导向曲线的胸径值。然后根据各龄阶胸径标准差与年龄之间的相关关系，选择理查德式、逻辑斯蒂式、对数曲线式、双曲线式这 4 个常用数学方程进行曲线拟合，最终得到各方程的表达式及拟合结果。比较 4 个标准差曲线方程表达式及其结果，综合考虑决定系数（R^2）、残差平方和（SSE）以及均方根误差（$RMSE$）后，最终确定逻辑斯蒂方程为标准差方程，其 $R^2 = 0.9763$，$SSE = 0.0198$，$RMSE = 0.0498$，表达式为：

$$S_{Ai} = 2.0061/(1 + 5.6914\mathrm{e}^{-0.0702A}) \tag{5-43}$$

式中：S_{Ai} 为第 i 龄阶胸径标准差（cm）；A 为样地平均年龄。

将各龄阶代入标准差曲线方程（5-43）中，可以得到各龄阶胸径标准差理论值。根据导向曲线上各龄阶的胸径值、基准年龄时各指数级的胸径值、基准年龄时导向曲线胸径、基准年龄时所在龄阶胸径标准差理论值以及各龄阶胸径标准差理论值，可以直接导算出各地位指数曲线各龄阶胸径值，具体可采用公式（5-44）进行导算：

$$D_{ij} = D_{ik} + \left[\left(\frac{D_{oj} - D_{ok}}{S_{AO}}\right)S_{Ai}\right] \tag{5-44}$$

式中：D_{ij} 为第 i 龄阶第 j 指数级调整后的胸径（cm）；D_{ik} 为第 i 龄阶的导向曲线胸径（cm）；D_{oj} 为基准年龄时第 j 指数级的胸径（cm）；D_{ok} 为基准年龄时导向曲线胸径（cm）；S_{AO} 为基准年龄时所在龄阶胸径标准差理论值（cm）；S_{Ai} 为第 i 龄阶胸径标准差理论值（cm）。

根据公式（5-44）导算出各地位指数曲线各龄阶胸径值（基准年龄：40 年；级距：3cm），形成地位指数曲线簇（图5-7）。根据各地位指数曲线各龄阶胸径计算值，将各地位指数曲线各龄阶的胸径值加减其所对应的每差一级调整值的一半，即可得到各地位指数各龄阶胸径的取值范围。

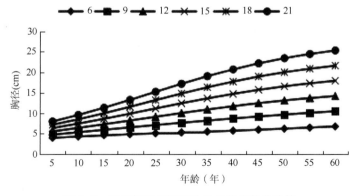

图 5-7　基于标准差调整法的地位指数曲线簇

（2）变动系数调整法

标准差调整法与变动系数法的原理过程基本相同。首先根据胸径变动系数与年龄的相关关系选择理查德式、逻辑斯蒂式、对数曲线式、双曲线式这4个常用数学方程进行曲线拟合，最终得到各方程的表达式及拟合结果。比较4个变动系数曲线方程表达式及其结果，综合考虑决定系数（R^2）、残差平方和（SSE）以及均方根误差（$RMSE$）后，最终确定逻辑斯蒂方程为变动系数的拟合方程，其 $R^2 = 0.9384$，$SSE = 0.0003$，$RMSE = 0.0058$，表达式为：

$$C_{Ai} = 0.1482/(1+4.031e^{-0.0993A})$$ （5-45）

式中：C_{Ai} 为第 i 龄阶胸径标准差（cm）；A 为样地平均年龄（年）。

根据方程（5-45）计算各龄阶变动系数理论值，然后根据导向曲线上各龄阶的胸径值、基准年龄时各指数级的胸径值、基准年龄时导向曲线胸径、基准年龄时所在龄阶胸径变动系数理论值以及各龄阶胸径变动系数理论值，可以直接导算出各地位指数曲线各龄阶胸径值，具体可采用公式（5-46）进行导算：

$$D_{ij} = D_{ik}\left[1+\left(\frac{D_{oj}-D_{ok}}{D_{ok}}\right)\frac{C_{Ai}}{C_{Ao}}\right]$$ （5-46）

式中：D_{ij} 为第 i 龄阶第 j 指数级调整后的胸径（cm）；D_{ik} 为第 i 龄阶的导向曲线胸径（cm）；D_{oj} 为基准年龄时第 j 指数级的胸径（cm）；D_{ok} 为基准年龄时导向曲线胸径（cm）；C_{Ao} 为基准年龄时所在龄阶胸径变动系数理论值（cm）；C_{Ai} 为第 i 龄阶胸径变动系数理论值（cm）。

根据公式（5-46）导算出各地位指数曲线各龄阶胸径值（基准年龄：40 年；级距：3cm），形成地位指数曲线簇（图5-8）。根据各地位指数曲线各龄阶胸径计算值，将各地位指数曲线各龄阶的胸径值加减其所对应的每差一级调整值的一半，即可得到各地位指数各龄阶胸径的取值范围。

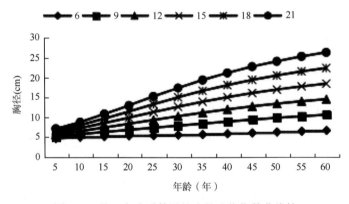

图 5-8　基于变动系数调整法的地位指数曲线簇

（3）相对胸径法

相对胸径法是依据相对优势高法的原理，按照一定比例将导向曲线平移的一种方法。根据导向曲线上各龄阶的胸径值、基准年龄时各指数级的胸径值、基准年龄时导向曲线胸径值，可以直接导算出各地位指数曲线各龄阶胸径值，具体可采用公式（5-47）进行导算：

$$D_{ij} = D_{ik} \times \frac{D_{oj}}{D_{ok}} \tag{5-47}$$

式中：D_{ij} 为第 i 龄阶第 j 指数级调整后的胸径（cm）；D_{ik} 为第 i 龄阶的导向曲线胸径（cm）；D_{oj} 为基准年龄时第 j 指数级的胸径（cm）；D_{ok} 为基准年龄时导向曲线胸径（cm）。

根据公式（5-47）导算出各地位指数曲线各龄阶胸径值（基准年龄：40年；级距：3cm），形成地位指数曲线簇（图5-9）。根据各地位指数曲线各龄阶胸径计算值，将各地位指数曲线各龄阶的胸径值加减其所对应的每差一级调整值的一半，即可得到各地位指数各龄阶胸径的取值范围，将其整理可得到湖南栎类天然次生林胸径地位指数表（表5-18）。

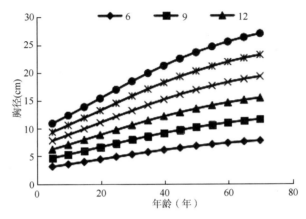

图5-9 基于相对胸径法的地位指数曲线簇

表5-18 基于相对胸径法的湖南栎类天然次生林胸径地位指数表

龄阶（年）	地位指数					
	6	9	12	15	18	21
5	2.3~3.8	3.8~5.4	5.4~6.9	6.9~8.5	8.5~10.0	10.0~11.5
10	2.6~4.4	4.4~6.1	6.1~7.8	7.8~9.6	9.6~11.3	11.3~13.1
15	2.9~4.9	4.9~6.8	6.8~8.8	8.8~10.8	10.8~12.8	12.8~14.8
20	3.3~5.4	5.4~7.6	7.6~9.8	9.8~12.0	12.0~14.1	14.1~16.3
25	3.6~6.0	6.0~8.4	8.4~10.8	10.8~13.2	132.~15.6	15.6~17.9
30	3.9~6.5	6.5~9.1	9.1~11.7	11.7~14.3	14.3~16.9	16.9~19.5
35	4.2~7.0	7.0~9.8	9.8~12.6	12.6~15.5	15.5~18.3	18.3~21.1
40	4.5~7.5	7.5~10.5	10.5~13.5	13.5~16.5	16.5~19.5	19.5~22.5
45	4.8~7.9	7.9~11.1	11.1~14.3	14.3~17.5	17.5~20.7	20.7~23.8
50	5.0~8.3	8.3~11.7	11.7~15.0	15.0~18.4	18.4~21.7	21.7~25.0
55	5.2~8.7	8.7~12.2	12.2~15.7	15.7~19.2	19.2~22.6	22.6~26.1
60	5.4~9.0	9.0~12.6	12.6~16.2	16.2~19.9	19.9~23.5	23.5~27.1

5.2.4.5 胸径地位指数表的检验

(1)卡方检验

在 30 个检验样地中随机抽取 100 组胸径—年龄样本进行卡方检验。卡方检验首先应查出检验样本对应的立地指数，得到各样本的胸径理论值，然后与实际胸径值进行卡方检验，检验公式为：

$$\chi^2 = \sum \left[(D - D_{理})^2 / D_{理} \right] \tag{5-48}$$

式中：χ^2 为卡方检验值；D 为样本测量胸径值(cm)；$D_{理}$ 为样本的胸径理论值(cm)。

卡方检验根据卡方检验值与临界值来判断模型的精度是否符合要求，当卡方检验值低于临界值时，检验值越小，表明胸径理论值与实际值的偏离程度越小，模型的精度就越高。本研究中对选取的 100 对胸径—年龄样本进行卡方检验，最终得到的结果为标准差调整法的卡方检验值为 31.60；变动系数调整法的卡方检验值为 34.17；相对胸径法的卡方检验值为 30.02。均小于卡方检验临界值 $\chi^2_{0.05(100-1)} = 123.225$ 符合精度要求，并且 3 种方法中，相对胸径法的卡方检验值最小。

(2)胸径地位指数表适用性检验

根据国家森林资源连续清查固定样地多期连续测定的特点，同一样地每期调查数据在胸径地位指数表上所对应的地位指数级应该是相同的，因此可以根据同一样地 6 期的调查数据所得到地位指数是否相同来对胸径地位指数表的适用性进行检验。根据以上 3 种方法编制的胸径地位指数表分别查得 29 个检验样地共 165 对胸径—年龄样本所对应的地位指数，然后选择各样地 6 期数据对应的地位指数出现次数最多的作为该样地的地位指数，其余的数据当做发生跳级现象。从最后的统计结果来看，标准差调整法检验结果中有跳级现象的样本占总样本的 25.4%，并且大多发生跳级现象的也只是上下各一级，跳 2 级以上的样本只占总样本的 1.2%。变动系数调整法检验结果中有跳级现象的样本占总样本的 27.3%，并且大多发生跳级现象的也只是上下各一级，跳 2 级以上的样本只占总样本的 1.2%。相对胸径法检验结果中有跳级现象的样本占总样本的 23.6%，并且发生跳级现象的都只是上下各一级，没有跳 2 级的现象发生。因此，结合卡方检验以及跳级检验的结果，说明 3 种方法所编制的胸径地位指数表都具有较高的精度，可以适用于栎类天然次生林立地质量评价以及后期生长模型的构建和经营管理，但 3 种方法比较而言，相对胸径法的精度略高于其他两种方法，所以本研究最终选用相对胸径法编制湖南栎类天然次生林胸径地位指数表。检验结果见表 5-19(以相对胸径法为例)。

表 5-19 基于相对胸径法的胸径地位指数表适用性检验结果

测定年份	1989	1994	1999	2004	2009	2014
样地号	地位指数					
51	9	9	12	9	12	9
85	9	12	12	12	12	12
155	12	12	15	12	12	12

（续）

测定年份	1989	1994	1999	2004	2009	2014
样地号	地位指数					
430	12	12	12	12	12	12
657	9	9	9	9	9	9
1152	12	12	12	12	12	15
1449	15	12	15	15	12	12
1797	9	12	9	12	12	12
2186	9	12	12	9	9	9
2253	9	12	12	12	12	9
2413	12	12	12	12	12	12
2547	9	12	12	9	9	9
2819	9	12	12	9	12	12
…	…	…	…	…	…	…
3248	9	9	12	9	12	9
3356	9	12	12	12	9	9
3499	12	12	15	12	15	12
4217	12	12	15	12	9	9
5106	12	12	12	12	12	12
5190	9	9	9	9	9	9
5300	—	—	—	9	12	9
5465	12	15	12	12	12	12
5490	—	—	—	9	9	9
5555	9	9	9	9	9	9
5698	15	15	12	15	15	12
6294	12	15	12	12	12	12
6514	12	9	9	12	12	12

5.2.5　相容性林分生长和收获模型

5.2.5.1　数据分析

研究数据来源于湖南省国家森林资源连续清查(1989—2014 年共 6 期)固定样地数据中以栎类为优势树种、林分类型为天然次生林的 176 块样地数据。由于部分样地在不同的调查期间受到不同程度的人为干扰，株数变动较大，对林分的断面积和蓄积有很大的影响，因此选择株数变动在 10% 以内并且林分的断面积和蓄积有增长的样地，剔除其中有数据缺失、异常的样地，最后选择了符合条件的 96 块样地(共 204 个样本)。从 96 个样地中随机选取 70 个样地共 150 个样本数据作为建模数据，其余的 26 个样地共 54 个样本数据作为检验数据。最后计算和统计每个样地的平均胸径、平均年龄、公顷断面积、公顷蓄积以及公顷株数，样地的基本情况统计结果见表5-20。

表5-20 样地基本情况

林分因子	建模数据				检验数据			
	样本数	最小值	最大值	平均值	样本数	最小值	最大值	平均值
平均胸径(cm)	150	6.8	18.5	11.9	54	7.6	17.2	11.5
平均年龄(年)	150	17	69	40	54	21	66	40
断面积（m²/hm²）	150	3.94	46.06	15.83	54	4.23	43.76	15.32
蓄积（m³/hm²）	150	12.35	185.225	75.81	54	12.43	166.725	72.18
株数（株/hm²）	150	540	2685	1470	54	525	2640	1455

5.2.5.2 联立方程组模型的建立

林分生长的主要影响因子包括立地指数、林分平均年龄、林分密度以及林分类型。根据一类连续清查数据，可以得到两期样地的观测因子包括：期初的平均年龄、平均直径、每公顷株数、每公顷断面积、每公顷蓄积等；相应期末的因子有期末的平均年龄、平均直径、每公顷株数、每公顷断面积、每公顷蓄积等。

一般来讲，林分蓄积是地位指数、林分平均年龄以及林分密度的函数。根据Schumacher曲线方程并且林分密度用林分断面积表示，由此，形成期初林分蓄积的方程：

$$\ln M_1 = b_1 + b_2 SI + \frac{b_3}{t_1} + b_4 \ln G_1 \tag{5-49}$$

由于期末断面积是在期初断面积的基础上生长的，因此使用林分断面积方程对年龄求导可得林分断面积生长方程，然后对林分断面积生长方程积分可得到期末断面积的预测方程，方程表达式为：

$$\ln G_2 = \left(\frac{t_1}{t_2}\right)\ln G_1 + a_1\left(1 - \frac{t_1}{t_2}\right) + a_2 SI\left(1 - \frac{t_1}{t_2}\right) \tag{5-50}$$

期末每公顷蓄积预测相关方程，根据期末蓄积是在期初蓄积上生长的，且它是年龄和断面积增量的函数，因此构造出期末每公顷蓄积预测方程为：

$$\ln M_2 = \ln M_1 + b_3\left(\frac{1}{t_2} - \frac{1}{t_1}\right) + b_4(\ln G_2 - \ln G_1) \tag{5-51}$$

在以往的回归模型中，一般认为自变量的观测值不含误差而因变量的观测值含有误差。而当自变量和因变量二者都含有度量误差时，无论哪个方程用通常的最小二乘估计的参数既不是无偏的，也不是相合的估计量，因此引入度量误差模型来解决这个问题。多元非线性误差变量联立方程组也叫非线性度量误差模型，联立方程组中一些因变量在另一个方程中表现为自变量，即有些变量既是因变量又是自变量，因此，联立方程组中无法使用常规的方法来划分自变量和因变量。为此，引入了内生变量和外生变量，其中内生变量是含随机误差的变量，外生变量是不含随机误差的变量。将模型（5-49）、模型（5-50）、模型（5-51）组合成联立方程组模型（5-52），模型（5-52）中，$\ln M_1$、$\ln G_2$和$\ln M_2$为内生变量，而$\ln G_1$、SI、t_1和t_2为外生变量。目前，由于各方程间随机误差的相关性，联立方程组的参数估计多采用二步最小二乘法或三步最小二乘法。

$$
\begin{cases}
\ln M_1 = b_1 + b_2 SI + \dfrac{b_3}{t_1} + b_4 \ln G_1 \\[2mm]
\ln G_2 = \left(\dfrac{t_1}{t_2}\right)\ln G_1 + a_1\left(1 - \dfrac{t_1}{t_2}\right) + a_2 SI\left(1 - \dfrac{t_1}{t_2}\right) \\[2mm]
\ln M_2 = \ln M_1 + b_3\left(\dfrac{1}{t_2} - \dfrac{1}{t_1}\right) + b_4\left(\ln G_2 - \ln G_1\right)
\end{cases} \tag{5-52}
$$

式中：M_1 为期初林分蓄积；M_2 为期末林分蓄积；G_1 为期初林分断面积；G_2 为期末林分断面积；t_1 为期初林分平均年龄；t_2 为期末林分平均年龄；SI 为样地地位指数；b_1、b_2、b_3、b_4、a_1、a_2 为模型参数。

5.2.5.3　结果与分析

使用软件 Eviews9.0 对模型(5-52)的联立方程组进行求解，其参数估计方法分别使用二步最小二乘法和三步最小二乘法，最终得到联立方程组统计相关结果如表 5-21 所示。

表 5-21　相容性林分生长收获模型联立方程组参数统计

方法	b_1	b_2	b_3	b_4	a_1	a_2
二步最小二乘法	1.7016	0.0353	-16.7523	0.9655	3.7733	0.0252
三步最小二乘法	1.5927	0.0294	-14.7191	1.0005	3.6109	0.0192

利用平均误差、平均绝对相对误差、均方根误差($RMSE$)、预测精度和决定系数(R^2)对以上联立方程组的两种参数估计方法进行检验，结果显示：使用二步最小二乘法和三步最小二乘法估计模型的参数，其模型的拟合决定系数都大于 0.8883，经过检验数据拟合得到的预估精度都大于 93.84%，平均误差、平均绝对相对误差、均方根误差均较小，说明两种方法估计得到的模型参数值对模型的预测效果都较好。但是相对而言，二步最小二乘法得到的模型决定系数和预测精度均大于三步最小二乘法得到的模型决定系数和预测精度，二步最小二乘法得到的模型平均误差、平均绝对相对误差、均方根误差均小于三步最小二乘法得到的模型平均误差、平均绝对相对误差、均方根误差。因此，最终选择误差较小，预测精度较高的二步最小二乘法进行拟合，联立方程组的检验指标统计的详细结果见表 5-22。

表 5-22　二步最小二乘法与三步最小二乘法的联立方程组检验结果

方法	模型	平均误差	平均绝对相对误差	$RMSE$	预测精度(%)	R^2
二步最小二乘法	模型(5-49)	1.0045	0.1068	6.8078	95.42	0.9425
	模型(5-50)	0.4458	0.1310	2.0317	95.05	0.8927
	模型(5-51)	0.3118	0.0953	10.6888	94.45	0.9339
三步最小二乘法	模型(5-49)	2.1707	0.1153	7.0347	95.16	0.9406
	模型(5-50)	0.8909	0.1401	2.1459	94.61	0.8883
	模型(5-51)	3.9339	0.1183	11.2559	93.84	0.9321

5.2.5.4　异方差修正

图 5-10 中 a(1)、b(1)和 c(1)分别为使用二步最小二乘法拟合的模型(5-49)、模型(5-50)和模型(5-51)的残差分布图，图中可以看出使用二步最小二乘法进行拟合的联立

方程组各模型存在明显的异方差问题。目前，消除模型中异方差问题最常用的方法是采用加权回归估计的方法。而采用加权回归估计方法，其中的关键问题是权函数的确定，怎样确定权函数，目前还没有统一的标准和方法。本研究选用原函数的倒数作为权函数，使用加权的二步最小二乘法对模型进行拟合。图 5-10 中 a(2)、b(2)和 c(2)分别为使用加权的二步最小二乘法拟合模型(5-49)、模型(5-50)和模型(5-51)的残差分布图，根据其拟合模型的残差分布图与二步最小二乘法拟合模型的残差分布图对比，可以看出加权的二步最小二乘法较好地解决了异方差的问题。

计算加权二步最小二乘法的联立方程组各个模型的平均误差、平均绝对相对误差、均方根误差($RMSE$)、预测精度和决定系数(R^2)，并将结果与二步最小二乘法的结果进行对比。根据表 5-23 的结果可以看出，两种计算方法中加权二步最小二乘法的平均误差、平均绝对相对误差、均方根误差都略小于二步最小二乘法的拟合结果，预测精度和决定系数都大于二步最小二乘法的拟合结果。因此，可以说明使用加权的二步最小二乘法估测的模型参数得到的模型对林分的生长预测较好，且较好地解决了模型异方差的问题，但是模型预测的残差值仍然较大，没有得到很好的解决。

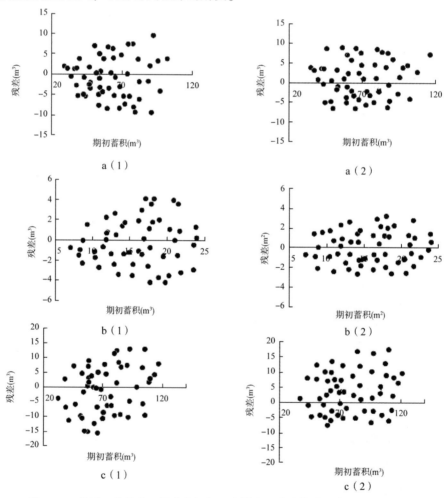

图 5-10　基于二步最小二乘法和加权二步最小二乘法的联立方程组残差分布

表 5-23 二步最小二乘法与加权二步最小二乘法的联立方程组检验结果

方法	模型	平均误差	平均绝对相对误差	$RMSE$	预测精度（%）	R^2
二步最小二乘法	模型（5-49）	1.0045	0.1068	6.8078	95.42	0.9425
	模型（5-50）	0.4458	0.1310	2.0317	95.05	0.8927
	模型（5-51）	0.3118	0.0953	10.6888	94.45	0.9339
加权二步最小二乘法	模型（5-49）	0.9043	0.1016	6.8382	96.34	0.9475
	模型（5-50）	0.4238	0.1194	2.0291	95.75	0.9074
	模型（5-51）	0.3103	0.0941	8.0393	95.82	0.9441

5.2.6 基于相容性林分生长和收获的混合效应模型

回归分析方法（最小二乘法）是估计模型参数最常用的方法，其在建立林分模型时，需要假设建模数据间相互独立且方差相等，且只能反映林分总体的平均生长变化情况，而不能反映不同水平、不同样地和不同林分因子对林分或单木生长的随机影响，因此，模型的预测精度较低。本研究使用的是湖南省一类清查数据，其特点是固定样地的多期重复观测数据，数据间可能存在时间序列自相关性和异方差，因此，难以满足回归分析方法独立等方差的前置条件。而混合效应模型方法即可以通过加入随机参数来同时体现林分总体的平均变化和个体之间的差异，也可以通过设定不同的方差—协方差结构来解决数据间的时间序列自相关性和异方差现象，从而提高模型的预测精度。

5.2.6.1 混合效应参数的确定

（1）单个模型混合效应参数的确定

考虑样地随机效应的影响，利用 S-PLUS 软件的 NLMIXED 模块对模型进行参数估计，首先将模型中的全部参数都当作混合参数，然后再逐次地减少混合参数的个数并将其随机组合进行模拟，最后选择拟合精度最高的方程作为估计方程。对模型（5-49）和模型（5-50）分别进行模拟，模型（5-49）中有 b_1、b_2、b_3、b_4 四个参数，模拟的情况共 15 种，其中模型模拟的结果收敛有 10 种；模型（5-50）中有 a_1、a_2 两个参数，模拟的情况共 3 种，无不能收敛的情况。最后，利用赤池信息量准则（AIC）、贝叶斯信息准则（BIC）和-2 倍的对数似然值（$-2LL$）作为模型的效果评价指标，三个评价指标值越小说明模型的拟合效果越好，模型（5-49）和模型（5-50）模拟的具体结果分别见表 5-24 和表 5-25。

根据表 5-24 的模拟结果：没有混合参数的传统回归模型的 AIC、BIC 以及 $-2LL$ 值都要大于加入混合效应参数的值，说明加入混合效应参数，其模型的模拟预测效果都要优于传统最小二乘方法计算的模型预测效果。本研究中模型（5-49）只在 1 个参数和 2 个参数作为混合参数时模型收敛，混合参数 3 个及 3 个以上的情况模型都不收敛。加入 1 个混合效应参数时，b_3 作为混合参数时的 AIC、BIC 和 $-2LL$ 分别为 -227.55、-208.92 和 -239.55，均小于 b_1、b_2、b_4 分别作为混合参数时的值，说明在只有 1 个混合效应参数时，b_3 作为混合参数的模型拟合效果最好。加入 2 个混合效应参数时，b_2 和 b_3 同时作为混合参数时的 AIC、BIC 和 $-2LL$ 分别为 -230.06、-209.22 和 246.06，均小于其他 2 个混合参数情况的值，说明在具有 2 个混合效应参数时，b_2 和 b_3 同时作为混合参数时的模型拟合效果最好。对 b_3 和 b_2、b_3 作为混合参数时 2 个模型进行方差分析，得到 2 个模型的似然比检验值 $LRT = 13.55$，P 值小于 0.0001，最后比较模型的 AIC、BIC 和 $-2LL$ 值，最终选择 b_2 和 b_3 同时作为模型(5-49)的混合效应参数。

表 5-24　基于混合效应的模型(5-49)模拟结果

混合参数	AIC	BIC	$-2LL$
no	-129.78	-105.70	-145.78
b_1	-219.50	-200.86	-231.50
b_2	-215.49	-196.85	-227.49
b_3	-227.55	-208.92	-239.55
b_4	-211.05	-192.41	-223.05
$b_1\,b_2$	-219.89	-195.04	-235.89
$b_1\,b_3$	-225.02	-200.17	-241.02
$b_1\,b_4$	-227.05	-202.20	-243.05
$b_2\,b_3$	-230.06	-209.22	-246.06
$b_2\,b_4$	-216.87	-192.02	-232.87
$b_3\,b_4$	-229.20	-204.35	-245.19

表 5-25　基于混合效应的模型(5-50)模拟结果

混合参数	AIC	BIC	$-2LL$
no	-92.48	-83.45	-98.48
a_1	-104.84	-92.80	-112.85
a_2	-125.29	-113.25	-133.29
$a_1\,a_2$	-107.47	-89.40	-119.47

表 5-25 的模拟结果说明：加入混合效应参数，其模型的拟合效果都要优于传统最小二乘方法计算的模型拟合效果。a_2 作为混合参数时的 AIC、BIC 和 $-2LL$ 分别为 -125.29、-113.25 和 -133.29，均明显小于 a_1 和 a_1、a_2 作为混合参数时的值，说明 a_2 作为混合参数的模型拟合效果最好。因此，最终选择 a_2 作为模型(5-50)的混合效应参数。

(2)联立方程组模型混合效应参数的确定

在前面基于样地水平分别对模型(5-49)和模型(5-50)单独进行了混合效应模型的拟合，并且通过对 AIC、BIC 和 $-2LL$ 三个评价指标进行对比分析后，最终确定 b_2 和 b_3 作为模型(5-49)的混合效应参数、a_2 作为模型(5-50)的混合效应参数时模型的拟合精度最高。对联立方程组模型(5-52)进行拟合，结果，b_2、b_3、a_2 同时作为混合参数时模型不能收敛，b_2 和 b_3 作为混合参数时模型也不能收敛，对 b_2、a_2 和 b_3、a_2 作为混合效应参数的两种情况进行拟合，模拟的结果见表 5-26。

由表 5-26 可以看出，b_3、a_2 作为混合效应参数时的 AIC、BIC 和 $-2LL$ 分别为

−137.57、−119.50 和−149.57，均小于没有混合效应参数和 b_2、a_2 作为混合效应参数时的模型的值，而这也符合在模型（5-49）中考虑 b_3 作为混合效应参数比考虑 b_2 作为混合效应参数的拟合效果要好。同时，如果只有一个参数作为混合效应参数，发现模型的拟合效果明显降低，且经过方差分析，P 值小于 0.0001，即模型的差异显著。因此，最终选择 b_3、a_2 作为联立方程组模型（5-52）的混合效应参数。

表 5-26 基于混合效应的联立方程组模拟结果

混合参数	AIC	BIC	−2LL
no	−93.65	−75.59	−105.65
$b_2\ a_2$	−114.40	−90.32	−130.40
$b_3\ a_2$	−137.57	−119.50	−149.57

5.2.6.2 考虑方差—协方差结构矩阵

利用混合效应模型方法模拟林分生长和收获模型时，不可避免的两个问题就是模型的异方差和拟合数据的时间序列自相关性问题。

（1）异方差

模型是否存在异方差问题，通常最直观的判断方法就是利用模型的残差分布图。图 5-11 的 a(1)、b(1) 和 c(1) 为未加入异方差结构的联立方程组混合效应模型的残差分布图，可以明显地看出基于混合效应模型的联立方程组模型具有异方差问题。因此，在本研究中采用指数函数和幂函数这两种异方差结构来解释和修正基于混合效应模型的联立方程组产生的异方差问题，模拟结果见表 5-27。

根据表 5-27 中 LRT 值和 P 值，可以说明加入异方差结构和未加入异方差结构的混合效应模型具有显著差异，即加入异方差结构可以修正模型产生的异方差。比较两种异方差结构模型模拟结果的 AIC、BIC 和-2LL 值，幂函数作为异方差结构的 AIC、BIC 和-2LL 值分别为−160.39、−132.44 和−178.39，均小于指数函数作为异方差结构的模型模拟结果，因此最终选择幂函数来描述联立方程组混合效应模型的异方差结构。

表 5-27 基于不同异方差结构的联立方程组混合效应模型模拟结果

异方差方程	AIC	BIC	−2LL	LRT	P
no	−137.57	−119.50	−149.57		
幂函数	−160.39	−132.44	−178.39	26.53	<0.0001
指数函数	−152.63	−124.68	−170.63	19.32	<0.0001

图 5-11 中 a(2)、b(1) 和 c(1) 为未加入异方差结构的联立方程组混合效应模型的残差分布图，a(2)、b(2) 和 c(2) 为加入幂函数作为异方差结构的联立方程组混合效应模型的残差分布图。从图 5-11 中 a(1)、b(1) 和 c(1) 可以看出，未加入异方差结构的联立方程组混合效应模型的残差值分布范围（M_1、G_2 和 M_2 的残差范围分别为−6~6m³、−4~4m² 和−8~8m³）虽然小于图 5-10 二步最小二乘法拟合联立方程组的残差值分布范围（M_1、G_2 和 M_2 的残差范围分别为−10~10m³、−5~5m² 和−13~13m³），但仍存在随着预测值的增大

而逐渐增大的趋势，说明未加入异方差结构的联立方程组混合效应模型仍然存在异方差问题。对比图 5-11 中 a(1)、b(1)、c(1) 和 a(2)、b(2)、c(2) 修正异方差前后的残差分布图，加入幂函数作为异方差结构的联立方程组混合效应模型的残差分布图不仅在残差值的分布范围略有减少，而且其分布大致均匀，明显优于未加入异方差结构的联立方程组混合效应模型结果，可以说明选择幂函数作为异方差结构较好地解决了联立方程组混合效应模型的异方差问题。

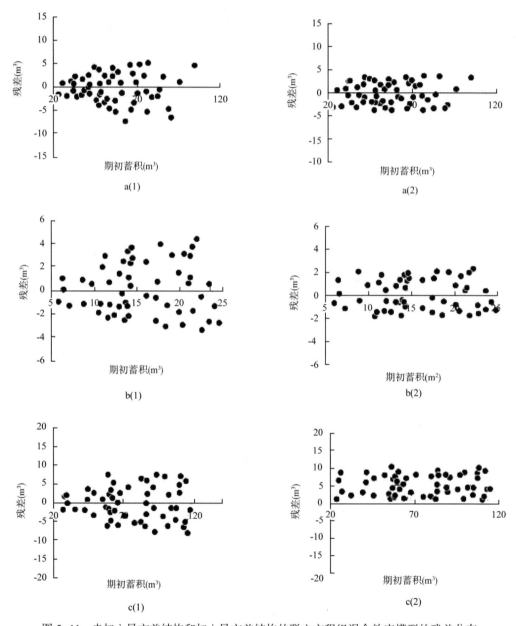

图 5-11　未加入异方差结构和加入异方差结构的联立方程组混合效应模型的残差分布

（2）考虑时间序列相关性

联立方程组中林分期初蓄积、期末断面积和期末蓄积三者间存在一定的序列自相关性，且本研究数据来源于一类清查数据，是连续的 6 次测量数据，因此数据间存在着时间序列自相关性。本研究中使用 $AR(1)$、$ARMA(1，1)$、CS 这三个自相关结构矩阵来表示联立方程组混合效应模型之间的时间序列自相关性。具体的模拟结果见表 5-28。

根据表 5-28 可知，加入 $AR(1)$、$ARMA(1，1)$ 和 CS 三个时间序列自相关结构矩阵的模型拟合效果均优于不加入时间序列自相关结构矩阵的模型拟合效果，且根据 LRT 值与 P 值的分析表明差异显著。三个结构矩阵中，加入 $AR(1)$ 结构矩阵的模型模拟的 AIC、BIC 和 $-2LL$ 分别为 -211.70、-190.64 和 -225.71，均小于其余 2 个结构矩阵模型模拟的值，因此本研究选择 $AR(1)$ 结构矩阵来描述联立方程组混合效应模型的时间序列自相关性。

表 5-28　考虑误差自相关矩阵结构的联立方程组混合效应模型模拟结果

时间序列相关结构	AIC	BIC	$-2LL$	LRT	P
no	-160.39	-132.44	-178.39		
$AR(1)$	-211.70	-190.64	-225.71	58.35	<0.0001
$ARMA(1，1)$	-187.52	-163.45	-203.54	33.56	<0.0001
CS	-168.83	-147.77	-182.84	15.63	<0.0001

5.2.6.3　模拟结果

经过对不同异方差模型和不同时间序列自相关结构矩阵进行模拟比较后，最终确定幂函数作为异方差模型、$AR(1)$ 作为时间序列自相关结构矩阵时，联立方程组混合效应模型的拟合精度最高。综合以上结果，最后形成的联立方程组混合效应模型见式（5-53）。

$$
\begin{cases}
\ln M_1 = b_1 + b_2 SI + (b_3 + u_{3i})\dfrac{1}{t_1} + b_4 \ln G_1 + \varepsilon_1 \\[2mm]
\ln G_2 = \left(\dfrac{t_1}{t_2}\right)\ln G_1 + a_1\left(1 - \dfrac{t_1}{t_2}\right) + (a_2 + u_{6i})SI\left(1 - \dfrac{t_1}{t_2}\right) + \varepsilon_2 \\[2mm]
\ln M_2 = \ln M_1 + (b_3 + u_{3i})\left(\dfrac{1}{t_2} - \dfrac{1}{t_1}\right) + b_4(\ln G_2 - \ln G_1) + \varepsilon_3 \\[2mm]
(u_{3i}，u_{6i})^T \sim N(0，D) \\[2mm]
(\varepsilon_1，\varepsilon_2，\varepsilon_3)^T \sim N(0，R_i) \\[2mm]
R_i = \sigma_i^2 K_i^{0.5}\Gamma_i(\theta)K_i^{0.5} \\[2mm]
\Gamma_i(\theta) = AR(1) \\[2mm]
K_i^{0.5} = Y_i^{\alpha/2}
\end{cases}
\tag{5-53}
$$

式中：D 为样地间随机效应方差协方差矩阵；R_i 为样地内误差效应方差协方差矩阵；$K_i^{0.5}$ 为异方差矩阵；$\Gamma_i(\theta)$ 为时间序列自相关矩阵；Y 为联立方程组因变量；i 为样地数；u 为混合参数；ε 为误差项。

对模型（5-53）进行拟合，最终得到的联立方程组混合效应模型模拟结果见表 5-29。

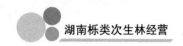

表5-29 加入异方差结构和自相关结构的联立方程组混合效应模型模拟结果

参数	估计值	标准差	t 值	P 值
b_1	1.7480	0.1405	12.4417	<0.0001
b_2	0.0329	0.0102	3.2464	0.0017
b_3	−19.7479	2.1297	−9.2728	<0.0001
b_4	0.9938	0.0404	24.6203	<0.0001
a_1	3.8247	0.7189	5.3199	<0.0001
a_2	0.0263	0.0660	0.3982	0.0035
AIC		−211.7035		
BIC		−190.6392		
−2LL		−225.7136		
样地间方差协方差矩阵		$\left\{ \begin{matrix} 0.3786 & 0.00069 \\ 0.00069 & 0.0142 \end{matrix} \right\}$		
时间序列自相关性		$\rho = -0.09246$		
异方差		$\alpha = 0.2477$		
方差		$\sigma^2 = 0.024$		

5.2.6.4 模型检验

混合效应模型的验证最重要的是计算每个样地的随机效应参数值 b_k，其具体的计算公式见前文式(5-26)。利用验证数据对式(5-53)进行模拟，并选择平均误差、平均绝对相对误差、均方根误差以及预测精度四个评价指标对模型的拟合效果进行评价，并与加权二步最小二乘法的检验结果进行比较。模型检验结果见表5-30。

根据表5-30可知，联立方程组的三个模型中加入异方差结构和自相关结构的混合效应模型方法的平均误差、平均绝对相对误差、均方根误差都小于使用加权二步最小二乘法的模型拟合结果；预测精度都高于使用加权二步最小二乘法的模型拟合结果。说明加入异方差结构和自相关结构的混合效应模型方法要优于加权二步最小二乘法。

表5-30 加权二步最小二乘法和混合效应模型方法的联立方程组检验结果

方法	模型	平均误差	平均绝对相对误差	RMSE	预测精度(%)
混合效应模型方法	模型(5-49)	−0.3191	0.0332	2.3170	98.90
	模型(5-50)	0.0734	0.0607	1.0949	98.11
	模型(5-51)	−0.1777	0.0330	2.9319	98.95
加权二步最小二乘法	模型(5-49)	0.9043	0.1016	6.9382	95.34
	模型(5-50)	0.4238	0.1194	2.0491	94.95
	模型(5-51)	0.3103	0.0941	8.0393	95.82

5.2.7　讨论

利用固定样地多期直径估算异龄林年龄的方法前提是同一林分类型同起源同树种的林木具有相同的生长过程，即样地内同一树种相同的直径具有相同的年龄，然而在现实林分中由于竞争等原因，样地内同一树种相同的直径不一定具有相同的年龄。因此，在后续研究中可以通过对第一期林木年龄加入一定范围的随机数进行调整来探究是否可以解决上述问题。

使用胸径数据代替树高数据编制胸径地位指数表，原因在于：①立地质量是指某一立地上既定森林或者其他植被类型的生产潜力，所以树高、胸径、断面积以及蓄积等均可以表示林分生产潜力的指标，都可以对立地质量进行评定，只是相对来说树高受林分密度和间伐等的影响较小，所以现实中一般采用树高来评定立地质量。②国家森林资源连续清查固定样地的数据中，只有部分样地的平均树高，且平均树高数据的测定准确性较差，精度不高，而胸径数据测定准确性较高，且为多期连续测定，具有较高的科研价值。③随着大量人工林和天然林树高—胸径模型的建立以及在林业生产和实践中广泛应用，说明林分树高和胸径是存在显著相关关系的，并且本研究编制的胸径地位指数表经检验具有较高的精度，因此认为直接将胸径作为评价立地质量的指标也是可行的。此外，本研究在数据处理过程中还曾将断面积作为立地质量评价的指标，试编了断面积地位指数表，并使用同一样地的地位指数是否发生跳级的方法对地位指数表进行适用性检验，从结果来看，使用断面积作为立地质量评价指标时，样地的地位指数发生跳级现象的比率达 39.8%，远远大于使用胸径作为立地质量评价指标时的 23.6%，因此，最终选择胸径作为立地质量评价指标。此外，本次研究使用的栎类天然次生林数据大多处于 20～60 年，20 年以下和 60 年以上的很少甚至没有，这会影响到低龄林分和高龄林分立地质量的评价。为此，如有条件需加入 20 年以下和 60 年以上的林分数据以完善栎类天然次生林胸径地位指数表。林分胸径除受立地质量的影响外，可能还受其他因素如密度、地形、海拔等因素的影响，在国外已有加入气象的相关因素的文献，在后续研究中可以适当加入相关因素，进一步完善胸径地位指数表的研制。

联立方程组模型也叫度量误差模型，其因变量和自变量无法清楚的分辨，即有些因变量在另一个方程中会以自变量的形式出现，因此为了分辨他们引入内生变量和外生变量。本研究建立的林分生长模型和收获模型之间具有相容性和一致性，即林分蓄积是林分生长量的累加，因此林分期初蓄积、林分期末断面积和林分期末蓄积三个变量具有度量误差。采用联立方程组模型可以较好的解释变量的度量误差，减少外业调查的测量误差，提高模型的预测精度。由于本研究数据来源于一类清查的 6 期连续调查数据，数据间存在时间序列自相关性，因此引进混合效应模型方法来同时解释模型的时间序列自相关性和异方差问题。

为了提高模型的预测精度，将混合效应模型方法应用到林分生长和收获联立方程组模型中，且随机效应参数是基于样地效应的混合模型确定的，并未考虑区域水平以及区域与样地两层次水平效应，因此，随机效应参数的确定是基于样地水平或区域水平的单水平混合效应模型，还是基于样地水平和区域水平的双水平混合效应模型，还需进一步研究。在研究林分生长与收获模型时，并未考虑林分树种组成、林分株数密度以及海拔、坡度等地形因子的影响，因此在下一步研究中一方面可以加入树种组成、林分株数密度和地形因子等补充完善基础模型，另一方面可以分别考虑样地水平、区域水平以及区域与样地两层次水平效应的混合效应模型来做对比分析，并最终选择出拟合效果最好的模型。

第6章
栎类次生林结构调整与经营技术

6.1 栎类次生林更新

森林更新是利用自然力或人力进行森林恢复和重建的生态学过程，是维持森林群落结构稳定及森林生态系统功能正常发挥的主要途径，是森林发展演替的驱动因子。天然林的恢复大都以天然更新和人工促进天然更新为主。森林天然更新是依靠以木本植物为主的林下层植被自身繁殖能力来实现退化森林生态系统恢复的。木本植物幼苗、幼树的更新是受损森林群落演替更新、生态系统结构与功能恢复、物流和能流维持稳定等过程中非常关键的一步。

森林天然更新是森林生态系统自我繁衍的恢复手段，对未来森林群落结构的变化、功能的实现及生物多样性的丰富具有重要影响。森林天然更新主要受到环境因子(地形因子、土壤因子、枯落物等)与林分因子(林分年龄、林分密度、林分郁闭度、灌草盖度等)等因素的影响。康冰等(2012)研究表明林分密度、海拔、坡度是影响秦岭山地锐齿栎次生林幼苗更新的主导因素。O'Brien 等(2007)认为林下灌木盖度对幼龄植株的更新有阻碍作用，而林冠层盖度却对幼苗更新产生促进作用。李霄峰等(2012)研究发现林分枯落物厚度的增加降低了林下幼苗的存活率。可以看出，影响林分天然更新的因子众多，森林类型或更新树种不同，影响林分天然更新的关键因子也不同，同时对于相同的林分其立地的差异也会导致其更新不一致。有研究发现植株幼龄阶段比成年个体更容易受生境因子影响，是决定天然更新成功与否的关键阶段。因此，了解林分幼龄植株的生长现状，研究各影响因子与林分幼龄植株更新之间的关系，探究影响幼龄植株更新的关键因子、其不同树种结构和复杂立地对天然次生林幼树更新的影响，具有重要的理论与实际意义。

栎类是壳斗科植物的俗称，在世界范围内共有 7 属，约 900 余种，在温带、亚热带以及热带地区均有分布，是亚热带常绿阔叶林的主要建群树种，除了对维持生态系统结构稳定、保证其功能正常发挥有着重要作用外，栎类的木材、种子、树皮以及树叶均具有非常高的经济价值。很多栎树以实生苗形式进行更新，栎树的结实状况、种子传播方式、种子萌发以及幼苗的定居是栎树更新的重要环节。栎类植物天然更新困难、更新率低的现象引起了生态学家们的注意。早在1909年Watt就对英国栎林天然更新失败的原因进行过详细的研究，栎林的更新一直受到生态学界的广泛关注，研究内容涉及栎树的结实性，动物对栎类坚果的捕食、搬运与传播，昆虫和真菌的危害、幼苗发芽、越冬与环境和地被植物的关系等方面。由于栎树具有很强的萌生能力，其实生苗的存在及其作用在较早的生态学研究和森林经营过程中往往被忽视。国内对栎林天然更新的研究主要集中在栎林结构、功能和更新过程的研究，动物捕食过程中对栎树种子的搬运、掩藏对栎树的更新和散布的重要性，栎树的萌枝更新对策，以及更新苗的起源、年龄结构及其实生和萌生的生态学意义，林窗、林缘、采伐迹地等在栎类更新中起重要作用和栎类的种子库动态等几个方面。

6.1.1 栎类次生林类型划分及树种组成

6.1.1.1 栎类次生林林分类型划分

本研究采用k-means聚类分析法，根据51块样地上的乔木优势树种的重要值以及各样地经纬度在R软件上对各样地林分进行类型划分。本文聚类分析的分类数标准为精度≥0.95，即合并后的因子水平信息要包含合并前的因子水平信息的95%，合并后因子水平信息损失要<5%。聚类分析分类数对应的精度如表6-1。

表6-1 聚类分类数对应精度

聚类数	精度（%）
2	74.6
3	87.4
4	92.2
5	96.8

由聚类分析结果可知，将51块样地的林分聚为5类时，合并后的因子水平信息包含了合并前的因子水平信息的96.8%，满足研究的要求。故将51块样地的林分共划分为5个林分类型：甜槠锥栗混交林（CC）、亮叶水青冈多脉青冈混交林（FC）、石栎樟树混交林（LC）、枹栎甜槠混交林（QC）、青冈栎混交林（CG）。5个林分类型分布于湘西北（FC）、湘东北（CC）、湘中（LC、CG）以及湘南（QC）。5种林分类型样地基本情况如表6-2。

表 6-2　5 种林分类型样地基本情况

林分类型	CC	FC	LC	QC	CG
分布区域	芦头林场	八大公山自然保护区	龙虎山林场	五盖山林场	青阳湖林场
样地数	13	9	6	10	13
海拔（m）	900~1040	1427~1638	80~98	1010~1330	80~240
均值（m）	965	1499	92	1222	175
坡度（°）	17~45	27~45	11~15	17~35	28~45
均值（°）	29	36	12	27	36
土壤类型	黄棕壤	黄棕壤	黄壤	黄棕壤	红壤
土壤厚度（cm）	52~95	45~92	53~61	43~80	75~93
均值（cm）	77	74	58	60	81
腐殖质层厚度（cm）	8~25.5	7~20	4.0~5.5	5.0~13.0	10.0~20.0
均值（cm）	14.1	12.1	5	7.9	14.2
枯落物厚度（cm）	1.9~4.5	3.0~6.0	1.0	2.0~5.0	2.0~4.0
均值（cm）	3.0	4.0	1.0	3.5	2.6
郁闭度	0.69~0.90	0.75~0.88	0.86	0.73~.86	0.63~0.86
均值	0.80	0.83	0.86	0.78	0.75
乔木密度（株/hm²）	736~2388	961~1730	2367~4118	882~1914	722~1837
均值（株/hm²）	1475	1270	3439	1226	1113
草本盖（%）	0~50	2~15	2~16	3~36	2~38
均值（%）	9	6	6	12	9
灌木盖（%）	1~55	0~58	12~35	3~43	2~20
均值（%）	16	20	17	24	9
林分年龄（年）	24~75	36~72	22~25	30~75	21~46
均值（年）	46	49	23	49	29

注：CC 为甜槠锥栗混交林；FC 为亮叶水青冈多脉青冈混交林；LC 为石栎樟树混交林；QC 为枹栎甜槠混交林；CG 为青冈栎混交林。

6.1.1.2　不同林型乔木层树种组成及特征值

群落的物种组成是群落的最基本特征，掌握群落的物种组成是了解群落结构、功能及群落与环境关系的重要手段。重要值是评价不同植物种群在群落中地位与作用的综合性数量指标。研究森林群落的物种组成、分析群落中各物种的重要值，可为深入了解群落物种多样性、分布格局、更新机制等功能结构提供科学依据。

根据 51 个样地内乔木调查资料，统计分析湖南 5 种不同林分类型栎类天然混交林乔木层物种组成及物种特征值，见表 6-3。

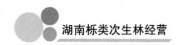
表 6-3　不同栎类次生林乔木层树种重要值

林型	树种	数量（株）	相对密度（%）	相对显著度（%）	相对高度（%）	重要值（%）
CC	甜槠 *Castanopsis eyrei*	132	15.42	32.41	17.92	21.92
	厚皮香 *Ternstroemia gymnanthera*	156	18.22	11.13	16.91	15.42
	锥栗 *Castanea henryi*	83	9.70	21.45	11.59	14.24
	鹅耳枥 *Carpinus turczaninowii*	115	13.43	8.17	13.40	11.67
	细叶青冈 *Cyclobalanopsis gracilis*	63	7.36	3.87	7.12	6.12
	杉木 *Cunninghamia lanceolata*	37	4.32	3.12	4.04	3.83
	白檀 *Symplocos paniculata*	43	5.02	2.03	4.00	3.68
	香粉叶 *Lindaera pulcherrima*	37	4.32	2.15	3.69	3.39
	香叶树 *Lindera communis*	37	4.32	1.50	3.95	3.26
	黄樟 *Cinnamomum porrectum*	37	4.32	1.65	3.63	3.20
	马尾松 *Pinus massoniana*	13	1.52	4.03	1.95	2.50
	漆树 *Toxicodendron vernicifluum*	15	1.75	0.92	1.95	1.54
	长叶石砾 *Lithocarpus harlandii*	12	1.40	1.24	1.26	1.30
	东南栲 *Castanopsis jucunda*	11	1.29	0.93	1.40	1.20
	青冈栎 *Cyclobalanopsis glauca*	9	1.05	1.28	1.14	1.16
FC	亮叶水青冈 *Fagus lucida*	127	23.69	44.28	31.84	33.27
	多脉青冈 *Cyclobalanopsis multinervis*	106	19.78	16.88	18.37	18.34
	锥栗 *Castanea henryi*	14	2.61	10.71	3.58	5.63
	檫木 *Sassafras tzumu*	19	3.54	7.85	4.69	5.36
	三桠乌药 *Lauraceae obtusiloba*	27	5.04	2.64	5.26	4.31
	山矾 *Symplocos caudata*	27	5.04	1.65	3.28	3.32
	梾木 *Swida macrophylla*	27	5.04	0.97	3.89	3.30
	吊钟花 *Fuchsia hybrida*	27	5.04	0.78	3.42	3.08
	细叶青冈 *Cyclobalanopsis gracilis*	18	3.36	2.64	2.87	2.96
	鹅耳枥 *Carpinus turczaninowii*	16	2.99	1.69	3.43	2.70
	四照花 *Dendrobenthamia japonica* var. *chinensis*	15	2.80	0.73	2.25	1.93
	冬青 *Ilex chinensis*	13	2.43	0.46	1.69	1.53
	大叶山矾 *Symplocos grandis*	11	2.05	0.71	1.67	1.48
	黄丹木姜子 *Litsea elongata*	10	1.87	0.24	1.28	1.13
	黄杉 *Pseudotsuga sinensis*	8	1.49	0.69	1.15	1.11
	云南桤叶树 *Clethra delavayi*	9	1.68	0.37	1.26	1.10

（续）

林型	树种	数量（株）	相对密度（%）	相对显著度（%）	相对高度（%）	重要值（%）
LC	石栎 *Lithocarpus glaber*	843	63.53	54.79	61.20	59.84
	樟树 *Cinnamomum bodinieri*	330	24.87	35.34	28.15	29.45
	大叶青冈 *Cyclobalanopsis jenseniana*	57	4.30	3.23	3.90	3.81
	枫香 *Liquidambar formosana*	32	2.41	2.52	2.66	2.53
	多脉青冈 *Cyclobalanopsis multinervis*	32	2.41	2.00	2.14	2.18
QC	枹栎 *Quercus serrata*	208	37.55	29.80	39.15	35.50
	甜槠 *Castanopsis eyrei*	125	22.56	36.82	20.71	26.70
	马尾松 *Pinus massoniana*	32	5.78	7.83	6.70	6.77
	杉木 *Cunninghamia lanceolata*	17	3.07	4.28	3.70	3.68
	枫香 *Liquidambar formosana*	21	3.79	2.31	4.44	3.51
	薄叶润楠 *Machilus leptophylla*	15	2.71	4.34	3.32	3.46
	香果树 *Emmenopterys*	18	3.25	2.72	3.91	3.30
	吊钟花 *Fuchsia hybrida*	10	1.81	2.83	1.58	2.07
	交让木 *Daphniphyllum macropodum*	13	2.35	1.25	1.79	1.80
	长叶石栎 *Lithocarpus harlandii*	9	1.62	0.55	0.94	1.04
CG	青冈栎 *Cyclobalanopsis glauca*	439	71.85	60.34	69.71	67.30
	马尾松 *Pinus massoniana*	30	4.91	18.44	7.53	10.29
	杉木 *Cunninghamia lanceolata*	50	8.18	5.39	8.43	7.34
	多脉青冈 *Cyclobalanopsis multinervis*	38	6.22	7.64	5.72	6.53
	南酸枣 *Choerospondias axillaris*	16	2.62	2.39	2.98	2.66
	樟树 *Cinnamomum bodinieri*	16	2.62	2.83	2.29	2.58

注：表内各林分类型乔木层树种重要值均≥1%。

由样地调查数据以及表 6-3 特征值分析可知：甜槠锥栗混交林（CC），样地 1~13，共 13 块。分布在平江县芦头林场海拔 900~1040m 的阴坡（北坡）、半阴坡（东坡、东北坡以及西北坡），主要分布于上坡位。13 块调查样地内乔木树种共计 856 株，共 30 种，分属于 16 科 25 属。壳斗科、樟科种数较多，分别包含 7 个种和 5 个种；其次为桦木科、漆树科、蔷薇科以及山矾科，均包含 2 个种。甜槠锥栗混交林（CC）乔木树种甜槠较占优势，重要值为 21.92%，为优势树种。其次为厚皮香、锥栗、鹅耳枥和细叶青冈，重要值分布在 6%~16%，为亚优势树种。另外，杉木、白檀、香粉叶、香叶树、黄樟、马尾松等，重要值分布在 2%~4%。从各乔木树种的特征值来看，甜槠锥栗混交林（CC）中甜槠、厚皮香、锥栗、鹅耳枥和细叶青冈 5 种乔木之间在乔木层形成了较为明显的竞争关系。

亮叶水青冈多脉青冈混交林（FC），样地 14~22，共 9 块。分布在桑植县八大公山自然保护区海拔 1427~1638m 的半阴坡（东坡、东北坡以及西北坡）、半阳坡（西坡、西南坡以及东南坡），下坡、中坡、上坡和脊部均有分布。9 块调查样地内乔木树种共计 536 株，共 36 种，分属于 18 科 27 属。壳斗科、蔷薇科、山矾科种数较多，分别包含 6 个、5 个和 4 个种；其次为樟科、山矾科，均包含 3 个种；槭树科与山茱萸科包含 2 个种，其余各科仅有 1 个种。亮叶水青冈多脉青冈混交林（FC）中乔木树种亮叶水青冈占明显优势，重要值为 33.27%，为优势树种。其次为多脉青冈，重要值为 18.34%，为亚优势树种。另外，锥栗、檫木、三桠乌药、山矾、梾木、吊钟花、细叶青冈、鹅耳枥等，重要值分布在 2%~6%。从各乔木树种的特征值来看，亮叶水青冈多脉青冈混交林（FC）中除了多脉青冈外，其余树种很难与亮叶水青冈在乔木层形成明显竞争关系。

石栎樟树混交林（LC），样地 23~28，共 6 块。分布在益阳市龙虎山林场海拔 80~98m 的半阴坡（东北坡）、半阳坡（西南坡），下坡和上坡位。6 块调查样地内乔木树种共计 1327 株，共 10 种，分属于 6 科 8 属。壳斗科最多，包含 4 个种；其次为樟科，包含 2 个种，其余各科均包含 1 个种。石栎樟树混交林（LC）中乔木树种石栎占明显优势，重要值为 59.84%，为优势树种。其次为樟树，重要值为 29.45%，为亚优势树种。另外，大叶青冈、枫香、多脉青冈，重要值分布在 2%~4%。从各乔木树种的特征值来看，石栎樟树混交林（LC）中除了樟树外，其余树种很难与石栎在乔木层形成明显竞争关系。

炮栎甜槠混交林（QC），样地 29~38，共 10 块。分布在郴州市五盖山林场海拔 1010~1330m 的阴坡、半阴坡、半阳坡、阳坡，主要分布于中坡和脊部。10 块调查样地内乔木树种共计 554 株，共 28 种，分属于 17 科 21 属。壳斗科最多，包含 7 个种；其次为樟科，包含 3 个种；槭树科与山矾科包含两个种，其余各科含 1 个种。炮栎甜槠混交林（QC）中乔木树种炮栎较占优势，重要值为 35.50%，为优势树种。其次为甜槠，重要值为 26.70%，为亚优势树种。另外，马尾松、杉木、枫香、薄叶润楠、香果树、吊钟花等，重要值分布在 2%~7%。从各乔木树种的特征值来看，炮栎甜槠混交林（QC）中其他树种很难与炮栎、甜槠在乔木层形成明显竞争关系。

青冈栎混交林（CG），样地 39~51，共 13 块。分布在宁乡市青羊湖林场海拔 80~240m 的半阴坡与半阳坡，下、中、上坡以及脊部均有分布。13 块调查样地内乔木树种共计 611 株，共 12 种，分属于 8 科 10 属。壳斗科最多，包含 5 个种；其余各科均包含 1 个种。青冈栎混交林（CG）中乔木树种青冈栎占明显优势，重要值为 67.30%，为优势树种。其次为马尾松、杉木和多脉青冈，重要值分布在 6%~11%。南酸枣、樟树重要值接近 3%。从各乔木树种的特征值来看，青冈栎混交林（CG）中别的树种很难与青冈栎在乔木层形成明显竞争关系。

6.1.1.3 不同林型幼树物种组成及特征值

根据 51 个样地内更新幼树调查数据，统计分析湖南 5 种不同林分类型栎类天然混交林更新幼树物种组成及物种特征值，见表 6-4。

表 6-4　不同栎类次生林乔木幼树种类组成、特征值

林型	树种	相对频度（%）	相对盖度（%）	相对密度（%）	重要值（%）
CC	黄樟 Cinnamomum porrectum	23.08	30.49	36.99	30.19
	长叶石砾 Lithocarpus harlandii	19.23	17.09	22.32	19.55
	甜槠 Castanopsis eyrei	15.38	19.09	14.36	16.28
	杉木 Cunninghamia lanceolata	9.62	0.88	9.33	6.61
	细叶青冈 Cyclobalanopsis gracilis	7.69	3.50	3.50	4.90
	青冈栎 Cyclobalanopsis glauca	5.77	3.05	5.27	4.69
	香粉叶 Lindaera pulcherrima	1.92	11.10	0.63	4.55
	大叶青冈 Cyclobalanopsis jenseniana	5.77	2.73	2.85	3.78
	厚皮香 Ternstroemia gymnanthera	1.92	3.32	0.78	2.01
	锥栗 Castanea henryi	1.92	2.16	1.10	1.73
	山矾 Symplocos caudata	1.92	1.94	0.67	1.51
	香叶树 Lindera communis	1.92	1.83	0.63	1.46
	麻栎 Quercus acutissima	1.92	1.66	0.78	1.45
	红豆杉 Taxus chinensis	1.92	1.16	0.78	1.29
FC	多脉青冈 Cyclobalanopsis multinervis	13.33	34.17	34.75	27.42
	鹅耳枥 Carpinus turczaninowii	8.33	6.44	8.48	7.75
	齿缘吊钟花 Enkianthus serrulatus	8.33	8.74	6.08	7.72
	亮叶水青冈 Fagus lucida	6.67	6.86	2.99	5.51
	三桠乌药 Lauraceae obtusiloba	6.67	4.24	3.03	4.64
	大叶山矾 Symplocos grandis	6.67	3.61	3.52	4.60
	绿叶甘橿 Lindera fruticosa	3.33	4.65	5.22	4.40
	黄杉 Pseudotsuga sinensis	5.00	0.81	7.30	4.37
	黄丹木姜子 Litsea elongata	5.00	3.76	3.51	4.09
	长叶石砾 Lithocarpus harlandii	6.67	2.59	2.86	4.04
	吊钟花 Fuchsia hybrida	6.67	2.53	2.51	3.90
	四照花 Dendrobenthamia japonica var. chinensis	5.00	4.74	1.62	3.79
	山矾 Symplocos caudata	3.33	3.13	4.43	3.63
	华中八角 Illicium fargesii	1.67	4.56	4.12	3.45
	天目紫茎 Stewartia gemmata	1.67	3.57	0.51	1.92
	细叶青冈 Cyclobalanopsis gracilis	1.67	1.65	2.17	1.83
	交让木 Daphniphyllum macropodum	1.67	1.40	2.35	1.81
	华西花楸 Sorbus wilsoniana	1.67	1.45	1.81	1.64
	梾木 Swida macrophylla	1.67	0.70	1.14	1.17
	青冈栎 Cyclobalanopsis glauca	1.67	0.19	0.57	0.81
	茶条果 Sympiocos ernestii	1.67	0.08	0.57	0.77
	云南桤叶树 Clethra delavayi	1.67	0.12	0.45	0.75

（续）

林型	树种	相对频度(%)	相对盖度(%)	相对密度(%)	重要值(%)
LC	石栎 *Lithocarpus glaber*	31.58	83.55	67.17	60.77
	杉木 *Cunninghamia lanceolata*	26.32	7.67	19.26	17.75
	樟树 *Cinnamomum bodinieri*	21.05	4.98	9.70	11.91
	大叶青冈 *Cyclobalanopsis jenseniana*	10.53	3.04	2.59	5.38
	细叶青冈 *Cyclobalanopsis gracilis*	5.26	0.49	0.65	2.13
	青冈栎 *Cyclobalanopsis glauca*	5.26	0.26	0.65	2.06
QC	山矾 *Symplocos caudata*	8.16	23.28	14.47	15.31
	吊钟花 *Fuchsia hybrida*	6.12	16.60	14.32	12.35
	黄樟 *Cinnamomum porrectum*	12.24	10.78	11.38	11.47
	甜槠 *Castanopsis eyrei*	10.20	8.92	11.04	10.05
	交让木 *Daphniphyllum macropodum*	10.20	6.25	7.68	8.04
	长叶石砾 *Lithocarpus harlandii*	6.12	8.47	7.49	7.36
	枹栎 *Quercus serrata*	8.16	3.53	6.22	5.97
	槭树 *Acer*	6.12	2.22	3.20	3.85
	栲树 *Castanopsis fargesii*	2.04	3.47	3.87	3.13
	薄叶润楠 *Machilus leptophylla*	4.08	3.35	1.73	3.05
	杉木 *Cunninghamia lanceolata*	6.12	0.38	2.60	3.04
	黄丹木姜子 *Litsea elongata*	2.04	3.53	3.09	2.89
	树参 *Dendropanax dentiger*	4.08	1.92	2.47	2.82
	青冈栎 *Cyclobalanopsis glauca*	4.08	1.94	1.86	2.63
	金叶含笑 *Michelia foveolata*	4.08	0.67	2.11	2.29
	亮叶水青冈 *Fagus lucida*	2.04	1.03	0.65	1.24
	桤木 *Alnus cremastogyne*	2.04	0.60	0.91	1.19
	樟树 *Cinnamomum bodinieri*	2.04	0.54	0.65	1.08
CG	青冈栎 *Cyclobalanopsis glauca*	54.17	90.94	90.48	78.53
	多脉青冈 *Cyclobalanopsis multinervis*	12.50	3.73	3.76	6.67
	杉木 *Cunninghamia lanceolata*	12.50	1.26	2.22	5.33
	南酸枣 *Choerospondias axillaris*	8.33	2.05	1.91	4.10
	黄檀 *Dalbergia hupeana*	8.33	1.43	1.05	3.61
	马尾松 *Pinus massoniana*	4.17	0.58	0.58	1.78

从表6-4可以看出，不同类型栎类次生林更新幼树优势种差异较大，物种丰富度差异显著。甜槠锥栗混交林（CC）林下更新幼树有14种，分属于6科11属。优势树种为黄樟（*Cinnamomum porrectum*），重要值大于30%；其次为长叶石栎（*Lithocarpus harlandii*）与甜槠（*Castanopsis eyrei*），重要值均大于15%。

亮叶水青冈多脉青冈混交林（FC）林下更新幼树有 22 种，分属于 12 科 15 属。优势树种为多脉青冈（*Cyclobalanopsis multinervis*），重要值为 27.42%；其次为鹅耳枥（*Carpinus turczaninowii*）、齿缘吊钟花（*Enkianthus serrulatus*）和亮叶水青冈（*Fagus lucida*），重要值均大于 5%。

石栎樟树混交林（LC）林下更新幼树有 6 种，分属于 3 科 4 属。优势树种为石栎（*Lithocarpus glaber*），在更新幼树中占明显优势，重要值为 60.77%；其次为杉木（*Cunninghamia lanceolata*）和樟树（*Cinnamomum bodinieri*），重要值均大于 10%。

枹栎甜槠混交林（QC）林下更新幼树有 18 种，分属于 10 科 16 属。优势树种为山矾（*Symplocos caudata*）、吊钟花（*Fuchsia hybrida*）、黄樟和甜槠，重要值均大于 10%；其次为交让木（*Daphniphyllum macropodum*）、长叶石栎和枹栎（*Quercus serrata*），重要值均大于 5%。

青冈栎混交林（CG）林下更新幼树有 6 种，分属于 5 科 5 属。优势树种为青冈栎（*Cyclobalanopsis glauca*），在更新幼树中占明显优势，重要值为 78.53%；其次为多脉青冈和杉木，重要值均大于 5%。5 种栎类次生林更新幼树的共有种为青冈栎，出现频率较高的树种有杉木、山矾、细叶青冈以及长叶石栎等。

6.1.2　栎类次生林天然更新特征

森林天然更新是森林生态系统自我繁衍的恢复手段，对未来森林群落结构的变化、功能的实现及生物多样性的丰富具有重要影响。近年来，国内外学者对森林更新特征的研究涵盖较广，主要包括乔木层、更新层物种组成及特征值分析、森林天然更新方式、生长与结构特征、空间分布格局、生态位以及物种多样性等方面。研究森林天然更新特征，能为进一步探究森林群落的未来结构及森林的自我恢复能力提供有力的科学指导。

6.1.2.1　不同林型乔木幼树数量特征及生长状态

采用 4 个更新指标分别反映各林分类型幼树数量特征（幼树密度）和生长情况（幼树平均地径、平均高以及平均冠幅）。由图 6-1 可以看出，5 种不同栎类次生林幼树密度均未超过 500 株/hm²，更新情况较差。5 种不同栎类次生林幼树密度大小顺序为：亮叶水青冈多脉青冈混交林>石栎樟树混交林>青冈栎混交林>枹栎甜槠混交林>甜槠锥栗混交林，差异显著。青冈栎混交林幼树平均地径、平均高最大，其平均冠幅仅次于亮叶水青冈多脉青冈混交林，表明该林型幼树生长情况较好，亮叶水青冈多脉青冈混交林次之，石栎混交林最差。

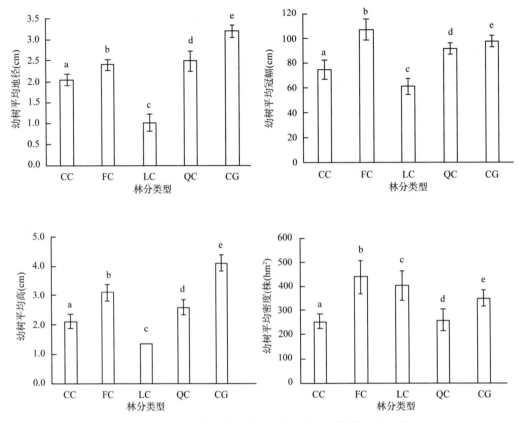

图 6-1　不同栎类次生林幼树更新指标特征(均值标准 20 误)

注：柱状图顶部字母的不同表示不同林分间更新指标存在显著性差异(*P*<0.05)。

6.1.2.2　不同林型栎类优势树种径级结构

树种的径级结构是群落最基本的结构特征，它是反映森林更新潜力与演替趋势的重要标志。对不同林分类型主要栎类优势树种径级结构研究发现，不同林分类型、不同栎类优势树种间的径级结构存在显著差异。如图 6-2，甜槠锥栗混交林(CC)中栎类优势树种的径级结构表明：甜槠径级结构近似倒"J"形，小径级(*DBH*< 10 cm)、较小径级(10cm≤ *DBH*<20cm)、14 中等径级(20cm≤ *DBH*<30cm)、较大径级(30cm≤ *DBH*<40cm)、大径级(*DBH*≥40cm)5 个径级区间的个体株数分别占总株数的 31%、24%、24%、14%、7%；锥栗径级结构近似正态分布，小径级、较小径级、中等径级、较大径级、大径级 5 个径级区间的个体株数分别占总株数的 10%、31%、25%、25%、9%，其中 10~15cm、20~25cm、30~35cm 3 个径级区间有 3 个较为明显的高峰；细叶青冈径级分布总体近似正态分布，其径级分布在小径级、较小径级、中等径级 3 个区间中，个体株数分别占总株数 41%、55%、4%。

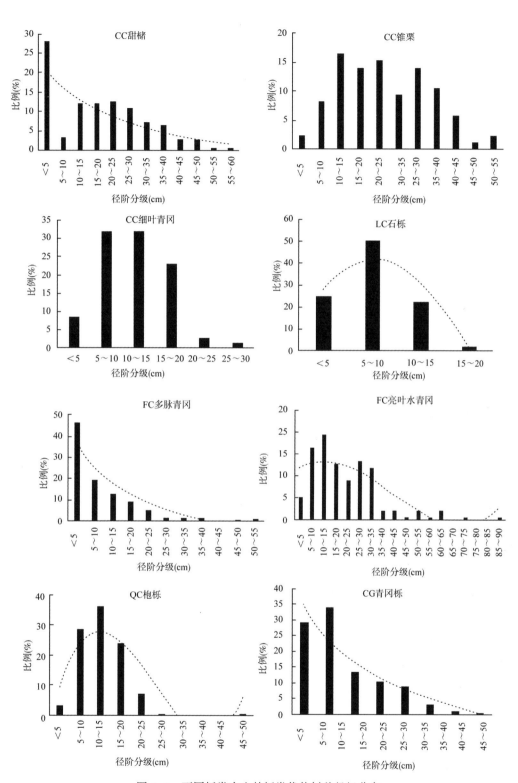

图 6-2　不同栎类次生林栎类优势树种径级分布

亮叶水青冈多脉青冈混交林(FC)中栎类优势树种的径级结构表明：亮叶水青冈径级结构呈偏正态分布型，小径级、较小径级、中等径级、较大径级、大径级5个径级区间的个体株数分别占总株数的22%、32%、22%、14%、10%，其中在10~15cm径级区间有1个明显的高峰，在25~30cm径级区间出现1个小峰；多脉青冈径级结构呈倒"J"形，小径级、较小径级、中等径级、较大径级、大径级5个径级区间的个体株数分别占总株数的66%、22%、7%、3%、2%。

石栎樟树混交林(LC)中栎类优势树种的径级结构表明：石栎径级结构呈偏正态分布型，其径级仅分布在小径级、较小径级2个径级区间，个体株数分别占总株数25%、75%。

枹栎甜槠混交林(QC)中栎类优势树种的径级结构表明：枹栎径级结构近似正态分布，其径级仅分布在小径级、较小径级、中等径级、大径级4个径级区间，个体株数分别占总株数32%、60%、7%、1%；甜槠径级结构呈偏正态分布型，小径级、较小径级、中等径级、较大径级、大径级5个径级区间的个体株数分别占总株数的29%、47%、15%、5%、4%，在10~15cm径级区间有1个明显的高峰。

青冈栎混交林(CG)中栎类优势树种的径级结构表明：青冈栎径级结构近似倒"J"形，其径级仅分布在小径级、较小径级、中等径级、较大径级4个径级区间，个体株数分别占总株数63%、24%、12%、1%，在5~10cm径级区间出现1个较明显的高峰。

(1)乔木层物种多样性

植物物种多样性是物种均匀度和丰富度的综合表现，它不仅反映出群落在组成、结构、功能等方面的特征，也反映了自然环境条件与植物个体之间的关系，对森林群落的稳定与正常演替有着重要影响。分别乔木层、更新层，计算不同栎类次生林物种多样性指数表6-5、表6-6(Margalef丰富度指数、Pielou均匀度指数、Shannon-Wierner多样性指数、Simpson优势度指数)，分析不同栎类次生林乔木层、更新层物种多样性特征。

由表6-5可以看出，不同栎类次生林乔木层物种多样性均存在差异。物种丰富度以亮叶水青冈多脉青冈混交林(FC)为最大，甜槠锥栗混交林(CC)次之，石栎樟树混交林(LC)

表6-5　不同栎类次生林乔木层物种多样性

林型	Margalef 丰富度指数	Pielou 均匀度指数	Shannon-Wierner 多样性指数	Simpson 优势度指数
CC	2.39±0.19a	0.76±0.03a	1.82±0.12a	0.24±0.04a
FC	2.82±0.28a	0.83±0.02a	2.07±0.13a	0.18±0.02a
LC	0.87±0.09b	0.57±0.03b	0.98±0.07bc	0.48±0.03bc
QC	1.72±0.25c	0.64±0.05b	1.29±0.14b	0.42±0.05b
CG	1.20±0.12bc	0.53±0.05b	0.93±0.13c	0.56±0.05c

注：表中同列不同字母表示不同林型之间物种多样性差异显著，下同。

最小，Margalef 丰富度指数按大小排序为：亮叶水青冈多脉青冈混交林（FC）>甜槠锥栗混交林（CC）>枹栎甜槠混交林（QC）>青冈栎混交林（CG）>石栎樟树混交林（LC）；物种均匀度以亮叶水青冈多脉青冈混交林（FC）为最大，甜槠锥栗混交林（CC）次之，青冈栎混交林（CG）最小，Pielou 均匀度指数从大到小依次为：亮叶水青冈多脉青冈混交林（FC）>甜槠锥栗混交林（CC）>枹栎甜槠混交林（QC）>石栎樟树混交林（LC）>青冈栎混交林（CG）；乔木层 Shannon-Wierner 多样性指数变化趋势与 Pielou 均匀度指数一致，亮叶水青冈多脉青冈混交林（FC）为最大，甜槠锥栗混交林（CC）次之，青冈栎混交林（CG）最小；Simpson 优势度指数是对物种集中性的度量（Simpson，1949），其是多样性的反面，乔木层 Simpson 优势度指数变化趋势与 Shannon-Wierner 多样性指数、Pielou 均匀度指数完全相反，其按大小排序依次为：青冈栎混交林（CG）>石栎樟树混交林（LC）>枹栎甜槠混交林（QC）>甜槠锥栗混交林（CC）>亮叶水青冈多脉青冈混交林（FC）。

（2）更新层物种多样性

从表 6-6 可以看出，不同栎类次生林更新层物种多样性存在差异。不同栎类次生林更新层 Margalef 丰富度指数从大到小依次是：亮叶水青冈多脉青冈混交林（FC）>枹栎甜槠混交林（QC）>甜槠锥栗混交林（CC）>石栎樟树混交林（LC）>青冈栎混交林（CG）；Pielou 均匀度指数表现为：枹栎甜槠混交林（QC）>亮叶水青冈多脉青冈混交林（FC）=甜槠锥栗混交林（CC）>石栎樟树混交林（LC）>青冈栎混交林（CG）；Shannon-Wierner 多样性指数变化趋势与 Margalef 丰富度指数一致，亮叶水青冈多脉青冈混交林（FC）最大，枹栎甜槠混交林（QC）次之，青冈栎混交林（CG）最小；更新层 Simpson 优势度指数变化趋势与 Margalef 丰富度指数、Shannon-Wierner 多样性指数完全相反，按从大到小排序依次为：青冈栎混交林（CG）>石栎樟树混交林（LC）>甜槠锥栗混交林（CC）>枹栎甜槠混交林（QC）>亮叶水青冈多脉青冈混交林（FC）。

表 6-6 不同栎类次生林更新层物种多样性

林型	Margalef 丰富度指数	Pielou 均匀度指数	Shannon-Wierner 多样性指数	Simpson 优势度指数
CC	1.25±0.16a	0.83±0.04a	1.12±0.09a	0.43±0.06ac
FC	1.88±0.15b	0.83±0.03a	1.55±0.10b	0.28±0.03b
LC	0.64±0.16c	0.70±0.08b	0.72±0.19c	0.60±0.10c
QC	1.72±0.12b	0.88±0.03a	1.32±0.10ab	0.32±0.03ab
CG	0.35±0.12c	0.61±0.08b	0.30±0.09d	0.83±0.05d

（3）乔木层与更新层物种多样性比较

结合表 6-5、表 6-6 与图 6-3 可以看出，除枹栎甜槠混交林（QC）乔木层与更新层物种丰富度相差不大外，其余 4 种栎类次生林 Margalef 丰富度指数均表现为：乔木层>更新层；亮叶水青冈多脉青冈混交林（FC）乔木层、更新层物种丰富度指数均为其所在层次的最大值，乔木层石栎樟树混交林（LC）Margalef 丰富度指数最小，而更新层青冈栎混交林（CG）Margalef 丰富度指数最小。对比乔木层与更新层的 Pielou 均匀度指数可知，除亮叶水青冈多脉青冈混交林(FC)乔木层与更新层物种均匀度相差不大外,其余 4 种栎类次生林 Pielou 均匀度指数均表现为:更新层>乔木层。乔木层、更新层 Shannon-Wierner 多样性指数与 Margalef 丰富度指数表现基本一致,为枹栎甜槠混交林(QC)乔木层、更新层 Shannon-Wierner 多样性指数相差不大,其余 4 种栎类次生林均表现为:乔木层>更新层。对比乔木层、更新层 Simpson 优势度指数来看,除枹栎甜槠混交林(QC)表现为:乔木层>更新层外,其余 4 种栎类次生林均表现为:更新层>乔木层。

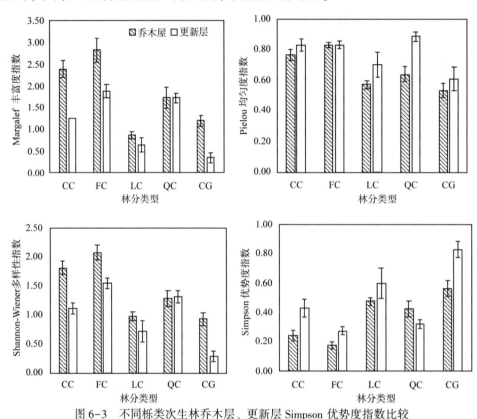

图 6-3　不同栎类次生林乔木层、更新层 Simpson 优势度指数比较

6.1.2.3　不同林型栎类优势树种空间分布格局

(1)乔木层空间分布格局

采用方差均值比(C)、聚块性指数(m＊/m)以及负二项分布指数(K)3 个指标来分析不同林型栎类优势树种(乔木层重要值≥10%)空间分布格局。

由表 6-7 可以看出,由方差均值比(C)、聚块性指数(m＊/m)以及负二项分布指数(K)3 个指标的值可得,5 种不同栎类次生林乔木层栎类优势树种的空间分布格局均为聚集分布,即方差均值比(C)、聚块性指数(m＊/m)均大于 1,负二项分布指数(K)较小。采用 t 检验对方差均值比(C)进行显著性检验,结果显示,各林型栎类优势树种 t 检验结果均为极显著。其中,甜槠锥栗混交林(CC)栎类优势树种聚集强度按大小排序为:细叶青冈 > 锥栗 > 甜槠;亮叶水青冈多脉青冈混交林(FC)栎类优势树种聚集强度按大小排序为:多脉青冈 > 亮叶水青冈;枹栎甜槠混交林(QC)栎类优势树种聚集强度按大小排序为:甜槠 > 锥栗。另外,石栎樟树混交林(LC)、青冈栎混交林(CG)栎类优势树种聚块性指数

(m＊/m)接近1(1.074、1.062)，负二项分布指数(K)较大(13.434、16.079)，聚集程度均较低，接近于随机分布。

表6-7 不同栎类次生林栎类优势树种乔木层空间格局分布

林型	树种	C	t 检验	m＊/m	K	格局
CC	甜槠	3.953	7.234＊＊	1.291	3.438	聚集
	锥栗	8.002	17.151＊＊	2.097	0.912	聚集
	细叶青冈	17.431	40.248＊＊	4.391	0.295	聚集
FC	亮叶水青冈	4.012	6.024＊＊	1.213	4.685	聚集
	多脉青冈	3.617	5.234＊＊	1.251	3.991	聚集
LC	石栎	11.458	16.536＊＊	1.074	13.434	聚集
QC	枹栎	13.171	25.818＊＊	1.585	1.709	聚集
	甜槠	24.736	50.351＊＊	3.046	0.489	聚集
CG	青冈栎	3.100	5.144＊＊	1.062	16.079	聚集

注：＊表示在0.05水平上显著相关，＊＊表示在0.01水平上显著相关，下同。

(2)更新层空间分布格局

从表6-8方差均值比(C)、聚块性指数(m＊/m)、负二项分布指数(K)3个指标的值以及 t 检验对方差均值比(C)进行显著性检验结果可以看出，不同栎类次生林更新层主要栎类优势树种(乔木层重要值≥10%)分布格局不尽相同。甜槠锥栗混交林(CC)中甜槠、锥栗空间分布格局为聚集分布，且 t 检验对方差均值比(C)进行显著性检验结果显示为甜槠极显著、锥栗显著，按聚集强度大小排序：锥栗>甜槠；而细叶青冈空间分布格局呈随机分布。亮叶水青冈多脉青冈混交林(FC)中亮叶水青冈分布类型为随机分布，多脉青冈分布类型为聚集分布。石栎樟树混交林(LC)中石栎分布格局为随机分布。枹栎甜槠混交林(QC)中枹栎分布格局为随机分布，甜槠分布格局为聚集分布。青冈栎混交林(CG)中青冈栎分布格局为聚集分布。

表6-8 不同栎类次生林栎类优势树种更新层乔木层空间格局分布

林型	树种	C	t 检验	m＊/m	K	格局
CC	甜槠	4.913	9.585＊＊	3.212	0.452	聚集
	锥栗	2.000	2.449＊	7.500	0.154	聚集
	细叶青冈	1.100	0.245	1.260	3.846	随机
FC	亮叶水青冈	1.500	1.000	1.750	1.333	随机
	多脉青冈	6.643	11.286＊＊	3.418	0.414	聚集
LC	石栎	1.069	0.108	1.004	255.208	随机
QC	枹栎	1.603	1.280	1.862	1.161	随机
	甜槠	4.963	8.407＊＊	4.302	0.303	聚集
CG	青冈栎	2.330	3.257＊＊	1.097	10.298	聚集

研究表明，不同栎类次生林之间物种多样性存在差异；同一林分类型栎类次生林，不同层次间物种多样性存在差异，这一结论与张巧明的研究结果一致。在5个不同栎类次生林中，乔木层物种丰富度以亮叶水青冈多脉青冈混交林（FC）为最高，甜槠锥栗混交林（CC）次之，石栎樟树混交林（LC）最小；Shannon-Wierner 多样性指数变化趋势与 Pielou 均匀度指数一致，亮叶水青冈多脉青冈混交林（FC）为最大，甜槠锥栗混交林（CC）次之，青冈栎混交林（CG）最小；而 Simpson 优势度指数变化趋势与 Shannon-Wierner 多样性指数、Pielou 均匀度指数完全相反。不同栎类次生林更新层丰富度与均匀度变化趋势一致，均为亮叶水青冈多脉青冈混交林（FC）最大，枹栎甜槠混交林（QC）次之，青冈栎混交林（CG）最小；Simpson 优势度指数变化趋势与 Margalef 丰富度指数、Shannon-Wierner 多样性指数完全相反；Pielou 均匀度指数表现为枹栎甜槠混交林（QC）最大，亮叶水青冈多脉青冈混交林（FC）和甜槠锥栗混交林（CC）次之，青冈栎混交林（CG）最小。同一林分类型，不同层次间各物种多样性指数基本呈以下规律：乔木层丰富度与多样性普遍高于更新层；而均匀度与优势度普遍表现为更新层高于乔木层。

从不同栎类次生林的空间分布格局来看，各林分类型乔木层与更新层分布格局不尽相同。5 种栎类次生林乔木层栎类优势树种分布格局均为聚集分布，且 t 检验对方差均值比（C）进行显著性检验结果均为极显著；但其中石栎樟树混交林（LC）、青冈栎混交林（CG）栎类优势树种的聚块性指数（m * /m）值接近1（1.074、1.062），负二项分布指数（K）较大（13.434、16.079），聚集程度均较低，接近于随机分布。这可能是由于这两种林分栎类优势树种在样方中的密度过大，而方差均值比（C）值以密度为基础，密度过大或过小时，可靠性较差的缘故。乔木层不同林型各栎类优势树种聚集强度存在差异，表现为：细叶青冈>甜槠（QC）>锥栗>枹栎>甜槠（CC）>多脉青冈>亮叶水青冈>石栎>青冈栎。5 种栎类次生林更新层栎类优势树种分布格局为：锥栗、甜槠（CC）、多脉青冈、甜槠（CC）以及青冈栎均为聚集分布，而细叶青冈、亮叶水青冈、石栎、枹栎均为随机分布。更新层栎类优势树种的分布类型与生境的异质性以及母树种子的散布性有关。

6.1.3 栎类次生林天然更新影响因子分析

分别以不同类型栎类次生林的海拔（x_1）、坡度（x_2）、坡向（x_3）、坡位（x_4）、土壤厚度（x_5）、腐殖质厚度（x_6）、枯落物厚度（x_7）等环境因子和林分年龄（x_8）、郁闭度（x_9）、乔木密度（x_{10}）、草本盖度（x_{11}）、灌木盖度（x_{12}）等林分因子为自变量，以幼树密度（y_1）、幼树平均高（y_2）、幼树平均地径（y_3）、幼树平均冠幅（y_4）为因变量进行相关性分析，所得结果如表 6-9 所示。

表 6-9　不同栎类次生林幼树更新指标与影响因子间的相关系数

林型	指标	环境因子							林分因子				
		x_1	x_2	x_3	x_4	x_5	x_6	x_7	x_8	x_9	x_{10}	x_{11}	x_{12}
CC	y_1	-0.34	0.19	-0.35	0.22	-0.44	-0.65*	0.04	-0.16	-0.48	0.26	0.28	-0.22
	y_2	0.26	-0.47	-0.07	-0.22	0.27	0.23	-0.35	-0.14	0.32	0.38	0.45	0.63*
	y_3	0.24	-0.09	-0.01	-0.13	0.33	0.09	-0.04	0.26	0.24	0.04	0.61*	0.59*
	y_4	0.379	-0.31	0.08	-0.37	0.14	0.52	-0.00	0.04	0.10	0.14	0.18	0.44
FC	y_1	0.76*	0.19	-0.47	0.58	-0.56	0.78*	0.70*	0.28	-0.02	0.14	0.87**	-0.38
	y_2	0.29	0.19	-0.42	0.66*	-0.16	0.52	0.02	-0.27	-0.58	0.08	0.07	0.26
	y_3	0.25	0.18	-0.36	0.50	-0.20	0.29	-0.11	-0.04	-0.67*	-0.01	-0.05	0.28
	y_4	0.30	-0.06	-0.55	0.81**	-0.06	0.51	0.39	-0.09	-0.23	0.27	0.25	0.18
LC	y_1			0.88	-0.34	0.88*			0.06	.a	0.23	0.21	-0.56
	y_2			-0.47	0.35	-0.47			0.34	.a	-0.34	-0.02	-0.24
	y_3	.a	.a	-0.19	0.16	-0.19	.a	a	0.23		-0.56	-0.16	-0.51
	y_4	.a	.a	0.03	0.34	0.03	.a	.a	-0.08	.a	-0.58	0.40	-0.46
QC	y_1			0.27	-0.71*	0.44			0.36		0.78**	0.62	-0.60
	y_2			-0.15	-0.47	0.57			0.62		0.05	0.16	-0.46
	y_3	-0.20	-0.10	-0.14	-0.31	0.40	0.15	0.12	0.54	-0.04	-0.25	0.07	-0.24
	y_4	0.60	-0.70*	0.18	0.38	0.12	-0.25	-0.08	-0.28	-0.38	-0.38	-0.18	0.17
CG	y_1	-0.05	-0.31	0.07	-0.33	-0.18	0.29	-0.17	-0.37	-0.21	-0.15	-0.37	-0.43
	y_2	-0.02	0.48	-0.48	0.368	0.67*	0.29	-0.24	-0.16	0.43	0.69**	-0.11	0.08
	y_3	0.10	0.44	-0.53	0.35	0.35	0.04	-0.30	-0.39	-0.08	0.46	-0.19	0.40
	y_4	0.15	0.23	-0.12	0.10	0.29	-0.06	-0.20	-0.61	0.22	0.38	0.06	0.59*

注：* 为 $P<0.05$（双尾）；** 为 $P<0.01$（双尾）；.a 为由于至少有一个变量为常量，因此无法进行计算。

表 6-9 结果显示，5 种林分类型中除了林分年龄与 4 个更新指标均无显著关联外，其余 7 个环境因子、4 个林分因子与 4 个更新指标的部分指标有显著相关性，但各个林分类型间与 4 个更新指标显著相关的因子存在差异。甜槠锥栗混交林（CC）中幼树密度与腐殖质厚度显著负相关，其余各环境因子对幼树生长影响不大；幼树平均高与灌木盖度呈显著正相关；幼树平均地径与草本盖度、灌木盖度呈显著正相关。亮叶水青冈多脉青冈混交林（FC）中幼树密度与海拔、腐殖质厚度、枯落物厚度呈显著正相关，与草本盖度呈极显著正相关；坡位对幼树平均高、幼树平均冠幅产生显著正影响；幼树平均地径与郁闭度呈显著负相关。石栎樟树混交林（LC）中幼树密度与坡向、土壤厚度呈显著正相关，其余因子对幼树生长无显著影响。枪栎甜槠混交林（QC）中幼树冠幅、幼树密度分别与坡度、坡位呈显著负相关；幼树密度与郁闭度、乔木密度呈极显著正相关。青冈栎混交林（CG）中幼树平均地径与土壤厚度呈显著正相关，与乔木密度呈极显著正相关；幼树平均冠幅与灌木盖度呈显著正相关。

甜槠锥栗混交林(CC)中幼树密度与腐殖质厚度呈显著负相关，说明腐殖质对该林分类型的幼树生长有阻碍作用，这与董丽的研究结果一致。幼树平均高与灌木盖度呈显著正相关，幼树平均地径与草本盖度、灌木盖度呈显著正相关。这是由于灌木盖度与幼树密度呈微弱的负相关，随着灌木盖度的增大，幼树数量减少，更新幼树间对有限资源的竞争减弱，有利于幼树株高和地径的生长。

亮叶水青冈多脉青冈混交林(FC)中幼树密度与海拔、腐殖质厚度、枯落物厚度呈显著正相关，这是由于海拔高度的变化导致林分中光热条件也发生了变化，随着海拔高度的增加林分温度降低湿度加大，土壤微生物活动受阻，有机质分解较慢，导致腐殖质、枯落物厚度增加，更适合林分中幼树的生长，使其数量增加。坡位对幼树株高产生显著正影响，对幼树冠幅产生极显著正影响。坡位对于树木的生长的影响不是孤立的，常常和坡向、坡度等因子综合在一起起作用，亮叶水青冈多脉青冈混交林所处的研究地点山坡坡度较大(平均坡度大于 36°)，而山脊或靠近山脊的上坡相对而言比较平坦开阔，山脊的土壤较山坡土壤深厚肥沃，使得山脊的幼树比山坡的幼树生长得更好。幼树平均地径与郁闭度呈显著负相关，这是因为高郁闭度森林的林下光照不足和光质改变，不利于林下幼树的生长，JS Denslow、于飞等研究也证实了这一点。草本盖度与幼树密度呈极显著正相关，亮叶水青冈多脉青冈混交林的草本盖度在 2%~15% 之间，说明在这个范围内，草本盖度的增加对幼树的生长起促进作用。

石栎樟树混交林(LC)中幼树密度与坡向、土壤厚度呈显著正相关外，其余各个影响因子对幼树更新未产生显著影响，说明坡向、土壤厚度是影响该林分类型幼树生长的主要因子，阳光越充足且土壤越深厚肥沃的环境条件下更适合林分中幼树的生长。

枹栎甜槠混交林(QC)中幼树密度、幼树冠幅分别与坡位、坡度呈显著负相关，说明林分中幼树适合生长在地势平坦土壤肥沃的下坡位。郁闭度与幼树密度呈显著正相关、乔木密度与幼树密度呈极显著正相关，在 882~1914 株/hm² 范围内，随着乔木密度的增加，林分郁闭度也随之增加，林分中幼树密度呈增加趋势。这主要是因为不同林分乔木密度、郁闭度所产生的森林群落内光热条件的异质性，直接影响到林下幼树的生长发育。

青冈栎混交林(CG)幼树平均地径与土壤厚度呈显著正相关，这是由于随着土壤厚度的增加，土壤中有机质含量越多，土壤越肥沃，更适合林下幼树的生长发育。乔木密度对幼树平均地径产生极显著正影响，幼树平均地径随乔木密度的增加而增长。由于乔木密度与幼树密度呈微弱的负相关，随着乔木密度的增加，幼树数量减少，更新幼树间对有限资源的竞争减弱，有利于更新幼树的生长。幼树平均冠幅与灌木盖度呈显著正相关，说明在一定范围内，灌木盖度对林下幼树的生长有促进作用。但幼树密度与灌木盖度呈微弱的负相关，这与甜槠锥栗混交林(CC)中研究结果一致，说明林下幼树与灌木之间存在着竞争，随着灌木盖度的增加，幼树生长空间减少，导致幼树数量减少。

6.2　栎类次生林的生长竞争

6.2.1　林木竞争单元构建

6.2.1.1　材料与方法

（1）研究材料

在芦头林场的试验示范林内设置了 2 块 20m×40m 的具有代表性的青冈栎次生林标准地，分别调查样地的林分平均高、平均胸径、郁闭度、海拔、坡度、坡向等因子，对样地内的树木进行编号，采用每木检尺的方式调查样地内树木的胸径、树高、冠幅等测树因子，并记录每株树木的 x、y 坐标以便于计算树木之间的距离，标准地基本信息如表 6-10 所示。样地内乔木总株数 208 株，其中青冈栎 175 株，占 84.1%，其他树种 33 株，占 15.9%。

表 6-10　青冈栎次生林样地概况

标准地	郁闭度	坡向	坡度（°）	海拔（m）	平均胸径（cm）	平均高（m）
I	0.81	东南	30	324	12.3	11.9
II	0.72	北	18	320	11.4	10.6

（2）研究方法

利用标准地调查法收集实验需要的数据。采用偏移法消除边缘效应，把矩形样地分别向八个邻域进行偏移，将样地周围的林分视为与样地一致，如此，样地内的青冈栎全部可选作对象木，偏移后的区域内林木只选作竞争木，这样可以解决样地内边缘木的竞争木可能位于样地外的问题。选择 Hegyi 竞争指数计算样地内青冈栎在不同株数竞争木情况下的竞争指数，采用成对比数据假设检验的方法对对象木在不同株数竞争木时的竞争指数进行对比分析。

6.2.1.2　竞争指数计算

排除样地内极少数的非青冈栎林木后，I 号样地内可作对象木的青冈栎有 81 株，II 号样地内可作对象木的青冈栎有 94 株，对每株对象木选择与其距离最近的 8 株邻近木作为竞争木按照距离由小到大进行排序，排序结果如表 6-11 所示。

表 6-11　样地对象木的竞争木概况

样地编号	对象木编号	对象木胸径（cm）	第 1 株		第 2 株		…	第 8 株	
			距离（cm）	胸径（cm）	距离（cm）	胸径（cm）	…	距离（cm）	胸径（cm）
I	1	12.6	1.10	19.5	3.05	11.4	…	6.21	11.2
	2	7.9	0.7	8.7	1.7	6.8	…	6.53	7.2
	3	32.1	1.22	5.6	1.96	10.8	…	4.27	12.4
	…	…	…	…	…	…	…	…	…
	80	12.4	2.24	16.0	2.50	13.1	…	3.56	5.5
	81	5.5	1.92	11.6	2.53	10.2	…	3.72	8.7

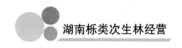

（续）

样地编号	对象木编号	对象木胸径(cm)	第1株		第2株		…	第8株	
			距离(cm)	胸径(cm)	距离(cm)	胸径(cm)	…	距离(cm)	胸径(cm)
II	1	12.7	0.36	8.8	0.71	11.3	…	5.41	6.8
	2	12.7	0.35	10.2	1.56	11.6	…	4.73	7.8
	3	8.8	0.36	11.3	0.36	12.7	…	5.20	14.5
	…	…	…	…	…	…	…	…	…
	93	12.9	1.57	12.7	1.8	10.2	…	3.76	11.3
	94	7.8	2.43	11.6	3.96	19.5	…	5.04	9.3

研究选择 Hegyi 竞争指数计算对象木在不同竞争木株数时的竞争指数值，Hegyi 竞争指数计算如式(6-1)所示。

$$CI_i = \sum_{j=1}^{n} \frac{D_j}{D_i L_{ij}} \tag{6-1}$$

式中：CI_i 为对象木 i 的竞争指数；D_j 为第 j 株竞争木的胸径；D_i 为对象木 i 的胸径；L_{ij} 为对象木 i 与第 j 株竞争木的距离。

经过计算得样地 I 和 II 的对象木在不同株数竞争木下的竞争指数见表6-12。

表6-12 样地对象木的竞争指数概况

样地编号	对象木编号	1邻体	2邻体	3邻体	4邻体	5邻体	6邻体	7邻体	8邻体
I	1	1.41	1.70	2.27	2.38	2.53	2.65	2.76	2.85
	2	1.46	1.97	2.76	2.99	3.83	4.09	4.26	4.40
	3	0.14	0.31	0.45	0.58	0.63	0.80	0.87	0.95
	…	…	…	…	…	…	…	…	…
	80	0.58	1.00	1.26	1.48	1.98	2.15	2.34	2.46
	81	1.10	1.83	2.85	3.74	4.86	5.27	5.84	6.26
II	1	1.92	3.17	3.79	4.63	4.95	5.10	5.22	5.32
	2	2.51	3.10	3.75	4.04	4.21	4.36	4.49	4.63
	3	3.57	7.58	8.75	9.28	10.08	10.30	10.63	10.83
	…	…	…	…	…	…	…	…	…
	93	0.63	1.07	1.25	1.48	1.83	2.27	2.65	2.88
	94	1.31	1.95	2.23	2.76	3.12	3.46	3.69	3.93

6.2.1.3 竞争结构单元构建

随着对象木与竞争木距离的增加，竞争指数值越来越小，根据前面的设想，利用成对比数据假设检验的方法，根据不同竞争木株数时的竞争指数的显著差异性检验，来确定竞争木的株数，构建竞争结构单元。具体计算公式如式(6-2)至式(6-5)所示。

$$pd = \frac{\sum d_i}{n} \tag{6-2}$$

$$Sd = \sqrt{\frac{(d_i - pd)^2}{n}} \qquad (6-3)$$

$$Spd = \frac{sd}{\sqrt{n-1}} \qquad (6-4)$$

$$t = \frac{pd}{spd} \qquad (6-5)$$

式中：d_i 为第 i 个检验样本在不同竞争木株数时的竞争指数值之差，n 为检验样本数，pd 为 d_i 的算术平均值，Sd 为变量 d_i 的标准差，Spd 为变量 d_i 的均方差，t 为成对数据假设检验的统计量。在 0.05 的显著水平下比较 t 与 $ta(n-1)$，当 t 大于 $t_{0.05}(n-1)$ 时，即认为两组数据差异显著，否则差异不显著。

对两个样地中对象木的竞争指数分析结果如表 6-13、表 6-14 所示。

表 6-13　Ⅰ号样地竞争指数分析结果

株数	pd	Sd	Spd	t	$t_{0.05}(80)$	显著性
1-2	0.66	0.80	0.09	7.36	1.99	是
2-3	0.52	0.56	0.06	8.34	1.99	是
3-4	0.38	0.43	0.05	7.95	1.99	是
4-5	0.31	0.51	0.06	5.43	1.99	是
5-6	0.27	0.68	0.08	3.57	1.99	是
6-7	0.19	0.99	0.11	1.72	1.99	否
7-8	0.14	0.93	0.10	1.34	1.99	否

注：表中"1-2"表示对象木在 1 株竞争木时与 2 株竞争木时的竞争指数的对比分析。

表 6-14　Ⅱ号样地竞争指数分析结果

株数	pd	Sd	Spd	t	$t_{0.05}(93)$	显著性
1-2	0.72	0.81	0.08	8.59	1.98	是
2-3	0.64	0.77	0.08	7.98	1.98	是
3-4	0.43	0.56	0.06	7.34	1.98	是
4-5	0.34	0.58	0.06	5.67	1.98	是
5-6	0.25	0.70	0.07	3.42	1.98	是
6-7	0.17	0.98	0.10	1.67	1.98	否
7-8	0.11	0.88	0.09	1.21	1.98	否

注：表中"1-2"表示对象木在 1 株竞争木时与 2 株竞争木时的竞争指数的对比分析。

从表 6-13、表 6-14 中可以看出：①分别选择 1 株与 2 株、2 株与 3 株、3 株与 4 株、4 株与 5 株、5 株与 6 株邻近木计算的竞争指数作对比分析，其 t 值均大于临界值，两两间都存在显著差异。②选择 6 株与 7 株、7 株与 8 株邻近木计算时，t 值均小于临界值，即选择 6 株邻近木与 7 株邻近木计算对象木的竞争指数时，其结果并无显著差异；选择 7 株邻近木与 8 株邻近木计算结果也无显著差异。故可以认为，在该青冈栎次生林中计算对象木

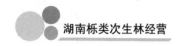

的竞争指数时，选择6株邻近木计算的竞争指数基本上可以反映该对象木在林分中受到的竞争压力状况，以对象木周围6株邻近木作为对象木的竞争单元较为合理。

6.2.2 青冈栎次生林种内与种间竞争

6.2.2.1 材料与方法

在试验示范林内选取6块青冈栎次生林典型样地作为研究对象，在样地内选择不同胸径范围的对象木(青冈栎)共50株，分布情况见表6-15。选用 Hegyi 竞争指数来定量分析青冈栎次生林种内与种间竞争关系。

表6-15　50株青冈栎的胸径分布

胸径 DBH(cm)	株数
5~10	10
10~15	10
15~20	10
20~25	10
25~30	8
>30	2
合计	50

6.2.2.2 竞争范围的确定

应用 Hegyi 竞争指数时，确定以对象木为圆心的竞争样圆半径，使其计算得到的竞争强度能够真实地反映研究对象的竞争状况是非常重要的。采用扩大样圆半径的逐步扩大范围法，根据竞争强度和样圆半径之间呈正相关的关系，在充分结合速率变化情况以及"拐点法"的情况下，对样圆半径进行测量和计算。半径以1m作为基本增加量，以3m为基量，确定直径范围为3~10m的8个样圆半径。在2块样地中分别选择不同胸径范围的青冈栎对象木20株，分别计算3m、4m、5m、6m、7m、8m、9m、10m样圆内对象木的平均竞争指数。通过最终的计算结果，制定出关系图6-4。

由图6-4可以看出，在3~7m样圆半径范围内，所有林木的平均竞争指数都是呈显著增长状态的；当半径在7m左右时，图中显示出了"拐点"，此时对象木平均竞争指数为0.398；当半径大于7m时，平均竞争指数并没有与样圆半径同步增长，数值变化非常小。也就是说，在青冈栎次生林种群中，如果对象木与竞争木之间的距离在7m以上，那么二者之间的竞争强度就会很小；如果二者范围在0~7m，青冈栎受到的竞争压力会随着样圆半径的增大明显增加。综上所述，可认为青冈栎次生林单木的竞争范围为7m。

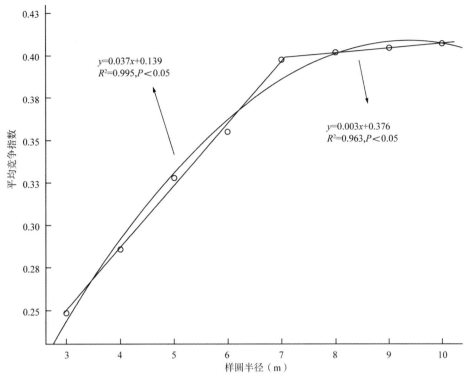

图 6-4 青冈栎样圆半径和平均竞争指数的关系

6.2.2.3 对象木与竞争木特征

研究共调查对象木（青冈栎）50 株，胸径范围为 5.3~41.8cm，平均胸径为 17.7cm；共调查竞争木 318 株，胸径范围为 5.4~48.6cm，平均胸径为 14.1cm，其中，调查的竞争木包括鹿角杜鹃、甜槠、杉木、马尾松、拟赤杨、苦槠、枫香等 11 个树种。现以 5cm 为一个径阶对青冈栎次生林样地中的对象木与竞争木进行统计，结果见表 6-16。

从表 6-16 得知，在林木径级增大的同时，相应径级对象木与竞争木的数量出现了减少的情况，其中小径阶林木占 90%，大径阶林木占 10%，说明该青冈栎林分林木竞争激烈，经过林分自然稀疏后，部分林木生长缓慢甚至死亡，而部分林木竞争占据优势得以生长成为大径阶。

表 6-16 对象木与竞争木的概况

径级（cm）	对象木			竞争木		
	株数	百分比（%）	平均胸径（cm）	株数	百分比（%）	平均胸径（cm）
5~10	10	20	7.6	93	29.25	7.8
10~15	10	20	12.3	105	33.02	12.4
15~20	10	20	17.4	78	24.53	17.3
20~25	10	20	22.5	30	9.43	22.3
25~30	8	16	26.2	8	2.52	26
>30	2	4	39.2	4	1.26	41.3
合计	50	100	—	318	100	—

6.2.2.4　种内与种间竞争

对于植物来说，物种之间的竞争强度受到各方面的影响，主要集中在密度和个体大小两个方面。除此之外，生物学特性、生态习性等也会对物种竞争产生影响，尤其对于那些生态习性非常类似的物种来说，这种竞争更为激烈。因此，当某一物种生存的环境正好处于最适生态位时，它的竞争强度将会大幅度提升。从表 6-17 得知，林木个体大小和数量都是影响青冈栎种群竞争关系的重要因素。

表 6-17　青冈栎次生林的种内和种间竞争强度

径级（cm）	种内竞争			种间竞争		
	株数	竞争指数	平均竞争指数	株数	竞争指数	平均竞争指数
5~10	41	8.393	0.205	52	16.567	0.319
10~15	39	12.035	0.309	66	21.534	0.326
15~20	36	14.946	0.415	42	17.388	0.414
20~25	16	13.663	0.854	14	14.321	1.023
25~30	6	2.87	0.478	2	2.694	1.347
>30	1	0.426	0.426	3	4.272	1.424
合计	139	52.333	—	179	76.776	—

由表 6-17 可以看出，青冈栎次生林种内竞争共有竞争木 139 株，占竞争木总株数的 43.7%；种内竞争指数为 52.333，占竞争总强度的 40.53%，表明青冈栎种群种内竞争压力小于种间竞争压力，这与自然状态下青冈栎种群数量相对较少，分布不集中的特征相符合。青冈栎单木种内竞争强度总体上呈现出正态分布的趋势，表明林分初期青冈栎林木胸径较小，竞争强度也较小；胸径在 25cm 左右时，林木胸径与数量均较大，竞争强度也大；胸径在 25cm 以后，林分内产生自然稀疏现象，部分青冈栎林木死亡，导致竞争强度也相应减小。

青冈栎次生林种间的竞争指数为 76.776，占总竞争强度的 56.3%；竞争木胸径 ≤ 25cm 的林木对青冈栎种群产生的竞争压力最大，占 90.9%，这是竞争木数量占据绝大多数导致的。其中胸径小于 20cm 的竞争木数量最多，但由于个体较小，对青冈栎种群的平均竞争压力并不是最大，而竞争木胸径>25cm 时，虽然竞争木数量并不多，但由于个体较大，对青冈栎种群的平均竞争压力随着胸径的增加而增大。

青冈栎次生林的竞争压力不仅与竞争木胸径和数量有关，还与林分内竞争木的种类相关，结果见表 6-18。本次调查林分中共有竞争木 11 种，其中对青冈栎竞争强度最大的是甜槠、杉木和鹿角杜鹃种群，其竞争强度分别为 35.85、17.45、12.26，其次是拟赤杨、枫香、小叶栎、橄榄，最小的是马尾松、苦槠、杨梅。甜槠、杉木、鹿角杜鹃为当地的主要组成树种，数量较多，对青冈栎次生林产生的竞争压力也最大。其中鹿角杜鹃总的竞争强度大，但是其平均竞争强度很小，这是鹿角杜鹃种群数量居多以及树高总体偏矮所造成的。

表 6-18　林分内不同竞争木的竞争强度

种名	株数	占总株数比例(%)	平均胸径(cm)	竞争指数	占总强度的比例(%)	平均竞争指数
甜槠 Castanopsis eyrei	48	26.82	14.2	27.5242	35.85	0.5734
杉木 Cunninghamia lanceolata	20	11.17	16.4	13.3974	17.45	0.6699
鹿角杜鹃 Rhododendron latoucheae	34	18.99	9.2	9.4127	12.26	0.2768
拟赤杨 Alniphyllum fortunei	15	8.38	15.1	8.0461	10.48	0.5364
枫香 Liquidambar formosana	18	10.06	12.9	6.3571	8.28	0.3532
小叶栎 Quercus chenii	13	7.26	11.1	5.6968	7.42	0.4382
橄榄 Canarium album	8	4.47	18.9	2.4952	3.25	0.3119
马尾松 Pinus massoniana	6	3.35	22.6	1.6430	2.14	0.2738
苦槠 Castanopsis sclerophylla	7	3.91	13.7	1.4511	1.89	0.2073
杨梅 Myrica rubra	10	5.59	14.7	0.7524	0.98	0.0752

6.2.2.5　林木大小与竞争强度关系

林木的生长状态受生物因素和非生物因素两大方面的影响,生物因素即林木自身状况,包括冠幅、胸径大小等,而胸径大小是对林木生长状态影响最大的一个因素。本研究以竞争强度为因变量,胸径为自变量,运用 SPSS 软件采用线性、对数、幂、指数、Logistic 函数对林分竞争强度与胸径进行拟合分析。拟合结果见表 6-19。

表 6-19　对象木胸径(x)与林分竞争强度(y)拟合分析结果

方程	拟合公式	相关系数(R)
线性	$y = -0.456x + 13.071$	0.741
对数	$y = -8.223\ln x + 27.735$	0.870
幂	$y = 640.110x^{-1.904}$	0.900
指数	$y = 26.538e^{-0.117x}$	0.882
Logistic	$y = \left(\dfrac{1}{19} + 0.038 \times 1.125x\right)^{-1}$	0.860

通过拟合分析发现,对象木胸径与竞争指数的各拟合方程相关性大小为幂方程>指数方程>对数方程>Logistic 方程>线性方程。因此对象木胸径与林分竞争指数之间的关系可以用幂函数关系来体现,具体为:

$$CI = aD^{-b} \tag{6-6}$$

式中:CI 代表竞争指数;D 为对象木胸径数值;a、b 为参数。

通过对对象木胸径与林分竞争强度的数据分析拟合,得到幂函数方程为:

$$y = 640.11D^{-1.904}(R = 0.900,\ P < 0.001) \tag{6-7}$$

通过本文分析的数据制成了关系图 6-5,从图中可以看出,对象木胸径大小和林分竞争压力之间呈负相关,这点符合林木竞争的生长规律。其中,林木胸径在小于 25cm 时受到的竞争压力较大，竞争强度的变动幅度也较大；当胸径达到25cm后竞争的压力变幅小，并维持在较低的水平。这是由于青冈栎幼龄时期的胸径与冠幅相对较小，无法与周边林木进行养分与阳光的竞争，使其处于被压状态，受到的竞争压力大。随着个体的增大，青冈栎占据的空间也在不断增长，其竞争能力也随之增强。

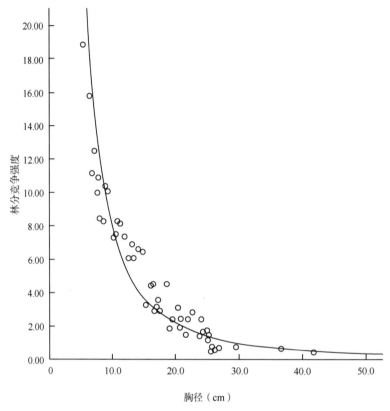

图6-5 对象木胸径与林分竞争强度关系

从式(6-7)可以看出，模型的幂次为负值，说明对象木的胸径和竞争指数之间的关系是呈负相关的。对象木的胸径越大，竞争指数越小，其附近一定范围内生长的其他树木（竞争木）就少，竞争木对对象木竞争的能力就弱。从种群竞争关系分析来看，在青冈栎林木胸径达25cm之前，需结合其自然生长特征进行合理的抚育工作，如择伐部分伴生树种，释放青冈栎生长空间，为其创造良好的生长环境，促进青冈栎次生林的正常生长与可持续经营。

6.2.3 次生林林木综合竞争压力指数

6.2.3.1 材料来源

选取试验示范林内的8块青冈栎次生林标准地进行分析，标准地大小为20m×20m，采用每木检尺的调查方式，调查每株树木的胸径、树高、冠幅和坐标等基本因子，同时调查了样地的林分平均高、平均胸径、海拔、坡度、坡向、树种等因子，并利用优势木对比法选出生长状况较好的青冈栎优势木，标准地基本信息如表6-20所示。其中乔木总数为

443 株，青冈栎有 378 株，占 85.3%，其他树种有茅栗、苦槠、甜槠等共 65 株，占 14.7%，选择的青冈栎优势木共 89 株。

表 6-20　青冈栎次生林样地概况

标准地	株数密度（株/hm²）	坡向	坡度（°）	海拔（m）	平均胸径（cm）	平均高（m）
Ⅰ	1300	东南	30	324	12.3	9.9
Ⅱ	1425	东	24	340	9.5	8.7
Ⅲ	1500	西北	32	337	12.7	10.3
Ⅳ	1550	南	21	454	14.5	10.7
Ⅴ	1225	东南	16	447	13.3	10.1
Ⅵ	1575	南	29	462	16.7	11.4
Ⅶ	1350	北	18	320	11.4	10.6
Ⅷ	1150	西南	31	354	15.2	11.7

6.2.3.2　研究方法

（1）自由树冠幅模型构建方法

构建自由树冠幅模型首先要选择优势木，利用优势木对比法，以候选优势木为中心，在立地条件相对一致的 10m 半径范围内，选取出仅次于候选优势木的 3~5 株优势木，实测并计算其平均高、胸径与材积，如果候选优势木生长指标超过测量的规定指标，即可入选。基于青冈栎次生林中的优势木数据，利用 SPSS 软件对优势木的胸径与冠幅进行相关性分析，并采用线性回归分析法，构建青冈栎优势木冠幅模型。采用标准表编制时的平均离差百分数调整法对模型进行调整，得到青冈栎自由树冠幅模型。

（2）对象木与竞争木的确定

单木竞争指标的计算首先是要确定竞争木，竞争木的确定主要考虑的问题就是边缘效应，对于位于样地边缘的树木，其竞争木可能位于样地外，从而导致其竞争指数值有偏差。消除边缘效应的方法有多种，如镜像法和偏移法，这两种方法原理相同，即设想样地周围的情况与样地一致，样地内的林木全可以作为对象木，这两种方法可以减小边缘木竞争指数计算的偏差；此外还有距离缓冲法，即将样地边缘向样地内以一定距离进行平移，建立缓冲区，该区内的树木只选作竞争木，此法会减少研究的样本数量，考虑到本研究样地面积较小，为保证样本数量，采用平移法消除边缘效应。

本研究采用的竞争压力指数涉及了自由树冠幅重叠面积，故采用树冠重叠法确定竞争木，即当邻近木自由树冠幅与对象木自由树冠幅面积有重叠就可选作该对象木的竞争木，这里采用影响力因子进行判定，公式如下：

$$I_{ij} = 1 - \frac{L_{ij}}{R_i + R_j} \tag{6-8}$$

式中：I_{ij} 为第 i 株树与第 j 株树的影响力因子；L_{ij} 为第 i 株树与第 j 株树之间的距离（m）；R_i 为第 i 株树的自由树冠幅半径（m）；R_j 为第 j 株树的自由树冠幅半径（m）。当 $I_{ij} > 0$ 时，两株树存在冠幅重叠，否则不重叠。

（3）单木影响体构建

影响圈［图6-6(a)］是指林木潜在生长得以充分发挥时所需要的最大生长空间，常以自由树的树冠面积表示。但是树木生长所需要的空间并不只表现在平面上，应该是一个立体的生长空间。因此，基于树木的影响圈，结合树高，拓展形成圆柱体，将这个三维圆柱体空间定义为该树木的影响体［图6-6(b)］，以此来表示林木潜在生长得以充分发挥时所需要的三维生长空间，这样更能反映树木的生长需求。

对于对象木3，假设其存在两株竞争木1和2，则其影响圈示意图如图6-6a所示，影响体示意图如图6-6(b)所示。

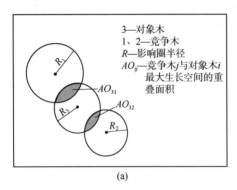
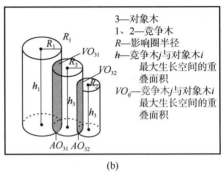

图6-6 林木影响圈与影响体示意图

6.2.3.3 林木自由冠幅模型构建

树冠是树木主要测树因子之一，是树木进行光合作用的重要场所，树冠大小在很大程度上可以反映林木在竞争生长中所处的地位，而冠幅是反映树冠大小的重要特征因子。自由树是指其周围没有竞争木与其争夺生长空间，可以充分生长的林木。在现实中，要寻找数量相当的自由树是难以实现的，而优势木的生长最接近于自由树，故本书以优势木数据为对象，利用优势木胸径与冠幅的关系，建立冠幅模型。

对8块标准地中的89株青冈栎次生林优势木按胸径大小进行排序，编号从第1号到第89号。利用SPSS对优势木的胸径、冠幅（以东西和南北冠幅的平均值表示）作散点图并进行相关性分析，分析结果见式(6-9)和图6-7，从图中可以看出其树木胸径与冠幅之间呈线性相关。

$$CW = 0.1589 + 0.2509D \qquad (R^2 = 0.9772) \qquad (6-9)$$

虽然优势木的生长与林分中自由树的生长接近，但利用优势木所建立的模型表现的是优势木生长的平均水平，与自由树的生长还是有一定的差距，所建立出的青冈栎冠幅模型还不能达到自由树冠幅模型的要求。为解决这问题，采用标准表编制时所用的系数平均离差百分数调整法，将青冈栎优势木冠幅模型系数进行提升。从89株优势木中选取出模型线以上的优势木7号、21号、73号、84号这4株青冈栎优势木作为进行系数调整的数据，建立出系数调整模型，模型如下：

$$q = \frac{CW_j - CW_i}{CW_j} \qquad (6-10)$$

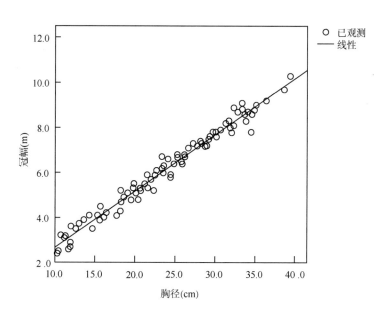

图 6-7 胸径与冠幅散点图

$$Q = \frac{1}{1-\bar{q}} \tag{6-11}$$

式中：q 为冠幅相对误差值；CW_i 为林木自由树冠幅；CW_j 为林木实际冠幅（m）；Q 为整体调整系数。

4 株优势木概况及调整系数详见表 6-21。

表 6-21　调整系数计算表

样木号	自由树冠幅（m）	实际冠幅（m）	相对误差值	调整系数 Q
7	3.14	3.62	0.1326	
21	4.73	5.25	0.0990	
73	8.21	8.67	0.0530	1.1157
84	8.81	10.13	0.1303	

利用调整系数模型，计算得出这 4 株优势木的冠幅相对误差值分别为 0.1326、0.0990、0.0530、0.1303，$Q=1.1157$。将原系数乘以 Q 后得到调整后的青冈栎次生林林木自由树冠幅模型为：

$$CW = 0.1773 + 0.2799D \tag{6-12}$$

6.2.3.4　综合竞争压力指数

林木竞争是普遍存在的，评价林木的竞争状况通常采用林木竞争指标，林木竞争指标的种类很多，根据其涉及的林木基本因子可以将其归为三类，仅仅考虑对象木和竞争木的水平方向上的大小或垂直方向上的大小，如直径、胸高断面积、冠幅、树高，所构建的林木竞争指标，称之为一维林木竞争指标；考虑对象木和竞争木的水平方向上的大小或垂直方向的大小和两者之间的距离所构建的林木竞争指标，称为二维林木竞争指标；综合考虑对象木和竞争木在水平方向的大小和垂直方向的大小，以及对象木和竞争木之间的距离所构建的林木竞争指标，称之为三维林木竞争指标。三维及以上的林木竞争指标就可称之为林木综合竞争指标。

林分中任意单木都有自身的影响圈和影响体。根据对象木和竞争木的影响圈重叠部分的面积大小构建的林木竞争压力指数可用来表达林木间竞争强烈程度，但林木竞争压力指数只考虑对象木和竞争木在水平方向上的分布，没有考虑对象木和竞争木在垂直方向上的分布，所以，综合考虑对象木和竞争木在水平方向和垂直方向上的分布，根据对象木和竞争木的影响体重叠部分的体积大小构建的林木竞争指标则能更全面地表达林木间竞争强烈程度。

因此，基于自由树的影响体和 Arney 提出的林木竞争压力指数 CSI（Competition Stress Index），提出了林木综合竞争压力指数（Comprehensive-CSI）用来全面表达对象木和竞争木之间的干扰程度，并构建其计量模型。

对于林分任意对象木 i，其竞争压力指数 CSI 计量模型如式（6-13）。

$$CSI_i = 100\left(\frac{\sum AO_{ij} + A_i}{A_i}\right) \qquad (6-13)$$

式中：CSI_i 为对象木 i 的竞争压力指数；AO_{ij} 为竞争木 j 与对象木 i 最大生长空间的重叠面积（图6-8）；A_i 为对象木 i 的影响圈面积。

而其林木竞争压力综合指数 $C\text{-}CSI$ 计量模型如式（6-14）。

$$C\text{-}CSI_i = 100\left(\frac{\sum VO_{ij} + V_i}{V_i}\right) \qquad (6-14)$$

式中：$C\text{-}CSI_i$ 为对象木 i 的综合竞争压力指数；VO_{ij} 为竞争木 j 与对象木 i 最大生长空间的重叠体积（图6-6）；V_i 为对象木 i 的影响体体积。

在第 I 号样地中随机选择出第 5 号样木，其树高为12.3，胸径为14.0cm。利用构建的青冈栎自由树冠幅模型 $CW=0.1773+0.2799D$，求出该树的自由树冠幅为4.0953m，结合林分调查的树木坐标数据和其他青冈栎林木的自由树冠幅大小以及树木之间的距离，利用影响力因子判别法可判断该青冈栎林木有 11 株竞争木，再利用相关的数学方法计算对象木与竞争木的自由树重叠面积和重叠体积详见表6-22。

表6-22　第5号样木的竞争木信息

竞争木树号	胸径（cm）	树高（m）	与对象木的距离（m）	自由树冠幅（m）	与对象木影响圈重叠面积（m²）	与对象木影响体重叠体积（m³）
2	21.4	14.4	2.53	6.1672	5.4210	66.6783
3	7.4	8.7	1.33	2.2486	2.1732	18.9068
4	6.7	8.2	2.72	2.0526	0.0255	0.2091
7	7.7	8.8	2.83	2.3325	0.0213	0.1874
8	18	12.6	2.85	5.2155	2.7734	34.1128
9	7.1	8.5	1.3	2.1646	1.9012	16.1602

（续）

竞争木树号	胸径（cm）	树高（m）	与对象木的距离（m）	自由树冠幅（m）	与对象木影响圈重叠面积（m²）	与对象木影响体重叠体积（m³）
11	10.2	9.1	2.5	3.0323	0.9432	8.5831
13	12.5	12.1	1.4	3.6761	4.7758	57.7872
15	10.7	9.5	0.71	3.1722	4.2045	39.9428
16	12.6	11.5	3.4	3.7040	0.0634	0.7291
17	10.6	10.9	1.58	3.1442	3.2911	35.8730

利用相应的 CSI 计算模型式（6-13），可求得其 CSI 为342，利用相应的 $C\text{-}CSI$ 计算模型式（6-14）可求得其 $C\text{-}CSI$ 为314。

6.2.3.5　竞争指数与胸径的关系

林木之间的竞争会影响林木的生长发育，对林木胸径、树高、冠幅等都有一定的影响，但是林木的胸径、树高等生长因子也在一定程度上反映了林木在林分受到的竞争压力状况。由于外业调查时胸径的测量精度大于树高，故采用 I～Ⅷ号8个样地378株青冈栎的 CSI 及 $C\text{-}CSI$ 值分别分析它们与胸径因子的关系，样地 CSI 及 $C\text{-}CSI$ 概况见表6-23。1974年 Hegyi 提出了简单竞争指标 CI，该指标操作简便、运用广泛，本文同时分析了以四邻体计算的简单竞争指数 CI 与胸径的关系，并进行比较，详见图6-8。

表6-23　8个样地竞争指数均值

样地号	CSI 均值	$C\text{-}CSI$ 均值
I	278	267
II	293	275
III	302	294
IV	317	304
V	286	271
VI	308	302
VII	290	279
VIII	267	254

从表中可以看出，8个样地的 CSI 和 $C\text{-}CSI$ 都不算大，表明芦头林场青冈栎竞争压力不大，竞争状况良好；从图6-8中可以看出 CI、CSI、$C\text{-}CSI$ 三个竞争指数具有一致的趋势，均表明胸径越大，竞争指数越小；$C\text{-}CSI$ 的拟合度比 CSI 好，说明在评价林木竞争状况时考虑树高的必要性；$C\text{-}CSI$ 比 CSI 和 CI 的相关性更高，说明 $C\text{-}CSI$ 更能表达竞争指数与胸径的关系，更加能表达林木受到的竞争压力状况。

研究在 CSI 指数的基础上结合树高提出了 $C\text{-}CSI$ 指数，同时考虑了林木之间距离以及

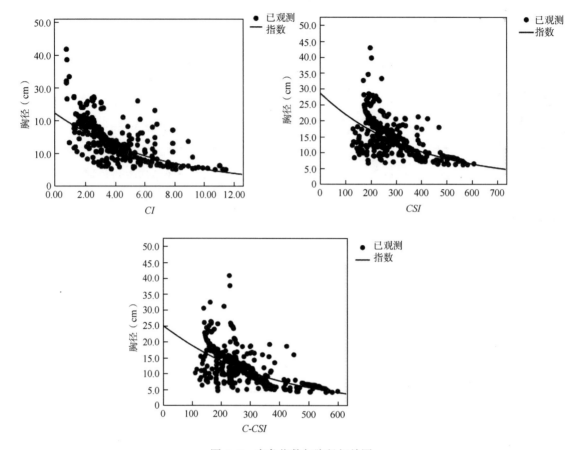

图 6-8　竞争指数与胸径相关图

林木在水平和垂直方向上的分布，从三维空间分析林木之间的竞争关系，相比以前的竞争指数，该指数更加全面。该指数的计算涉及树高，虽然目前树高的测量可以达到很精确的水准，但在以后的研究中如果可以利用树高曲线模型获取树高该指数将有很大的应用前景。

6.2.4　基于 Hegyi 改进模型的青冈栎次生林竞争

6.2.4.1　样地调查

选取试验示范林内的 12 块青冈栎次生林固定样地，样地面积均为 20m×30m，对样地内乔木树种(起测径阶为 5cm)进行每木检尺。测量样地内每一林木的胸径、树高、平均冠幅以及 x、y 坐标等基本因子，并详细记录样地的地理位置、坡度、坡向、坡位、郁闭度、海拔、土壤类型、地形以及林下灌木、草本等基本因子。各样地基本信息见表 6-24。

表 6-24 标准地概况

样地	地理因子					林分因子			
	土壤	海拔(m)	坡度(°)	坡向	坡位	郁闭度	林分组成	平均胸径(cm)	平均树高(cm)
1	黄壤	324	42	阳坡	中	0.7	3青3杜2圆2甜	15.4	11.1
2	黄壤	340	47	阳坡	中	0.7	4青3杜2檵1杉	12.9	9.5
3	黄壤	312	32	阳坡	下	0.8	4青3杜2杉1甜	14.6	10.0
4	黄壤	310	45	阳坡	中	0.8	4青4杜1檵1橄	12.5	9.3
5	黄壤	330	30	阴坡	下	0.7	3青2甜2杉2杜1杨	14.9	9.7
6	黄壤	312	32	阳坡	下	0.7	4青3檵3杜	12.1	9.1
7	黄壤	315	33	阳坡	下	0.7	3青3拟3杜1杉	13.1	9.0
8	黄壤	320	35	阳坡	中	0.8	4青3圆3檵	15.1	8.8
9	黄壤	314	35	阴坡	中	0.7	4青2圆2杜1拟1檵	14.3	11.3
10	黄壤	318	36	阴坡	上	0.7	5青3杜2拟	13.2	9.9
11	黄壤	302	15	阳坡	中	0.7	4青2拟2杉2檵	12.8	9.6
12	黄壤	305	30	阳坡	中	0.7	5青3杜2山	12.7	9.5

注："青"为青冈栎、"杜"为杜鹃、"圆"为圆槠、"甜"为甜槠、"檵"为檵木、"杉"为杉木、"橄"为橄榄、"杨"为杨梅、"拟"为拟赤杨、"山"为山苍子。

6.2.4.2 研究方法

(1)对象木与竞争木选择

采用边缘校正的方法把由样地每条边向内 2m 水平距离的范围作为缓冲区,缓冲区内的林木只作为竞争木选取。将样地里缓冲区外的其余部分作为校正样地,校正样地内的青冈栎才可作为对象木选取,如图 6-9 所示。

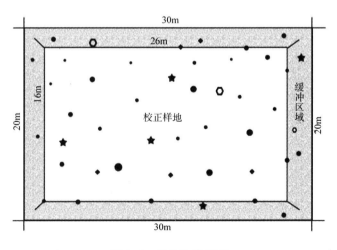

图 6-9 样地边缘校正

大量研究表明,不同树种、不同林分所适用的竞争指标不尽相同,而不同竞争指标所运用的竞争木选取方法也有所差异。本研究中运用 Hegyi 竞争指数、Hegyi-改进模型与

Bella 竞争指数模型计算分析青冈栎次生林林木竞争状况，因此需分别不同的竞争木选取方法进行分析，Hegyi 竞争指数通常用固定半径法选取竞争木，Bella 竞争指数模型用树冠重叠法选取竞争木，研究提出的 Hegyi-改进模型将通过对象木的影响圈大小来确定竞争木。

（2）竞争指标模型

①Hegyi 竞争指数。运用距离相关指标评价林木竞争状况时，多采用林木大小比值、胸高断面积比值、生物量比值等变量，并与对象木和竞争木的距离进行综合。张跃西、洪伟等提出了大量相关竞争指标，其中 1974 年 Hegyi 提出的简单竞争指数使用较为广泛，公式如下：

$$CI = \sum_{j=1}^{n} \frac{D_j}{D_i} \frac{1}{L_{ij}} \tag{6-15}$$

式中：CI 为竞争指数，其值越大竞争越激烈；D_i 为对象木 i 的胸径；D_j 为竞争木 j 的胸径；L_{ij} 为对象木与竞争木之间的距离；n 为竞争木的株数。

②Bella 竞争指数。Bella 竞争指数不仅考虑到了林木大小比，也跟林木的树冠面积有关，是一个能够比较全面反映林木竞争状况的指数。

$$CI = \sum_{i=1}^{n} \frac{O_{ij}}{A_i} \frac{D_i}{D_j} \tag{6-16}$$

式中：D_i 为对象木 i 的胸径；D_j 为竞争木 j 的胸径；O_{ij} 为对象木 i 与竞争木 j 的树冠投影重叠面积；A_i 为对象木 i 的树冠投影面积；n 为竞争木的株数。

③Hegyi-改进模型。在 Hegyi 竞争指数的基础上提出一个树高调整系数 g，将对象木树高与竞争木树高的比值考虑到简单竞争指数中，期望更能准确地反映林木间的竞争状况。

树高调整系数 g 表示为：$\ln\left(1+\frac{H_j}{H_i}\right)$，增加了树高调整系数 g 的竞争指标表示为：

$$g\_CI = \sum_{j=1}^{n} \frac{D_j}{D_i} \frac{1}{L_{ij}} \ln\left(1 + \frac{H_j}{H_i}\right) \tag{6-17}$$

式中：CI 为竞争指数，其值越大竞争越激烈；D_i 为对象木 i 的胸径；D_j 为竞争木 j 的胸径；H_i 为对象木 i 的树高；H_j 为竞争木 j 的树高；L_{ij} 为对象木与竞争木之间的距离；n 为竞争木的株数。

（3）自由树冠幅模型的构建

单木影响圈主要通过构建自由树冠幅模型来确定，本研究选用 11 种常用的冠幅—胸径模型进行拟合分析，并通过剩余均方根误差（$RMSE$）、平均绝对误差（MAE）、调整后的决定系数（adj-R^2）对所构建的模型进行评价，选择精度最高的作为青冈栎树种的冠幅模型。其中，$RMSE$ 和 MAE 的值越接近 0，而 adj-R^2 的值越接近 1，说明模型的精度越高。

其中，各评价指标计算公式如下：

$$RSS = \sum_{i=1}^{n} (\hat{y}_i - y_i) \tag{6-18}$$

$$RMSE = \sqrt{\frac{\sum_{i=1}^{n} (\hat{y}_i - y_i)^2}{n - r}} \tag{6-19}$$

$$adj - R^2 = 1 - \frac{(n-1)\sum\limits_{i=1}^{n}(\hat{y}_i - y_2)^2}{(n-r)\sum\limits_{i=1}^{n}(\bar{y}_i - y_i)^2} \tag{6-20}$$

式中：y_i 和 $\hat{y}_i$、$\bar{y}_i$ 分别为冠幅的实测值、预测值和实测值的平均值；n 为样本数；r 为模型参数个数。

林分中优势木的生长过程最接近自由树，但与自由树还存在一定的差距，因此优势木冠幅模型还不能准确反映出自由树冠幅的生长。本研究为解决这一问题，借鉴编制标准表时所用的平均离差百分数调整法，通过建立调整系数模型，将青冈栎优势木冠幅模型提升为青冈栎自由树冠幅模型。调整系数模型如下：

$$q = \frac{CW_j - CW_i}{CW_j} \tag{6-21}$$

$$Q = \frac{1}{1-\bar{q}} \tag{6-22}$$

式中：q 为冠幅相对误差值；CW_i 为优势木理论冠幅（m）；CW_j 为优势木实际冠幅（m）；Q 为平均调整系数。

6.2.4.3 对象木分布

考虑到样地设置范围为 20m×30m 以及青冈栎树冠影响范围的大小，研究采用边缘校正的方法是：将 12 块青冈栎次生林典型样地每条边向内水平距离移动 2m，该 2m 水平距离的范围作为缓冲区，缓冲区内的林木只作为竞争木选取，将缓冲区以外的样地部分作为校正区域，校正区域内的青冈栎林木作为对象木选取。以此方法得到各样地的对象木分布状况见表 6-25。

表 6-25 对象木分布表

样地号	青冈栎株树（株）	总株树（株）	青冈栎比例（%）	对象木分布状况		
				株树（株）	比例（%）	平均胸径（cm）
1	25	93	26.9	15	16.1	15.2
2	29	84	34.5	22	26.2	12.4
3	24	71	33.8	15	21.1	15.8
4	27	65	41.5	15	23.1	12
5	23	89	25.8	18	20.2	15
6	32	82	39.0	12	14.6	10.7
7	20	76	26.3	11	14.5	14
8	21	60	35.0	15	25.0	19.2
9	30	75	40.0	12	16.0	14.8
10	39	78	50.0	26	33.3	12.1
11	42	111	37.8	32	28.8	13.6
12	35	80	43.8	22	27.5	12.3
总计	347	964	36.2	215	22.2	—

由表 6-25 可知，芦头林场青冈栎次生林样地中青冈栎林木平均占比在 35% 左右，属于青冈栎-阔叶混交林。各样地边界经边缘校正后，校正区域内的青冈栎数量最高占比 33.3%，最低占比 14.5%，平均比例占 22% 左右，可以保证足够的样本量进行数据拟合。

6.2.4.4 竞争木分布

不同竞争指标模型选取竞争木的方法不一样，本研究要比较不同竞争指标模型的优劣性，需分别对不同竞争指标模型的竞争木数量进行比较，分析结果如下。

（1）固定半径法选取竞争木状况

Hegyi 竞争指数利用固定半径法选取竞争木，计算固定半径的具体方法为：采用扩大样圆半径的逐步扩大范围法，在充分结合速率变化情况以及"拐点法"的情况下，以 3m 为基量，半径以 1m 作为基本增加量，确定直径范围为 3~10m 的 8 个样圆半径，分别计算 3m、4m、5m、6m、7m、8m、9m、10m 样圆内对象木的平均竞争指数，当样圆半径增加而平均竞争指数递增不显著时说明增加的个体对对象木的影响已经很微弱，不能算为竞争木，按照这个方法可以确定固定半径。由于选取的 12 块样地立地条件基本一致，依据同一自然发育体系的定义，可以认为同树种在同起源、同立地条件下的生长状况大体相同，所以各样地内对象木的固定半径可以认为相等。

以 1 号样地为例，选取 1 号样地校正样地内的青冈栎为对象木，分别计算每株对象木 8 个不同样圆半径下的竞争指数，计算出 1 号样地对象木在不同样圆半径下的平均竞争指数，制定出 1 号样地不同样圆半径与平均竞争指数的关系图 6-10。

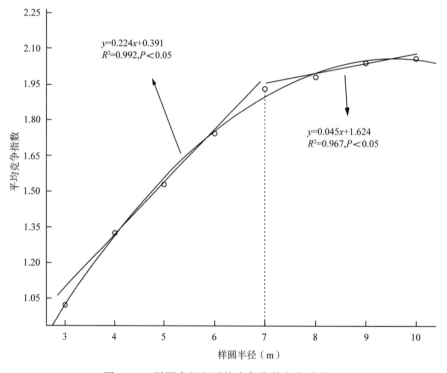

图 6-10　样圆半径与平均竞争指数变化关系图

由图 6-10 可知，当样圆半径在 3~7m 范围内时，平均竞争指数的增加幅度较大；样圆半径超过 7m 时，平均竞争指数的增加幅度较小；在样圆半径为 7m 时，图中出现了明显的拐点，说明 7m 以外的林木对对象木产生的影响已经很微弱，不能算为竞争木。由此可以确定，1 号样地的竞争样圆半径为 7m，即芦头地区青冈栎次生林内青冈栎的固定半径

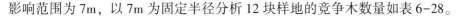

影响范围为 7m，以 7m 为固定半径分析 12 块样地的竞争木数量如表 6-28。

（2）树冠重叠法选取竞争木

Bella 竞争指数利用树冠重叠法选取竞争木，具体方法为：树冠投影形状取正圆形，以东、西、南、北 4 个方向冠长的平均值作为树冠投影圆的半径，与某一对象木树冠投影有交错重叠的个体作为该对象木的竞争木，用树冠重叠法分析 12 块样地的竞争木数量见表 6-28。

（3）单木影响圈选取竞争木

在 12 块青冈栎次生林样地中筛选出优势木共计 89 株，分别测算 89 株林木的胸径与东、南、西、北 4 个方向的冠幅长度，统计信息见表 6-26。

表 6-26 优势木信息统计表

数据	指标	最小值	最大值	平均值	标准差	变异系数（%）
建模数据	冠幅（m）	2.4	7.5	4.7	1.44	39.19
	胸径（cm）	15.3	36.6	14.2	7.08	49.87
	树高（m）	9.2	15.4	11.7	2.81	26.24

以 89 株优势木冠幅和胸径的实测数据为基础，利用 SPSS 软件分析了 11 种冠幅模型的拟合结果，并利用 3 个评价指标进行模型的评价，最终确定青冈栎优势木的冠幅（CW）与胸径（D）的关系为线性模型，两者之间呈现显著的线性正相关。青冈栎次生林优势木冠幅模型为：

$$CW = 0.1589 + 0.2509D \tag{6-23}$$

式中：CW 为优势木冠幅；D 为青冈栎林木胸径。

从 89 株优势木中选取冠幅最大的 4 株青冈栎优势木作为进行系数调整的样木，建立调整系数模型，模型计算结果见表 6-27。

表 6-27 青冈栎自由树冠幅模型的调整系数

优势木号	理论冠幅（m）	实际冠幅（m）	冠幅相对误差	平均调整系数
9	3.17	3.62	0.1243	
10	3.32	3.50	0.0514	1.1157
22	4.73	5.24	0.0973	
41	6.03	3.92	0.1299	

利用调整系数模型，计算得出这 4 株优势木的冠幅相对误差值分别为 0.1243、0.0514、0.0973、0.1299，$Q = 1.1157$。将优势木冠幅模型 $CW = 0.1589 + 0.2509D$ 乘以 Q 后得到调整后的青冈栎次生林自由树冠幅模型为：

$$CW = 0.1773 + 0.2799D \tag{6-24}$$

为便于实践中样圆半径的计算，研究将青冈栎林木胸径进行径阶整化，以 2cm 为阶距，确定青冈栎胸径为 6~36cm 的 16 个径阶。将各径阶值代入青冈栎自由树冠幅模型中，可计算出青冈栎次生林林分中各径阶林木的潜在最大树冠大小，并以此作为各径阶林木的影响圈大小，计算结果见图 6-11。

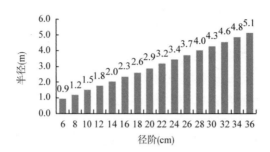

图 6-11　青冈栎各径阶潜在最大冠幅

由图 6-11 可知，随着青冈栎林木径阶的增大，树木的潜在树冠大小逐渐增大，树木的样圆半径也逐渐增大，这与林木直径越大，竞争越激烈的生长规律是符合一致的。

根据各径阶对象木的影响圈大小，计算 12 块样地的竞争木数量见表 6-28。

表 6-28　三类竞争木选取方法的比较

方法	对象木数量	竞争木数量
固定半径法	215	3318
树冠重叠法	215	2259
单木影响圈	215	2348

由表 6-28 可知，12 块样地内达起测径阶以上的树木数量为 964 株，而利用选取出的竞争木数量达到 2000 以上，这主要是由于部分树木被重复选取为竞争木的结果。充分考虑树冠重叠的树冠重叠法和单木影响圈法选取的竞争木数量明显少于固定半径法选取竞争木数量，这是由于利用树冠重叠选取竞争木时，考虑到了不同大小林木的实际与潜在冠幅生长空间，排除了一些无效干扰木的影响。

6.2.4.5　竞争指数模型比较分析

Hegyi 于 1974 年提出的简单竞争指标具有便于应用与计算的优点，目前研究中应用比较广泛。但此类竞争指标只考虑林木距离与林木大小，可能无法充分地反映出林木竞争状况。因此研究提出一个树高调整系数（26）对竞争指标进行改进，改进后的竞争指标能够反映出：竞争木树高 H_j 与对象木树高 H_i 的比值越大，对象木的竞争指数越大，即与周边林木的竞争越激烈；竞争木树高 H_j 与对象木树高 H_i 的比值越小，对象木的竞争指数越小，即与周边林木的竞争越弱。改进后的竞争指标能从对象木与竞争木的林木距离、林木胸径大小和林木树高比值 3 个方面反映林木的竞争状况。

树高调整系数 g 表示为：

$$g = \ln\left(1 + \frac{H_j}{H_i}\right) \tag{6-25}$$

式中：树高比值取对数可以防止树高比值过大而影响林木胸径比值，+1 可以防止 $\ln\left(1 + \frac{H_j}{H_i}\right)$ 出现负值，增加了树高调整系数 g 的竞争指标表示为：

$$g\_CI = \sum_{j=1}^{n} \frac{D_j}{D_i} \frac{1}{L_{ij}} \ln\left(1 + \frac{H_j}{H_i}\right) \tag{6-26}$$

式中：CI 为竞争指数，其值越大竞争越激烈；D_i 为对象木 i 的胸径；D_j 为竞争木 j 的胸径；H_i 为对象木 i 的树高；H_j 为竞争木 j 的树高；L_{ij} 为对象木与竞争木之间的距离；n 为竞争木的株数。

研究选用这 3 类竞争指标分别计算 12 块样地内对象木的竞争指数，用对象木胸径与对应的竞争指数进行拟合分析，根据相关性的大小判断出哪类竞争指标更加适用于青冈栎次生林竞争状况的研究，以 1、3、6 号样地的计算结果为例，分析见图 6-12。

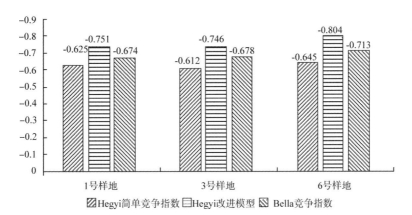

图 6-12 三类竞争指数相关性比较

由图 6-12 可知，对象木胸径与林木所受竞争压力呈显著负相关，即对象木胸径越小，受到周围林木的竞争压力越大。

三类竞争指数相关性比较：其中，Hegyi-改进模型相关性明显大于 Hegyi 竞争指数，说明 Hegyi-改进模型由于考虑到了林木树高比值，能更加真实的反映林木的竞争状况。三类竞争指标的相关性大小为 Hegyi-改进模型>Bella 竞争指数>Hegyi 竞争指数，Hegyi-改进模型的相关性最高，说明林木竞争不能仅从水平或垂直结构进行分析，而应该综合水平与垂直结构进行研究。

6.2.4.6 讨论

不同立地条件下青冈栎的生长状况不一致，其影响范围可能也会存在差异。运用单木影响圈选取竞争木时发现，随着林木径阶的增大，树木的潜在树冠大小逐渐增大，树木的影响半径也逐渐增大。研究中所运用的竞争木选取方法包括固定半径法、树冠重叠法以及单木影响圈法，但何种方法对于研究林木竞争状况更准确，本研究没有做更加深入的分析，后续研究将考虑分析几种竞争木选取方法的优劣性。

日本的 Tadaki 等认为，树木阳性冠幅部分光合效率最高，是树木体内光合有机产物的主要来源，而下部的枝条净光合效率低，对树木机体生长贡献很小。以往在研究林木竞争时，并没有将阳性冠幅这个影响因子考虑进去，可能会导致研究结果出现偏差。当竞争木树高大于对象木树高时，对象木树冠被竞争木树冠遮挡的部分多而阳性冠幅面积小，其光合作用的效率必然降低，即对象木获取营养物质的能力降低，受到的竞争压力较大；当竞争木树高小于对象木树高时，尽管两者之间有树冠重叠，但对象木树冠被竞争木树冠遮挡的部分少而阳性冠幅面积大，其光合作用的效率必然提升，即对象木获取营养物质的能力

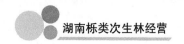

提升，对象木受到的竞争压力较小，因此在研究对象木与竞争木之间的竞争时，有必要将两者之间的树高差异考虑到竞争指标当中。

6.3 栎类次生林林层划分方法

6.3.1 研究背景

林层分层（canopy stratification）的概念在 19 世纪初就已经被提出，是古老的热带林生态学概念。天然次生林乔木层的自然分层现象，是林分的基本特征之一，并且也是林分垂直结构的主要表现形式，其对于森林能量传递及动物活动等众多生态活动和生态过程有着重要意义。森林的垂直分层是林分对群落环境异质性的适应过程，由于林木生长空间不停扩张而使林分结构发生改变，从而引起林分分化分层。只有一个林层的林分称作单层林（single-storied stand），单层林常见于同龄纯林或立地条件较差的林分；具有两个或两个以上明显林层的林分称作复层林（multi-storied stand），复层林常见于异龄混交林、耐阴树种组成的林分。现阶段对于林层的研究主要集中在划分方法和林层特征两个方面，林层划分作为研究林层特征的基础是当前研究热点。

林层划分的研究主要采用定量和定性两种方法。定量方法是对群落内植物的一些相关变量（如胸径、树高、枝下高、龄组、冠幅等）的数量特征、数量关系和数量变化进行分析统计来划分林层，利用遥感影像数据进行分层是新兴的定量研究方法，运用卫星或者机载雷达获取林层结构影像资料，结合合适的变量函数反演推断分析其林层结构；定性方法主要是通过林分外貌特征与研究者的主观意识对其林层进行分析和划分。定量划分方法虽然能得到林层划分数量和位置，但大部分划分方法是对数据本身的情况做出合理的分类，并未考虑其他因子的影响，划分结果与自然群落的层次分布相比存在较大的差异，难以体现林层自然分异规律，且难以从生物学或生态学角度进行解释分析；而现有的定性划分方法通常基于经验或者是采用等距离划定，并不能准确得出林层划分数量及位置，且会产生由观察个体差异引起的人为误差。因此，进一步深入研究林层划分有着相当重要的理论与实际意义。

林木竞争是指在同一立地环境中生长发育的林木，当其达到一定林分密度时，由于林木所需的环境资源不足而引起林木间相互影响和阻碍的现象。在林木竞争中，处在优势地位的林木对劣势地位的林木不断加强压制，进而影响林木个体的生长发育，从而引起林分结构变化，导致林层分化。所以，林层分异的本质就是林木竞争引起林木个体分化所形成，而现有林层划分方法并未考虑林木间的竞争影响。对天然次生林而言，林木生长过程中的相互竞争对林分垂直结构的影响是值得深入研究的。

6.3.2 国内外研究现状

（1）林层定量划分方法

定量划分方法是对林木的相关变量（如胸径、树高、枝下高、冠幅、龄组等）的数量特征、数量关系和数量变化进行分析统计进而来划分林层。目前，定量划分林层的方法很多，主要有以下几种。

首个量化划分林层的方法是林冠分层指数(SI)法，1992 年 Ashton 和 Hall 在研究龙脑香科混交林不同结构时提出。林冠分层指数是指树高级中最大植物生物量与最小生物量的比，计算公式为 $SI=\ln(CF/EG)$。式中：C 表示任一林层占有最大林冠空间百分比；F 表示林下空白的最大林冠空间百分比；E 表示林下占有的最小林管空间百分比；G 表示空白的最小林冠空间百分比。利用 SI 分层算法虽然能对比不同林分间的林层结构，但其不能准确划分林层的位置和数量，而且 SI 的相关计算需要测量每株林木冠幅，这对于林分密度较大的样地而言是一个相当大的工作量。

1998 年，Latham 等(1998)提出 TSTRAT 分层法。TSTRAT 分层法利用光竞争区域、林冠长以及枝下高确定一个林层高度临界值(HCV)，将树高高于这一临界值的林木个体划为相同林层，直至将所有林木都划分到相应的林层中。Latham 等(1998)人将 TSTRAT 分层法运用于美国西北部温带针叶林的垂直结构研究。郑景明等引进了 TSTRAT 分层法，并运用该分层方法对北京山地天然林栎林垂直结构和云蒙山典型森林群落的垂直结构进行了研究。TSTRAT 分层法虽然可有效地划分林层且能实现对分层的可视化检查，数据收集也较为简便，但是 TSTRAT 分层法其林层划分的数目偏多，尤其是运用该法对高度较低的林分划分林层意义较小，不能揭示其自然分层规律。Baker 和 Wilson 也指出该划分方法得出的林层数偏多。这是因为该方法在计算林层下限值时只考虑最高树木的冠长和枝下高的比例，而树高较小的林木，其枝下高和冠长也较小，所以相对应的层间距变小，进而导致分层数量的增加。

LMS 划分法是 Baker 和 Wilson(2000)在个体林木林层分层假设的基础上进一步研究提出的一种新的林层划分方法。该方法根据样地内林木树高和活枝下高，通过平方和的最小误差得到重叠系数 k_0，再计算得出每层的平均活枝下高从而将林层划分完毕。Baker 和 Wilson(2000)利用该方法对已发表论文中的剖面图以及自己调查的树高和冠长数据进行分析和林层划分，结果表明重叠常数 k_0 为(1.5±2)m 时有最小估计误差。LMS 划分法能在较大尺度和较小尺度研究林层结构，在不用常数和较低林冠指数的林分中有较好的划分结果。但是该方法不能准确划分存在树冠重叠的林层，当 k_0 常数明显低于平均枝下高时也容易导致错划林层。而且在天然林中，LMS 划分法也存在漏划林层的问题。

Everest(2008)等提出 MIDCL 分层算法，其根据任一层最高林木冠长的 50%作为阈值，结合降序排列的活枝下高来确定林层的边界。该方法在树冠指数为 40%~60%时划分效果最理想。

Souza 等(2003)运用多元分析法对复杂天然林的垂直分层进行了研究，所有林木的树高按 1m 组距整理和分类为数据矩阵 X，矩阵内的元素 X_{ij} 表示第 i 株林木的树高位于第 j 个树高组中，运用欧式距离和完全连接方式对矩阵进行聚类和多元分析，聚类分析得出树高层次较低、平均、较高 3 个不同序列的聚类结果。多元分析证明这些结果是合理的。李德志等 1993 年在研究天然次生林垂直结构的定量研究中运用了相对多度(RA)、相对频度

（*RP*）、相对显著度（*RD*）以及重要值（*IV*）对森林结构进行了深入分析，填充系数法不仅可以量化垂直结构，还可以把垂直结构与群落功能相结合，这给垂直结构的研究提供了重要参考。

遥感技术中 LiDAR 技术应用可以在更大尺度上研究森林结构，机载光谱和激光雷达传感器可以在较高的空间分辨率下量化森林的结构特征。Zimbl 等（2003）采用体积小巧的机载激光雷达在景观尺度上运用树高方差分析研究如何区分单层林和复层林这 2 种垂直结构。Whitehurst 等（2013）利用全波形雷达技术在大尺度上对 2 种不同的森林进行林层划分研究，先设定下层（0～5m，包括灌木和小树苗）、中层（5～15m，包括较大树苗和中间林木）和上层（>15m，成熟母树）3 个林层，然后计算每个 30m×30m 网格中 3 个林层覆盖的激光能量转换平均值，结果将用于确定林层结构类型，林层结构是基于 3 个基本林层盖度大小关系到 9 种林层结构类别进行描述，如果林层间盖度差异超过 10%，就可以认为林层是不同的。Harding（2001）等研究学者利用机载激光雷达 SLICER 获得的数据模拟马里兰东部森林的垂直结构，模拟结果非常接近地面样本的实测结果。但是，遥感技术的实际应用仍然有一定的缺陷：一是提取森林垂直结构参数的研究较少，需要进一步开展机载激光雷达系统提取森林垂直结构参数的研究，拓宽提取森林垂直结构参数的空间范围；二是需要更加深入地了解森林内部结构，开展森林垂直结构定量描述和变化规律的研究，耦合多种遥感技术提取森林垂直结构参数。

（2）林层定性划分方法

1924 年 Watt 在研究英格兰山毛榉群落时运用的剖面图法是最古老也是应用最广泛的分层研究方法。剖面图法是将样地上测量的林木间距离、林木树高、冠幅长和冠幅宽数据按照一定的比例在纸上绘制林层剖面的研究方法。1933 年，Davis 和 Richards 在研究热带雨林植被时，首次将剖面图运用于热带林的研究，从剖面图上可以看出林分存在明显的分层。因此，利用剖面图可以直接观察是否存在不同林层。Grubb 在研究山地和低地雨林的森林结构时在剖面图上加入树高柱状图辅助观察，使森林垂直结构更加清晰。Ashton 和 Hall（1992）也采用剖面图与植物生物量柱状图相结合的方式研究森林结构。采用剖面图是可视化地以及定性地确定林分是否存在分层。

克拉夫特树木分级法是根据乔木层中林木个体的位置对林木进行分级。优势木是指树冠超出总林冠层的林木个体；亚优势木是指生长情况与优势木相似，但树高不如优势木，且与优势木一起构成林分主林冠的林木个体；中等木是指树冠较窄，生长较慢，周围存在其他林木对光和空间的竞争，生长过程中接收的光线主要来自优势木和亚优势木间的空隙，属于主林冠组成成分之一，并在主林冠中占从属地位的林木个体；被压木是指树冠高度低于主林冠层，其接受的光线大部分来自光斑和漫散射，生长速度较弱的林木个体；枯死木是指无法得到生长所需的光照条件而枯死的林木个体。根据克拉夫特树木分级法对林分中的林木个体进行分类，同一类的林木即可形成相对应的林层，即优势层、亚优势层、中层、被压层以及枯死层。

我国 2011 年颁布的《森林资源规划设计调查技术规程》（GB/T 26424—2010），其中规定林层的划分应满足以下条件：

①各林层每公顷蓄积量大于 30m³；

②相邻林层间林木平均高相差 20% 以上；

③各林层平均胸径在 8cm 以上；

④主林层郁闭度大于 0.3，其他林层郁闭度大于 0.2。

目前，我国的森林资源规划设计调查采用这一标准，但是有时可以根据实际情况做出相应的改变。

国际林联(IUFRO)的林层划分方法，是基于林分优势高 H 对林层进行划分，个体林木树高 $h \geqslant 2/3H$ 的为第 I 林层，$1/3H < h < 2/3H$ 的构成第 II 林层，个体林木 $h \leqslant 1/3H$ 的划分为第 III 林层。但是如何确定优势高是此方法的关键，不同的优势高算法将得出不同的林层位置。

庄崇洋等基于林木树冠接受光照直射的角度，并结合树木高度提出了最大受光面法。最大受光面法的原理是统计一定高度上的标准地方位内的树冠垂直投影面积(最大受光面面积)。由三维几何关系可知，最大受光面实际上是受光层中所有树冠的垂直投影，从标准地内的最高树木开始，受光面(即树冠垂直投影)随高度的降低而增加，最终趋于平缓不再增加达到最大受光面。根据最大受光面可将典型林分乔木层划分为上部亚层和下部亚层；上部亚层由最大受光面(含最大受光面)以上的所有树木组成，包括第 I 亚层和第 II 亚层；下部亚层由最大受光面以下所有树木组成，也就是第 III 亚层。

当前定性划分林层的方法不多，在这些现行方法中有一定的量化变量，但是得出的结果不能同时准确地得出林层划分数量和位置。剖面图法主观性强，与研究者自身的专业背景有较大关系，即使有相对统一的判断标准，不同人之间的判断结果也可能存在较大差异，因此，剖面图林分划分得到的林层只可以作为一种辅助参考。克拉夫特树木分级法的分层标准主观意识强，不易确定层与层的边界。国家林层划分标准只确定主林层与其他林层，而大量调查分析证实不同类型森林大致可以划分为 3~4 层。所以，国标不能准确地划分林层数量，但是可以作为林层划分结束之后检验林层划分合理性的标准。国际林联林层划分标准简单易操作，但是如何确定优势木高并没有统一的标准，不同的优势木高可以得出不同的林层位置。

6.3.3 数据来源

采用典型取样法，分别在湘北龙虎山林场、湘东芦头林场、湘中青羊湖林场、湘西八大公山自然保护区和湘南五盖山林场中设置 20m×30m 的栎类天然次生林典型样地，共计 51 块。对样地内胸径在 5cm 以上的乔木逐一定位并每木检尺，测量其树高(m)、胸径(cm)、冠层高(m)、冠幅(m)、枝下高(m)以及坐标位置。样地基本情况包括样地的海拔、经纬度、土壤类型、枯落物厚度坡度、坡位、坡向、腐殖质厚度、群落类型、林分起源、林龄和郁闭度等。典型样地的基本调查情况见表 6-29。

表 6-29　样地的基本情况

标准地号	海拔(m)	坡度(°)	坡位	坡向	郁闭度	林分年龄	株数密度	平均胸径(cm)	平均树高(m)	优势木平均高(m)
1	983	20	上坡	西北坡	0.83	57	1198	19.84	12.23	17.3
2	1040	17	上坡	东坡	0.88	24	2388	14.16	11.49	15.8
3	1000	22	上坡	东坡	0.83	52	2229	14.07	11.15	10.3
4	945	26	上坡	东北坡	0.83	45	1061	22.50	14.67	13.7
…	…	…	…	…	…	…	…	…	…	…
50	80	35	下坡	西坡	0.63	21	1106	13.56	12.96	14.2
51	200	31	下坡	西坡	0.75	21	1160	16.12	13.19	14.5

6.3.4　研究方法

6.3.4.1　林木竞争划分法的构建

本研究的研究对象为湖南栎类次生林，针对其垂直结构特点，在林木竞争指标的选取上选择了两种与距离有关的竞争指标：竞争压力指数(CSI)和综合竞争压力指数(C-CSI)，根据林木间相互竞争压力的强度大小加以聚类，提出新的林层划分方法——林木竞争划分法。

(1)优势木选择

优势木指同等立地条件下，与其他树木相比而言，其生长更为优异的树木。本研究中优势木的标准为不小于林分的平均胸径加两倍标准差，再从选定的优势木中选取树干通直、圆满，枝下高不少于树干总长度的1/3，无病虫害和机械损伤。一些孤立木和边缘木，虽然其胸径并不满足林分平均胸径加两倍标准差的要求，但其生长势表现符合选取要求也可以被挑选。

(2)自由树冠幅模型的构建

采用 SPSS 软件，根据选定的优势木、疏开木以及边缘木数据，建立胸径与冠幅的散点图，并对其相关性进行分析，最终选则 $y=ax+b$ 来拟合优势木的冠幅模型。由于优势木冠幅模型并不等于自由树冠幅模型，因此本研究选择平均离差百分数调整法，提高优势木冠幅模型的系数从而获得自由树冠幅模型。调整系数模型如下：

$$q = \frac{CW_j - CW_i}{CW_j} \tag{6-27}$$

$$Q = \frac{1}{1-\bar{q}} \tag{6-28}$$

式中：q 为冠幅相对误差；CW_i 为林木优势木冠幅；CW_j 为林木实际冠幅(m)；Q 为调整系数。

(3)竞争木与对象木的确定

边缘效应是确定竞争木考虑的主要因素。当对象木处在样地边缘时，该对象木的部分

— 218 —

潜在竞争木很有可能处于样地之外，若不考虑边缘效应，则其竞争指数的计算值会有误差。所以本研究采用偏移法来消除边缘效应，即设想调查样地及其四周的林分生长情况几乎相同，再将矩形调查样地向其周围的 8 个邻域偏移，而偏移样地内的所有林木仅能作为调查样地林木的竞争木，如此可消除边缘效应带来的影响。竞争木的鉴别对于竞争指数计算相当重要，由于自由树冠幅面积与本研究选取的竞争指标有一定关联，所以选择树冠重叠法来鉴定竞争木，判断依据为对象木的自由树冠幅是否与相邻木的自由树冠幅存在重叠，若重叠则该相邻木为竞争木。本研究使用影响力因子进行判定，公式如下：

$$I_{ij} = 1 - \frac{L_{ij}}{R_i + R_j} \tag{6-29}$$

式中：L_{ij} 为第 i 株树与第 j 株树的影响力因子；L_{ij} 为第 i 株树与第 j 株树之间的距离（m）；R_i 为第 i 株树的自由树冠幅半径（m）；R_j 为第 j 株树的自由树冠幅半径（m）。

当 $I_{ij} > 0$ 时，两株树存在冠幅重叠，否则不重叠。

（4）综合竞争压力指数计算

将林分中的任意单木考虑为一个圆柱体，根据对象木在水平和垂直方向的分布，由对象木及其竞争木的重叠体积大小构建的林木竞争指标称为综合竞争压力指数（$C-CSI$）。综合竞争压力指数（$C-CSI$）计量模型如下：

$$C - CSI_i = 100\left(\frac{\sum VO_{ij} + V_i}{V_i}\right) \tag{6-30}$$

式中：$C-CSI_i$ 为对象木 i 的综合竞争指数；VO_{ij} 为竞争木 j 与对象木 i 最大生长空间的重叠体积；V_i 为对象木 i 的影响体体积。

由计量模型可知，只有先计算得到对象木的影响体体积，才能算出对象木的综合竞争压力指数值 V_i，然后计算出对象木影响体与竞争木影响体之间的重叠体积 VO_{ij}。对象木影响体体积 V_i 和对象木与竞争木的影响体重叠体积 VO_{ij}，可由立体几何中体积计算方法求出，计算公式如下：

$$V_i = \pi \frac{D_i^2}{4} H_i \tag{6-31}$$

式中：V_i 为对象木影响体体积；D_i^2 为对象木自由树冠幅直径；H_i 为对象木树高。

$$VO_{ij} = S_{ij} \times H_{min} \tag{6-32}$$

式中：VO_{ij} 为竞争木 j 与竞争木 i 影响体的重叠体积；S_{ij} 为竞争木 j 与对象木 i 自由树冠幅的重叠体积；H_{min} 为竞争木 j 与对象木 i 树高较小的树高值。

最后通过 JavaScript 软件可计算重叠面积。

（5）竞争压力指数计算

采用林木胸径的生长函数可以计算出林木的生长空间，且同一胸径下林木的最大生长空间面积可以认为是其自由树的冠幅面积。竞争压力指数（CSI）则是通过计算对象木与其竞争木自由树冠幅的重叠面积得到的林木竞争指标。竞争压力指数（CSI）计量模型如下：

$$CSI_i = 100\left(\frac{\sum AO_{ij} + A_i}{A_i}\right) \tag{6-33}$$

式中：CSI_i 为对象木 i 的竞争压力指数；AO_{ij} 为竞争木 j 与对象木 i 最大生长空间的重叠面积；A_i 为对象木 i 的影响体面积。

（6）划分林层

在 SPSS 软件中，以两种林木竞争指标的计算值分别作为聚类因子，将所有林木的竞争压力指数（CSI）及综合竞争压力指数（C-CSI）计算值输入其中，分析时给定聚类数量为 2 或者 3，进行聚类划分林层。

6.3.4.2 林层划分结果的检验方法

（1）基于国家林层划分标准

基于我国颁布的《森林资源规划设计调查技术规程》（GB/T 26424—2010）中的林层划分标准进行检验，本研究林层划分后应满足：①各林层每公顷蓄积量大于 30m³；②相邻林层的林木平均高相差 20% 以上；③各林层林木平均胸径在 8cm 以上。

（2）基于树高变异系数的检验

各亚层的树高变异系数就越大，表示其层内树高离散程度越高，层内的林木相似度越低，林层划分结果准确度越低，树高变异系数计算公式如下：

$$CN = \left[\frac{1}{N} \times \sum_{i=1}^{N} (H_i - \overline{H}) \right] / \overline{H} \times 100\% \tag{6-34}$$

式中：CV 为树高变异系数；H_i 为各亚层内任意单木树高；$\overline{H}$ 为各亚层平均树高。

（3）基于直径分布结构的检验

直径分布结构是最基本、最重要林分结构。在研究直径结构模型中总体上可分为两类：参数法与非参数法，20 世纪 70 年代到现在，学者们主要使用的概率密度函数为：β 分布、Γ 分布、Weibull 分布、对数分布、正态分布等。其中，Weibull 分布受到许多国内外学者的关注，Weibull 分布对林分直径分布的拟合中具有很强的适应性与灵活性，并已广泛应用于林分直径动态预测、森林生长预估中。目前，分林层对直径分布结构的研究不多，但根据现有研究结果可以看出，分林层研究直径分布与未分层的全林分直径分布相比更有规律性。

因此，根据林木竞争划分法的林层划分结果，对其全林分及各亚层的直径分布结构进行研究。假设划分林层后，其各亚层的直径分布与全林分相比更有规律性或者其模型拟合精度较全林分模型相比更高，就可以证明林木竞争划分法的林层划分结果是符合自然分异规律的。本研究在拟合全林分与各林层直径分布时选择了 Weibull 分布函数与 Gamma 分布函数，对直径分布拟合结果进行卡方检验，再分析得出全林分以及各林层直径分布规律和变化规律，最终验证林木竞争划分法是否合理。

其中，Gamma 分布函数其公式为：

$$f(x) = \frac{b^p}{\Gamma(p)} x^{p-1} e^{-bx} (x \geq 0,\ p > 0) \tag{6-35}$$

式中：b 为尺度参数；p 为形状参数。

Weibull 分布函数其公式为：

$$f(x) = \begin{cases} 0 & x<a \\ \dfrac{c}{b}\left(\dfrac{x-a}{b}\right)^{c-1} \times \exp\left[-\left(\dfrac{x-a}{b}\right)^{c}\right], & x>a, \ b>0, \ c<0 \end{cases} \tag{6-36}$$

式中：a 为位置；b 为尺度参数；c 为形状参数。

对两种分布函数计算得到的理论株树结果还需进行卡方检验，检验公式为：

$$X^2 = \sum \frac{(实际值 - 理论值)^2}{理论值} \tag{6-37}$$

（4）基于树高胸径关系的检验

对于树高胸径的研究一直是国内外研究的热点，其一般研究过程是先将全林分的胸径进行径阶归组，然后测量每个径阶内的若干株树高求得径阶平均高，最后拟合树高曲线。对于林分结构相对简单的林分，这种研究方法可以得出较好的结果；但是对于林分结构复杂的次生林来说，由于其相同径阶内树高变化范围较大，利用该种研究方法得到的树高胸径关系很难和林分现实情况相符。

分层现象属于次生林林分结构的主要特征，划分林层就是将林分内生长状况相近的林木划分为同一个阶层。有关学者在研究天然阔叶林的树高胸径关系时发现，分林层可以更好的研究天然阔叶林的树高胸径关系。因此，可以根据林木竞争划分法的林层划分结果对全林分及各亚层树高胸径关系进行研究，从而对该划分方法的划分结果进行检验。

本研究选取了两种常规模型：Schumacher 式与 Curtis 式对各亚层和全林分的树高胸径进行拟合，两种模型公式分别为：

$$H = 1.3 + ae^{(-b/D)} \tag{6-38}$$

$$H = 1.3 + \exp(a+bD^c) \tag{6-39}$$

模型精度评价指标分别为：决定系数（AMR）、剩余离差平方和（RMSE）以及平均绝对误差（R^2），最终选择 $RMSE$、AMR 较小，R^2 较高的拟合模型作为最优模型，评价指标公式为：

剩余离差平方和（$RMSE$）：

$$RMSE = \sqrt{\sum_{i=1}^{n} \frac{(\hat{h}_i - h_i)^2}{n-k}} \tag{6-40}$$

决定系数（R^2）：

$$R^2 = 1 - \frac{\sum_{i=1}^{n}(h_i - \hat{h}_i)^2}{\sum_{i=1}^{n}(h_i - \overline{h}_i)^2} \tag{6-41}$$

平均绝对误差（AMR）：

$$AMR = \sum_{i=1}^{n}\left|\frac{h_i - \hat{h}_i}{n}\right| \tag{6-42}$$

式中：$\hat{h}_i$ 为高度模型预估值；h_i 为高度实测值；k 为模型参数数量；$\overline{h}_i$ 为树高实测均值；n 为林木株树。

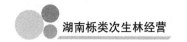

6.3.4.3 现有林层划分方法的选取

对现有的林层划分方法进行筛选，最终选定了4种林层划分方法与林木竞争划分法进行比较：

（1）TSTRAT分层法

TSTRAT分层法是由Latham等在1998年提出的林层划分的方法，其计算公式为：

$$HCV=(1-LCAI)CL+HBLC \tag{6-43}$$

式中：HCV为林层高度临界值；$LCAI$为竞争区域指数；CL为林冠长度；$HBLC$为活枝下高。

将样地中的林木按照树高和林木冠幅长度降序排列，由树高最高且林冠最长的林木个体开始计算第Ⅰ林层高度临界值（$HCVI$），将所有大于或等于$HCVI$的林木列入第Ⅰ林层，然后由剩下林木中树高最高且林冠最长的林木计算第Ⅱ林层的$HCVII$，依次计算所有林层的HCV直至样地内所有林木都被分配完。

（2）LMS分层算法

LMS分层算法是Baker和Wilson（2000）提出的一种从树高和枝下高入手的相对简单的划分林层的方法。将样地内林木树高（HT）和活枝下高（$HBLC$）按降序排列，从最高的树木（t_1）开始，计算平均$HBLC$（对t_1，平均$HBLC$为$HBLC_{(t1)}$，同一层的平均$HBLC$是前面所有已划入林层林木的平均$HBLC$，将下一层的最高林木HT_{t2}和重叠常数（k_0）之和与平均$HBLC$作对比（常数k_0是指平均$HBLC$和$HT_{(t2)}$之间的阈值距离），如果$HT_{t2}+k_0$大于平均$HBLC$，那么林木t_2与林木t_1在同一层，利用t_1与t_2重新计算$HBLC$，如果$HT_{(t2)}+k_0$小于平均$HBLC$则下一层的平均$HBLC_{(t2)}$的值由t_2重新计算，依此划分整个林分。

（3）k-means聚类分层

以树高为聚类因子在SPSS软件中对标准地所有林木进行聚类分析，分析时给定聚类数量为2或者3。

（4）采用国际林联划分法

基于林分优势高H对林层进行划分，个体林木树高$h \geq 2/3H$的为第Ⅰ林层，$1/3H<h<2/3H$的为第Ⅱ林层，个体林木$h \leq 1/3H$的为第Ⅲ林层。

6.3.5 林层划分新方法的提出

林层划分方法是研究林分垂直结构自然分异规律与林分结构特征的核心与基础，而林木竞争则是林层分异的本质原因，但现有的林层划分方法中并未全面地考虑林木竞争对林层划分的影响，且现有的林层划分方法对相同立地条件下的林分划分结果并不一致。因此，本研究考虑林木间所受竞争压力的强弱差异，通过量化计算林木竞争压力值，采用聚类分析的方法对竞争压力值处在相同区间的林木进行聚类，从而提出一种基于林木竞争的林层划分新方法。

林木竞争压力的量化计算结果直接影响林层划分的准确性，要求所选量化指标能合理地反映出林木间所受竞争压力的大小。对于林分结构较为复杂的混交林，选择与距离有关的竞争指标可以更准确地反映林木之间的竞争关系。因此，本研究选取两种与距离有关的竞争指标：竞争压力指数(CSI)及综合竞争压力指数($C\text{-}CSI$)量化计算样地内林木竞争压力。无论是计算竞争压力指数(CSI)还是计算综合竞争压力指数($C\text{-}CSI$)都需要先构建优势树种自由树冠幅模型，根据 5 个研究区 51 块样地调查树种组成确定研究区优势树种为芦头的甜槠、八大公山的亮叶水青冈、龙虎山的石栎、五盖山的枹栎、青羊湖的青冈。由于难以在研究区内调查得到所需样本量要求的自由树，因此选择生长情况较为接近的优势树来代替自由树，并通过其冠幅与胸径的关系构建优势树冠幅模型。依据优势木选取标准选取样地内优势树，将优势树胸径与冠幅数据导入 Excel 中作散点图，结果如图 6-13 所示。

从图 6-13 可以看出，优势树的胸径与冠幅之间具有较为显著的线性相关性。将 5 个研究区域的优势树的胸径与冠幅调查数据导入 SPSS 中，拟合得到优势树冠幅模型，拟合结果如表 6-30 所示。

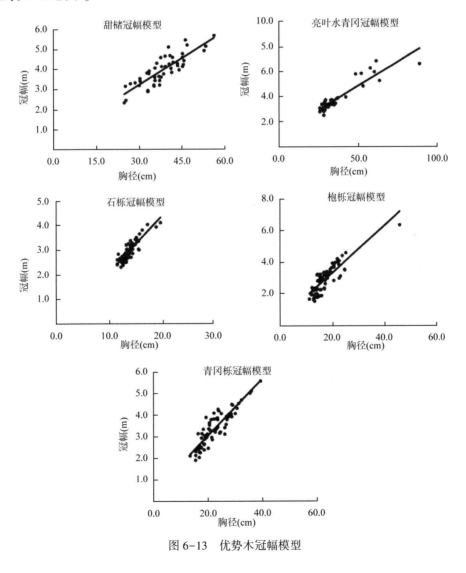

图 6-13　优势木冠幅模型

表6-30　优势树冠幅模型

优势树种	优势树冠幅模型	R^2
甜槠 *Castanopsis eyrei*	$CW = 0.0892D + 0.5385$	0.71
青冈栎 *Cyclobalanopsis glauca*	$CW = 0.1307D + 0.4181$	0.80
石栎 *Lithocarpus glaber*	$CW = 0.2324D - 0.2410$	0.77
亮叶水青冈 *Fagus lucida*	$CW = 0.0760D + 1.0412$	0.85
枹栎 *Quercus serrata*	$CW = 0.1499D + 0.3012$	0.73

注：CW 为林木优势树冠幅；D 为林木胸径。

由表6-30可知，五种优势树冠幅模型 R^2 均在0.7以上，拟合精度最低的甜槠优势树冠幅模型 R^2 为0.71，冠幅模型拟合结果较好。

由于构建的优势树冠幅模型仅仅只能代表优势木的平均生长水平，并不能直接用来当作自由树冠幅模型。所以，需要对构建的优势树冠幅模型进行系数调整，通过式（6-28）与式（6-29）对模型系数提高最终得到自由树冠幅模型，其结果如表6-31所示。

表6-31　自由树冠幅模型

优势树种	调整系数	自由树冠幅模型
甜槠 *Castanopsis eyrei*	1.1545	$CW = 0.1030D + 0.6217$
青冈栎 *Cyclobalanopsis glauca*	1.0785	$CW = 0.1410D + 0.4509$
石栎 *Lithocarpus glaber*	1.1111	$CW = 0.2585D - 0.2678$
亮叶水青冈 *Fagus lucida*	1.1341	$CW = 0.0828D + 1.1341$
枹栎 *Quercus serrata*	1.1146	$CW = 0.1670D + 0.3357$

采用调整法分别计算得到甜槠、青冈栎、石栎、亮叶水青冈及枹栎的调整系数为1.1545、1.0785、1.1111、1.1341与1.1146。将调整系数与优势树冠幅模型中的原有系数相乘即可得到自由树冠幅模型。

由于调查样地是天然次生林，样地内还有少量的其他树种，但是很难分别建立它们的自由树冠幅模型。根据Hegyi与钱升平对林分自由树冠幅模型的构建研究结果和样地树种实际生长情况，本研究认为将其他树种现有冠幅面积乘以1.5倍作为其自由树冠幅面积比较可靠。

6.3.6　林层划分新方法的检验与分析

为了进一步验证林木竞争划分法林层划分结果的合理性，本研究通过《森林资源规划设计调查技术规程》（GB/T 26424—2010）中对林层划分的相关标准对林木竞争划分法的林层划分数目进行检验，通过反映树高离散程度的树高变异系数来检验两种竞争指标的优劣性，通过直径分布规律与树高胸径关系来检验林木竞争划分法的林层划分是否符合自然分异规律。

6.3.6.1 基于国家林层划分标准的检验

采用林木竞争划分法将51块研究样地划分为2个林层，将国标（GB/T 26424—2010）中林层划分标准与林层划分结果进行对比分析，结果见表6-32。

表6-32　划分两层的样地各亚层蓄积量、平均胸径及相邻层平均高差

竞争指标	样地编号	蓄积(m³)		平均胸径(cm)		相邻层平均高差(%)
		上层Ⅰ	下层Ⅱ	上层Ⅰ	下层Ⅱ	上层与下层
CSI	1	249.75	62.21	24.7	12.8	43.50
	2	152.82	55.39	15.0	10.9	33.87
	3	129.5	55.47	17.1	10.5	36.07
	...	...	...	...	...	...
	51	123.25	31.88	19.7	9.3	32.35
C-CSI	1	207.96	104.00	24.7	12.8	43.50
	2	117.96	90.25	18.0	11.2	33.58
	3	120.17	64.80	19.8	10.5	35.43
	...	...	...	...	...	...
	51	123.25	31.88	19.7	9.3	32.35

由表6-32可见，51块样地划分为2个林层时，竞争指标无论是选取综合竞争压力指数（C-CSI）还是竞争压力指数（CSI），其划分结果都符合国家林层划分标准，且其上层的各项检验因子值均明显高于下层各项因子检验值。这说明了采用林木竞争划分法可以将林分划分为2层是完全可行的，再者可以说明根据林木间所受竞争压力的强弱来用作划分林层，能准确将林分中树高较高、胸径较大、生长状况良好、所受竞争压力较小的林木划分为优势层即上层，将树高较矮、胸径较小、生长状况较差、所受竞争压力较大的林木划分为劣势层即下层。通过对比选用两种不同竞争指数的林层检验结果中各项因子可以发现，由于两种竞争指标对处在中等竞争压力强度的部分林木的竞争压力值有着不同的计算结果，从而引起对该部分林木的林层归属有不同的判别结果，在检验结果中综合竞争指数（C-CSI）的上层蓄积量要低于竞争压力指数（CSI），而下层蓄积量要高于竞争压力指数（CSI）的下层蓄积量；对于各亚层平均胸径而言，采用综合竞争压力指数（C-CSI）的各亚层平均胸径是要高于采用竞争压力指数（CSI）的；对于相邻层平均高差而言，采用竞争压力指数（CSI）的相邻层平均高差要高于采用综合竞争压力指数（C-CSI）。这说明根据综合竞争压力指数（C-CSI）的计算值，林木竞争划分法更容易将部分处在中等竞争压力强度的林木划分到下层。

进一步考虑将样地内林分划分3个林层的可行性，采用林木竞争划分法将51块样地的全林分划分为3层，结合国家林层划分标准对其划分结果进行检验，结果如表6-33所示。

表6-33　划分3层的样地各亚层蓄积量、平均胸径及相邻层平均高差

竞争指标	样地编号	蓄积(m³)			平均胸径(cm)			相邻层平均高差(%)	
		上层	中层	下层	上层	中层	下层	上层与中层	中层与下层
CSI	1	187.41	78.76	45.79	34.2	19.2	12.0	30.00	35.24
	2	125.89	71.65	10.67	17.6	11.7	9.0	28.68	31.96
	3	120.18	49.34	15.45	19.8	10.8	9.8	27.56	33.70
	…	…	…	…	…	…	…	…	…
	51	95.55	48.91	10.67	22.0	12.9	9.1	23.81	27.68
C-CSI	1	187.41	87.24	37.31	34.2	17.9	11.8	33.11	35.64
	2	102.33	88.32	17.56	18.7	12.7	9.1	25.71	30.77
	3	78.33	86.95	19.69	25.7	12.2	9.8	30.55	36.00
	…	…	…	…	…	…	…	…	…
	51	100.91	41.19	13.02	21.9	13.2	9.0	21.91	26.32

由表6-33可知，将林分划分为3个林层未能通过国家林层划分标准检验，划分结果中上层蓄积量与平均胸径都符合国家林层划分标准，但上层与中层的相邻高差有部分样地低于20%，如35号样地其上、中层相邻高差仅为16%。对于中层林而言，其划分结果中其平均胸径都超过8cm，但部分样地中层蓄积量低于30m³，如50号样地其中层蓄积量为21.11m³。下层林的各项检验因子中，中、下层林的高差符合国家林层划分标准，但大部分样地其平均胸径与蓄积量都未能符合国家邻层划分标准。因此，可以说明当前阶段采用林木竞争划分法将栎类次生林划分3个林层并不可行。

6.3.6.2　基于树高变异系数的检验

基于林木竞争划分法划分为2个林层的结果，结合分层后各亚层与全林分的树高变异系数，对综合竞争压力指数(C-CSI)和竞争压力指数(CSI)的优劣性进行对比检验。各亚层树高变异系数越高，其层内离散程度越大，林木相似度越低，林层划分准确度越低，其计算结果见表6-34。

表6-34　两种竞争指标划分法两林层划分结果

竞争指标	样地编号	全林分			上层			下层		
		平均高度	标准差	变异系数	平均高度	标准差	变异系数	平均高度	标准差	变异系数
CSI	1	9.1	3.25	35.73	13.8	2.56	18.51	7.7	1.77	23.01
	2	10.3	2.57	24.84	12.1	1.67	13.49	8.2	1.32	16.10
	3	9.3	2.67	28.62	11.8	1.69	13.94	7.8	1.70	21.79
	…	…	…	…	…	…	…	…	…	…
	51	11.3	2.63	23.17	13.5	1.54	11.39	9.2	1.32	14.34

(续)

竞争指标	样地编号	全林分			上层			下层		
		平均高度	标准差	变异系数	平均高度	标准差	变异系数	平均高度	标准差	变异系数
C-CSI	1	9.1	3.25	35.73	13.8	2.56	18.55	7.7	1.77	22.99
	2	10.3	2.57	24.84	13.7	1.03	7.53	9.1	1.71	18.70
	3	9.3	2.67	28.62	12.7	1.67	13.17	8.2	1.86	22.67
	...	...	...	...	...	...	...	...	...	...
	51	11.3	2.63	23.17	13.5	1.54	11.39	9.2	1.31	14.24

由表6-34可见，各亚层的树高变异系数与未分层的全林分树高变异系数相比均明显减小。检验结果中全林分的平均树高变异系数为28.04%，当竞争指标采用CSI，其上层的平均树高变异系数为13.98%，与全林分的平均树高变异系数相比降低了50.14%；下层的平均树高变异系数为18.91%，与全林分的平均树高变异系数相比降低了32.56%。采用C-CSI作为竞争指标时，上层的平均树高变异系数为12.48%，与全林分的平均树高变异系数相比降低了55.49%，下层的平均树高变异系数为19.09%，与全林分的平均树高变异系数相比降低了31.92%。结果表明林木竞争划分法可以准确地将处在相同生长状况的单木进行聚类分层，层内林木相似度高。将2种竞争指标的树高变异系数检测结果相比较，C-CSI上层的平均树高变异系数下降了10.73%，下层的平均树高变异系数增加了0.09%，虽然下层平均树高变异系数略微增加，但是增加幅度可以忽略不计，而上层的平均树高变异系数明显下降，可以说林木竞争划分法根据C-CSI的竞争压力值划分林层，其各亚层中林木相似度更高，C-CSI的计算值更接近林木真实的竞争压力强度。通过树高变异系数检验，首先证明了林木竞争划分法可将生长状况相接近的林木划分为同一层，其次证明了采用C-CSI作为林木竞争指标要优于CSI，综合竞争压力指数量化林木之间的竞争压力的结果更为精确。

基于直径分布规律的检验(略)。

基于树高胸径关系的检验(略)。

6.3.7 新方法与现有方法的比较

6.3.7.1 现有方法的林层划分结果

本研究也尝试采用四种现有的林层划分方法对湖南栎类次生林划分林层，四种方法分别是TSTRAT分层法、国际林联划分法、LMS划分法和全树高聚类划分法。

(1)TSTRAT分层法划分结果

在采用TSTRAT分层法划分林层时，其光竞争指数取0.4~0.6，对51块样地分别划分林层，部分林层划分结果如表6-35所示。

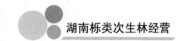

表 6-35　TSTRAT 分层法划分结果

样地编号	光竞争指数								
	0.4			0.5			0.6		
	层属	下限值(m)	林木株数	层属	下限值(m)	林木株数	层属	下限值(m)	林木株数
1	I	12.3	12	I	12.7	8	I	14.5	5
	II	6.8	61	II	10.3	23	II	10.8	22
	III	5.5	9	III	6.8	41	III	8.5	25
	IV		6	IV	4.8	12	IV	5.1	32
				V		4	V		4
15	I	16.0	28	I	16.8	23	I	18.2	16
	II	14.5	2	II	14.5	7	II	16.2	11
	III	7.8	27	III	8.6	21	III	14.5	3
	IV		4	IV		10	IV	10.0	16
							V		15
24	I	14.6	5	I	15.0	4	I	15.4	3
	II	10.4	20	II	12.8	5	II	12.6	8
	III	8.0	19	III	9.4	27	III	10.6	13
	IV	6.7	10	IV	7.6	10	IV	8.0	20
	V	4.7	11	V	6.0	9	V	7.1	9
	VI		4	VI	4.7	10	VI	6.0	2
				VII		4	VII	4.7	10
							VIII		4
33	I	9.7	132	I	11.0	108	I	12.3	68
	II	8.2	16	II	8.9	34	II	8.2	80
	III		2	III	7.8	7	III	7.8	1
				IV		1	IV		1
39	I	16.0	8	I	16.3	5	I	17.6	3
	II	9.2	27	II	9.8	26	II	12.0	22
	III	6.1	16	III	7.8	17	III	9.6	7
	IV		3	IV	6.1	3	IV	7.8	17
				V		3	V	5.2	4

　　由表 6-35 划分结果可知，TSTRAT 分层法可将湖南栎类次生林普遍划分为 4~5 个林层，林层划分数目与光竞争指数值呈正相关关系，且随着亚层高度的降低，其层间距与亚层内林木株数随之减小。当光竞争指数取 0.6 时，最少可将林分划分为 5 个林层，其中 24 号样地的林层划分数目多达 8 层；当光竞争指数取 0.4 时，33 样地的第 I 林层与第 II 林层层间距仅有 1.5m；随着林层划分数目的增加，大部分样地的最低林层内的林木株数不超

过3株。这是由于该算法在计算林层分界线高度时，只考虑最高林木的冠长与其枝下高的比例，对于较低层的林木而言，其树高较低，冠长与枝下高也偏小，其对应的层间距变小，进而造成林层数目的增多，必然导致其亚层内的林木株数减少。因此，TSTRAT分层法虽然能够对栎类次生林划分林层，但其划分林层数量与野外观察的林层数量存在明显差距，且对该划分结果缺乏一定的生物学解释。

（2）国际林联划分法划分结果

基于林分优势高 H 对林层进行划分，个体林木树高 $h \geqslant 2/3H$ 的划为第 I 林层，$1/3H < h < 2/3H$ 的划为第 II 林层，个体林木 $h \leqslant 1/3H$ 的划为第 III 林层。本研究选择林分优势高的方法有2种，分别是：①选取样地最高单木树高，即最高优势木；②选择样地内3株优势树种中的优势木的平均树高，即平均优势木。采用国际林联划分法对栎类次生林进行林层划分，部分样地的林层划分结果如表6-36所示。

表6-36　国际林联划分法划分结果

样地编号	层属	林层下限值（m）		林木株数	
		最高优势木	平均优势木	最高优势木	平均优势木
1	I	11.2	10.1	15	25
	II	5.6	5.0	45	39
	III	—	—	7	3
15	I	15.0	13.9	28	30
	II	7.5	7.0	29	29
	III	—	—	4	2
24	I	11.7	11.0	95	120
	II	5.8	5.5	66	41
	III	—	—	1	1
33	I	12.7	11.4	9	17
	II	5.8	5.2	46	43
	III	—	—	14	9
39	I	13.9	11.9	18	25
	II	6.9	6.0	31	26
	III	—	—	5	3

由表6-36可知，采用国际林联划分法，选取最高优势木或者平均优势木作为林分优势高，国际林联划分法固定可将林分划分为3个林层。从划分结果中可以发现，采用不同的优势木选取标准，其林层下限值高度不同，当选取最高优势木作为林分优势高时，与平均优势木相比，其划分结果中第 I 林层下限值高度高出0.7~2.0m，第 II 林层的下限值高度高出0.5m左右；从各亚层内林木株数统计值中可以发现，林木株数呈一个两头少，中间多的分布情况，而且大部分样地的第 III 林层内的林木株数少于5株。对于国际林联划分

法来说，由于其林层划分数目是固定的，缺少一定灵活性，适用性不强。

（3）LMS 划分法划分结果

使用 LMS 划分法分层时，选取 -2、-1、-0.5、0.5 作为其重叠系数，林层划分结果如表 6-37 所示。

表 6-37　LMS 法划分结果

样地编号	重叠系数											
	-2			-1			-0.5			0.5		
	层属	下限值(m)	林木株数	层属	下限值(m)	林木株数	层属	下限值(m)	林木株数	层属	下限值(m)	林木株数
1	Ⅰ	6.8	67	Ⅰ	5.8	73	Ⅰ	5.2	77	Ⅰ		80
	Ⅱ	5.8	6	Ⅱ		7	Ⅱ		3			
	Ⅲ	5.5	4									
	Ⅳ		3									
15	Ⅰ	9.3	45	Ⅰ	8.4	50	Ⅰ	7.3	56	Ⅰ		60
	Ⅱ		15	Ⅱ		10	Ⅱ		4			
24	Ⅰ	6.7	53	Ⅰ	5.5	43	Ⅰ	4.0	65	Ⅰ	6.0	54
	Ⅱ	5.3	3	Ⅱ	3.7	12	Ⅱ		4	Ⅱ		15
	Ⅲ	5.0	4	Ⅲ		14						
	Ⅳ	4.0	2									
	Ⅴ	3.7	3									
	Ⅵ		4									
33	Ⅰ	8.9	141	Ⅰ	7.8	148	Ⅰ	5.0	149	Ⅰ		150
	Ⅱ	7.8	8	Ⅱ		2	Ⅱ		1			
	Ⅲ		1									
39	Ⅰ	6.5	49	Ⅰ	5.4	51	Ⅰ	5.4	51	Ⅰ		54
	Ⅱ		5	Ⅱ		3	Ⅱ		3			

从表 6-37 可知，对于同一个次生林样地而言，随着重叠系数的增加，LMS 划分法其划分结果中林层划分数目减少，呈负相关关系，且林层分界线高度随重叠系数的增加而降低，出现多个亚层内林木株数低于 5 株的情况。重叠系数取 -2 时，可将林分划分成 2~6 层，其中 24 号样地内的林分被划分为 6 个林层，各亚层之间的层间距过小，其中 1 号样地的第Ⅰ林层到第Ⅲ林层树高差距仅为 1.3m；重叠系数取 -1 时，可将林分划分为 2~3 层，但该划分结果中大部分样地的第Ⅰ林层分界线高度明显偏低，其中 39 号样地的第Ⅰ林层分界线高度仅为 5.4m；重叠系数取 -0.5 时，可将林分划分为 2 个林层，但所有样地内第Ⅱ林层的林木株数均低于 5 株；重叠系数取 0.5，LMS 法无法对大部分样地划分林层，

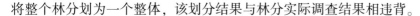

将整个林分划为一个整体，该划分结果与林分实际调查结果相违背。

（4）全树高聚类划分法划分结果

采用 k-means 全树高聚类划分法分析时，林层划分结果如表 6-38 所示。

表 6-38　k-means 全树高聚类划分法林层划分结果

样地编号	H_{max}（m）	第Ⅰ林层下限值（m）
1	16.8	12.0
15	22.5	14.5
24	15.2	10.8
33	13.0	7.8
39	20.8	12.0

由表 6-38 可见，通过 k-means 全树高聚类划分法可将林分划分为 2 个林层，当林分整体高较低且树高相对连续时，k-means 全树高聚类划分法的第Ⅰ林层分界线高度下限值是低于林木竞争划分法，例如 24 号样地，采用 k-means 全树高聚类划分法，其第Ⅰ林层分界线高度下限值为 10.8m，而采用林木竞争划分法时，其第Ⅰ林层分界线高度下限值为 13.7m；而当样地内优势木树高远超林分平均高时，k-means 全树高聚类划分法与林木竞争划分法的林层划分结果相接近，如 15 号样地，采用 k-means 全树高聚类划分法，其第Ⅰ林层分界线高度下限值为 14.5m，而采用林木竞争划分法时，其第Ⅰ林层分界线高度下限值为 14.8m。对于 k-means 全树高聚类划分法而言，该方法从纯数据划分林层，其拟合分层的分界线高度通常是全林分树高的断层处。

6.3.7.2　不同林层划分方法对比分析

对林木竞争划分法、光竞争指数取 0.4 时的 TSTRAT 分层法、国际林联划分法、重叠系数取 -0.5 时的 LMS 划分法及全树高聚类划分法的 51 块样地的林层划分结果进行国家林层划分标准检验，各项检验因子合格率不低于 95% 的记为符合，其检验结果如表 6-39 所示。

表 6-39　样地各亚层蓄积量、平均胸径及相邻层平均高差

竞争指标	各亚层蓄积	各亚层平均胸径	相邻层平均高差（%）
TSTRAT 分层法	/	/	/
国际林联划分法	/	/	*
LMS 划分法	/	/	*
全树高聚类划分法	/	*	*
林木竞争划分法	*	*	*

注：* 为符合；/ 为不符合。

对 5 种林层划分方法的划分结果分别进行检验，从其检验结果可知：林木竞争划分法的划分结果中各样地均能满足国家林层划分标准的要求；全树高聚类划分法其划分结果中

各亚层平均胸径与相邻层平均高差全部符合检验标准，但是各亚层的蓄积检验结果中有样地未能符合检验标准；国际林联划分法与 LMS 划分法各样地的划分结果除相邻层高差满足检验标准之外，其各亚层的蓄积与各亚层平均胸径均未通过检验；TSTRAT 分层法的林层划分结果均未能满足国家林层划分标准的要求。所以，根据国家林层划分标准的检验结果可以看出：林木竞争划分法>全树高聚类划分法>国际林联划分法>LMS 划分法>TSTRAT分层法，林木竞争划分法与其他林层划分方法相比更加适用于栎类次生林的林层划分。

6.3.8 讨论

采用林木竞争划分法划分林层时，本研究也尝试过将全林分划分为 3 个林层，但从国标检验结果可知部分样地的各项检验因子未能符合国家林层划分标准中的要求。这可能由于调查样地大部分属于中幼龄林阶段，林分还处于生长期，林分结构还未完全稳定，整体林木树高偏低、胸径偏小，所以无法将其林分划分为 3 个林层。在今后的研究中，可以深入调查更多的栎类天然次生林成熟林典型样地，以期得到更完善的数据来探究栎类天然次生林是否可以进一步划分为 3 个林层的可能性。

在研究树高和胸径之间的关系时，由于栎类天然次生林林分结构复杂，且具有多样的生态学特征和生物学特征，其林分内树高胸径关系往往因为林龄和树种的差异而显得复杂，如在下层中的林木具有较大的胸径，但其树高值偏低，可以说明该林木很有可能属于被压木，但也有可能是该树种本身的生长特性所决定，如喜阴等；上层中的林木树高值较大，但是其胸径值很小，则该林木很有可能生长在林窗中，也有可能是其本身的"先增高树高，再增长胸径"的生物学特性所引起，在拟合树高曲线中这些过于离散的树高与胸径关系会对拟合过程造成一定的困扰。但是在天然次生林中，这些生长"异常"的林木在研究时很难被当做异常点被剔除，通常这些树高胸径生长"异常"的林木是揭露林分结构的重要因素，这种情况往往可能就是导致上层和下层的树高拟合曲线其确定系数(R^2)较低的原因。因此，在后续基于林层基础上的树高胸径关系研究中，可以将易于调查监测的林分因子，如：各亚层树种、树种优势高、林分断面积和相对密度等加入到基础的树高胸径模型中，用来提高模型精度和增强其适用性，然后将其中具有较好拟合效果的模型作为基础模型，选择非线性混合效应模型或哑变量，构建基于林层哑变量、随机效应或固定效应的栎类天然次生林树高胸径模型来进一步模拟不同林层的树高胸径生长关系。

6.4 栎类次生林林分结构调整优化

6.4.1 数据来源与数据处理

根据第八次湖南省国家森林连续清查数据，统计得出 2014 年湖南栎类资源现状。选取以栎类为优势树种的样地 176 块，基本情况如表 6-40 和表 6-41 所示。

表 6-40　2014 年湖南栎类资源现状统计

龄阶	样地数	株数	平均直径（cm）	平均断面积（m²/hm²）	平均蓄积（m³/hm²）
20	2	1613	7.3	7.27	26.60
25	21	1793	8.2	10.69	42.75
30	35	1554	9.5	12.41	54.05
35	38	1777	10.3	17.56	82.09
40	26	1454	10.7	15.73	76.37
45	16	1722	11.4	21.61	114.20
50	14	1622	11.9	21.97	115.35
55	9	1173	12.2	19.02	109.27
60	4	1586	16.8	27.56	155.78

表 6-41　样地基本概况

样地号	地理位置	海拔（m）	坡度（°）	坡向	土壤	优势树种	平均直径（cm）	郁闭度
14	常德市	830	40	东南	黄壤	栎类	13.2	0.85
586	岳阳市	160	25	西	红壤	栎类	10.4	0.85
1442	怀化市	360	36	东南	紫色土	栎类	12.5	0.75
1635	常德市	150	26	东北	红壤	栎类	14.1	0.65
2277	怀化市	1020	42	东北	黄壤	栎类	11.8	0.75
…	…	…	…	…	…	…	…	…

样地林分起源为天然林，样地调查时间是 1989—2014 年，调查间隔为 5 年。由于只有 2004—2014 年的样地数据有每株林木的方位角和水平距信息，才可以将其换算成相对应的平面 x、y 坐标，确定样木位置，故选取样地中的这三期数据进行分析。样地面积大小为 25.82m×25.82m，调查时采用 GPS 定位与复位。样地内林木起测直径为 5cm，达到起测直径的林木采用铁牌编号，主要在样地内进行了每木检尺工作，测定林木直径（cm）、林下灌木、相对位置等。样地以栎类为优势树种，主要树种包括栎类、杉木、马尾松、桦木等。

将各种数据一一核对后录入 Excel 表中，在 Excel 表中剔除异常数据并计算林分树种组成、平均年龄、平均胸径、林分蓄积量等，并将这些作为基础数据存储。将林木的方位角和水平距转换为平面直角坐标系中的 x、y 坐标，并将转换后的坐标导入到 Arcgis 中，得到林木空间位置分布图，如图 6-14 所示（以 2277 号样地 2014 年的数据为例）。

6.4.2　研究方法

6.4.2.1　林分空间结构单元的确定

本研究采用 Voronoi 多边形图来确定中心木的最邻近木株数。Voronoi 图在确定中心木的最邻近木时能确切的考虑到中心木与相邻木的位置分布关系，并且能切实的反映样地中林木的实际空间结构特征。

对样地内的林木做结构分析时，考虑到样地外的林木对样地内林木存在一定的影响，

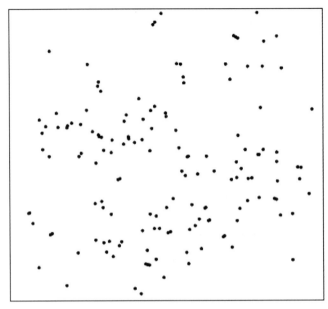

图 6-14　2277 号样地 2014 年林木相对位置分布图

同时在利用 Voronoi 图确定邻近木时，位于林地边缘的林木无法生成完整的 Voronoi 多边形，必须进行边缘校正。而传统的边界校正方法，如八邻域平移法、八邻域对称法以及第四邻体距离判定法均未考虑到 Voronoi 图的结构特征，因此无法解决 Voronoi 图中样地边缘校正的问题。而距离缓冲区法虽然会丢失掉边缘区域林木的数据（在缓冲区内的林木不能作为中心木参与计算），但是其适用性广，而且易于操作对本研究采用的四种空间结构指数的计算结构影响不大。故本研究利用距离缓冲区法来消除边缘区的影响，将原样地的四条边均向内部水平缩进 2m 的区域作为缓冲区，从而确保校正样地内的林木生成的 Voronoi 多边形是完整的，样地内去除缓冲区的剩余部分为校正样地，校正样地中的每一株林木都作为中心木计算其各个空间指数，而处于缓冲区内的林木不计算其空间结构指数，只作为相邻木参与计算。

以 2277 号样地 2014 年国家一类连续清查数据得到的 Voronoi 图如图 6-15 所示。

6.4.2.2　空间结构指数选取

对林分空间结构的描述需要从树种结构、直径结构和林木的位置关系、林木之间的竞争压力等多方面综合考虑。全混交度能描述林木之间的树种差异与树种隔离关系；大小比数可以描述林分中大小林木的分布关系；竞争指数描述了林木之间的竞争关系；角尺度说明了林木的位置关系。故采用全混交度、角尺度、大小比数和 Hegyi 竞争指数 4 个空间指数来描述林分的空间结构。四个空间结构指数数学表达式如下：

（1）全混交度

全混交度在考虑树种多样性的同时还能兼顾中心木与相邻木之间以及相邻木与相邻木之间的树种隔离关系。树种多样性不仅考虑树种数，还考虑不同树种所占比例的均匀度。其公式为：

$$Mc_i = \frac{1}{2}\left(D_i + \frac{C_i}{n_i}\right)M_i \tag{6-44}$$

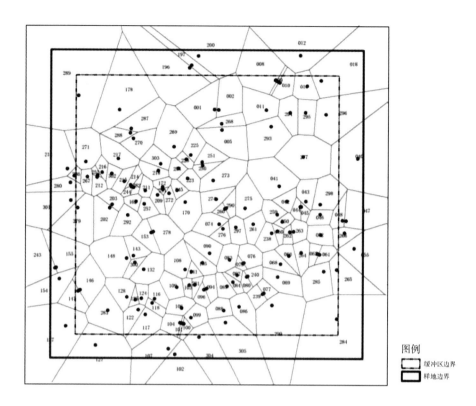

图 6-15　2277 号样地边缘校正后的 Voronoi 图

式中：n_i 为最近的邻木株树；C_i 为中心木的最近邻木中对相邻木非同种的个数；$\dfrac{C_i}{n_i}$ 为最近邻木树种隔离度；D_i 为空间结构单元的 Simpson 指数，它表示树种分布的均匀度；$D_i = 1 - \sum\limits_{j=1}^{s_i} P_j^2$，$D_i \in [0, 1]$，当只有一种树种的时候 $D_i = 0$；当有无限多个树种且株数比例均等时，$D_i = 1$。P_i 是空间结构单元中第 j 树种的株数比例。S_i 为空间结构单元的树种数。

（2）大小比数

大小比数（U_i）描述林分中林木大小分布的关系。用公式表示为：

$$U_i = \frac{1}{n} \sum_{j=1}^{n} k_{ij} \tag{6-45}$$

式中：U_i 为相邻木 i 的大小比数；n 为中心木 i 的邻近木；k_{ij} 为离散型变量，当相邻木 j 小于中心木 i 时，$k_{ij} = 0$，否则 $k_{ij} = 1$。U_i 的值越小，表明比中心木大的相邻木越少。

（3）角尺度

角尺度（W_i）既不用测距又不用准确度量角度，并且能描述每株林木在水平位置上分布情况的结构参数。其表达式为：

$$W_i = \frac{1}{n} \sum_{j=1}^{n} Z_{ij} \tag{6-46}$$

其中：$Z_{ij} = \begin{cases} 1, & i\alpha \text{ 准角 } \alpha_0 \\ 0, & i\alpha \text{ 准角 } \alpha_0 \end{cases}$

角尺度(W_i)的取值反映了林分中林木个体的分布格局，而整个林分的平均角尺度则反映出林分中林木整体的分布格局。

（4）Hegyi 竞争指数

Hegyi 竞争指数是采用竞争木与中心木的胸径比值与二者之间距离比来衡量林木间的竞争关系，其公式为：

$$CI_i = \sum_{j=1}^{n_i} \frac{d_j}{d_i \times L_{ij}} \tag{6-47}$$

式中：CI_i 为中心木 i 的竞争指数；d_j 为邻近木 j 的胸径；L_{ij} 为中心木 i 与邻近木 j 之间的距离；n_i 为中心木 i 所在结构单元中邻近木的株数。样地内所有中心木的竞争指数用公式表示为：

$$CI = \sum_{i=1}^{N} CI_i \tag{6-48}$$

式中：n 为样地内所有中心木的株数。

6.4.2.3 相容性林分生长收获模型（详见第 5 章）

6.4.2.4 林分间伐方案优化

林分的空间结构选用全混交度、大小比数、竞争指数、角尺度四个空间结构指数来描述，用乘除法的原理构建综合空间结构模型。这四个空间结构指数作为结构调整目标函数，将直径结构、树种多样性、间伐强度等非空间结构因子作为约束条件。本研究根据相容性林分生长收获模型预测值，构建合适的林分密度，保持林分有较高的生长量，以充分释放林分的生长活力，我们称这种状态下的林分断面积为适宜断面积。若林分现实断面积大于适宜断面积，可将林分现实断面积调整至适宜断面积，从而确定间伐量，这种方法把结构调整与间伐强度结合起来，解决了密度优化的问题；若林分现实断面积小于最优断面积，则不予间伐而只做结构调整的工作。

间伐量确定后，用综合空间结构模型评价单木空间结构的状态，将每株林木的综合结构指数依次排序，将综合结构指数最低的作为拟定间伐木，判断伐除拟定间伐木后是否满足约束条件，若满足则伐除，然后重新生成 Voronoi 图，确定新的空间结构单元，计算每株林木的综合空间指数，再将指数最低的林木作为拟定间伐木；若伐除拟定间伐木后不满足约束条件，则将综合结构指数倒数第二的林木作为拟定间伐木判断，若还是不满足约束条件，则将综合结构指数倒数第三的林木作为拟定间伐木判断。依次类推，当林分现实断面积被间伐至林分最适宜断面积时，停止间伐。这样调整林分结构和保持林分生长活力结合起来，达到提质增量的目的。

6.4.3 林分非空间结构分析

6.4.3.1 树种组成

随机抽取 176 块样地中生长较好的 6 块样地的 2014 年数据，计算树种组成。结果如表 6-42 所示。

表 6-42　6 块样地的树种组成系数

样地号	树种组成系数
14	9 栎类 1 枫香
586	5 栎类 2 樟木 1 枫香 1 桦木 1 马尾松+檫木
1635	4 栎类 3 马尾松 1 杉木 1 木荷 1 楠木+樟木
2186	6 栎类 3 马尾松 1 樟木-木荷
2277	7 栎类 2 桦木 1 杨树-漆树-板栗-楠木
3946	5 栎类 3 樟木 2 马尾松

样地中，栎类蓄积量最大，属于样地中的优势树种。而马尾松、樟木的蓄积占三成左右，较为稳定，但是马尾松属于先锋树种，林下没有幼树，随着群落的演替，它慢慢会消失。而杨树、枫香、桦木等树种在群落中占比较小，随时会因为竞争处于劣势而被淘汰。这两种趋势都将导致林分树种结构走向单一，因此需要对林分结构进行调整和优化。

6.4.3.2　q 值定律

q 值指的是相邻的两个径阶株数之比趋于一个常数。在未受到干扰破坏的天然林中由于径阶的分布为反"J"形，故天然林中的 q 值为一个递减的常数。汤孟平指出天然林的 q 值分布在 1.3~1.7 之间。可以用 q 值判断林分径阶分布是否合理。研究分析上述 6 块样地每个径阶之间的 q 值可以发现一个相似的规律，即 586 号样地的径阶满足 q 值定律，其他 5 块只有少数径阶满足 q 值定律。说明其他样地的径阶分布不合理，需要对其直径结构进行调整。

6.4.3.3　自稀疏方程选择及模型构建

研究选取 Reineke 方程为基础模型，分别对比基础模型、加入混交效应的混合效应模型（表 6-43）、加入林分类型的混合效应模型（表 6-44）等三种情况构建的栎类次生林自稀疏模型拟合结果，来探讨栎类次生林自然稀疏过程中密度变化情况。采用赤池信息量准则（AIC）、贝叶斯信息准则（BIC）值及模型拟合相关系数（R^2）等三个指标，来对三个模型拟合效果进行评价，并选取其中 AIC 值最小、BIC 值最小，R^2 取值最大的模型来反映栎类次生林自然稀疏规律，模型表达式如式（6-49）至式（6-51）所示。

$$\log N = a + b \log D \tag{6-49}$$

$$\log N = (a + c \times LX_1 + d \times LX_2 + e \times LX_3 + f \times LX_4 + g \times LX_5) + b \log D \tag{6-50}$$

$$\log N = (a + c \times ZB_1 + d \times ZB_2 + e \times ZB_3 + f \times ZB_4 + g \times ZB_5) + b \log D \tag{6-51}$$

式中：a、b 为模型固定参数，其中 a 为物种特异性参数，主要与树种有关，b 为自稀疏线截距；c、d、e、f、g 为模型随机参数。

表 6-43　栎类混交比划分

类别	随机参数	栎类占比（%）	样本数
ZB1	c	20	17
ZB2	d	30	19
ZB3	e	40	27
ZB4	f	50	12
ZB4	g	60	14

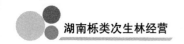

表 6-44　林分类型划分

类别	随机参数	林分类型	样本数
LX1	c	栎类杉木混交林	24
LX2	d	栎类马尾松混交林	26
LX3	e	栎类硬阔混交林	20
LX4	f	栎类软阔混交林	12
LX5	g	栎类楠木混交林	7

　　研究对比 Reineke 方程、加入混交效应的混合效应模型和加入林分类型的混合效应模型等三种情况拟合结果，如表 6-45 所示，考虑混交效应的模型其 AIC、BIC 取值虽比 Reineke 方程要小，仍不及加入林分类型的混合效应，而加入林分类型效应的混合模型其 AIC 值、BIC 值比考虑混交比效应及 Reineke 方程均要低，决定系数 R^2 取值在三种模型中最高。说明树种混交情况对林分自然稀疏的影响不大，而将林分类型纳入 Reineke 方程中所构建的混合效应模型对栎类次生林自然稀疏规律的拟合效果更好。因此，本研究选用加入林分类型效应的混合模型分别地位指数来反映栎类次生林自然稀疏过程中密度变化情况。模型参数拟合结果如表 6-46 所示。

表 6-45　几种模型拟合精度比较

模型	AIC	BIC	R^2
基础模型	2.258	−0.355	0.47
考虑混交比	−54.377	−63.525	0.57
考虑林分类型	−68.973	−78.121	0.75

表 6-46　混合效应模型参数拟合结果

SI	a	b	c	d	e	f	g
9	123.838	−0.871	−119.59	−119.645	−119.594	−119.677	1
12	376.486	−1.619	−371.462	−371.434	−371.508	−371.447	−371.536

6.4.3.4　林分直径与断面积生长方程

　　分立地指数用生长方程拟合现实林分胸径与年龄的关系及断面积与年龄的关系。以 9 地位指数级为例，所拟生长方程参数及精度如表 6-47 和表 6-48 所示。

表 6-47　林分胸径与年龄相关关系及拟合精度

方程名称	表达式	a	b	c	R^2	SSE	RMSE
理查德式	$y=a(1-e^{-bt})^c$	20.732	0.527	0.007	0.884	133.863	0.826
幂函数	$y=at^b$	1.735	0.461	—	0.684	0.8267	0.827
逻辑斯蒂式	$y=a/(1+be^{-ct})$	26.656	3.715	0.020	0.976	1.050	0.309
坎派兹式	$y=ae^{-be^{-ct}}$	1.990	−1.255	−0.008	0.930	1424	0.360

— 238 —

表 6-48 林分断面积与年龄相关关系及拟合精度

方程名称	表达式	a	b	c	R^2	SSE	$RMSE$
理查德式	$y = a(1 - e^{-bt})^c$	96.035	1.350	0.008	0.871	70.855	2.662
幂函数	$y = at^b$	0.270	1.124	—	0.81	71.160	2.668
逻辑斯蒂式	$y = a/(1 + be^{-ct})$	36.054	11.664	0.059	0.934	70.632	2.658
坎派兹式	$y = ae^{-be^{-ct}}$	46.816	3.264	0.030	0.872	70.522	2.656

选取其中相关系数最高的逻辑斯蒂式生长方程拟合样地胸径与年龄的关系。

6.4.3.5 林分相容性收获模型

林分生长量的累积即为收获量，二者具有相容性，其相容性模型组可以反映异龄林的生长量变化规律。将林分现实生长量与收获量用联立方程组的形式建立相容性林分生长收获模型，可以预估未来林分的生长和收获量。以 176 块栎类为主要优势树种的 6 期数据建立林分相容性生长收获模型，其联立方程组为：

$$\begin{cases} \ln M_1 = 1.7035 + 0.0353SI - 16.7709\dfrac{1}{t_1} + 0.9664\ln G_1 \\[2mm] \ln G_2 = \left(\dfrac{t_1}{t_2}\right)\ln G_1 + 3.7037\left(1 - \dfrac{t_1}{t_2}\right) + 0.0291SI\left(1 - \dfrac{t_1}{t_2}\right) \\[2mm] \ln M_2 = \ln M_1 - 16.7709\left(\dfrac{1}{t_2} - \dfrac{1}{t_1}\right) + 0.9664(\ln G_2 - \ln G_1) \end{cases} \quad (6-52)$$

式中：M_1 和 G_1 分别为期初林分的蓄积量与断面积；M_2 和 G_2 分别为期末林分的蓄积量与断面积；t_1 为期初林分年龄；t_2 为期末林分年龄；SI 为地位指数。根据相容性生长收获模型可以预测林分阶段性的生长量，从而得出预测年龄段的生长量预测值。

利用平均误差、平均绝对相对误差、均方根误差（$RMSE$）、预测精度和决定系数（R^2）对以上联立方程组的参数估计方法进行检验，结果如表 6-49。使用二步最小二乘法估计模型的参数，其模型的拟合决定系数较大，经过检验数据拟合得到的预估精度较高，平均误差、平均绝对相对误差、均方根误差较小，说明用两步最小二乘法得到的模型参数值对模型的预测效果较好。联立方程组的检验指标统计的详细结果见表 6-49。

表 6-49 二步最小二乘法的联立方程组检验结果

方法	模型	平均误差	平均绝对相对误差	$RMSE$	预测精度（%）	R^2
二步最小二乘法	模型 $\ln M_1$	1.0037	0.1061	6.8078	95.42	0.9425
	模型 $\ln G_2$	0.4428	0.1312	2.0317	95.05	0.8927
	模型 $\ln M_2$	0.3123	0.0962	10.6888	94.45	0.9339

6.4.4 现实林分生长过程表

胸径与断面积生长方程相结合，计算出林分各龄阶的株数；再利用相容性林分生长收获模型计算出当前断面积对应的生长量和蓄积量；由 N-D 模型计算出各龄阶的自稀疏株数。综合上述预测值可得到收获表的各派生值。表 6-50 为不分林分类型的现实林分收获表。

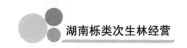

表6-50 湖南栎类次生林现实收获表（9地位指数级）

年龄(年)	平均直径(cm)	株数(hm²)	断面积	蓄积量(m³)	平均材积(m³)	生长量 平均(m³)	生长量 连年(m³)	生长量 生长率(%)	自然死亡 死亡株数	自然死亡 蓄积(m³)	自然死亡 累积蓄积(m³)	总生长量 总生长量(m³)	总生长量 平均生长量(m³)	总生长量 连年生长量(m³)	总生长量 生长率(%)
20	6.7	2781	9.94	30.89	0.01	—	—	—	—	—	—	—	—	—	—
25	7.6	2674	12.23	41.19	0.02	1.65	2.06	5.71	107	1.59	1.59	42.79	1.71	2.38	6.46
30	8.6	2562	14.73	51.82	0.02	1.73	2.12	4.57	112	2.34	3.94	54.16	1.81	2.59	5.44
35	9.5	2445	17.35	62.97	0.03	1.80	2.23	3.89	117	3.24	7.18	66.21	1.89	2.88	4.88
40	10.5	2323	19.97	74.80	0.03	1.87	2.37	3.43	122	4.26	11.44	79.06	1.98	3.22	4.53
45	11.4	2198	22.46	87.40	0.04	1.94	2.52	3.11	124	5.34	16.78	92.75	2.06	3.59	4.29
50	12.3	2075	24.74	100.85	0.05	2.02	2.69	2.86	123	6.40	23.18	107.24	2.14	3.97	4.08
55	13.2	1956	26.74	115.16	0.06	2.09	2.86	2.65	119	7.31	30.49	122.46	2.23	4.32	3.87
60	14.0	1845	28.43	130.32	0.07	2.17	3.03	2.47	111	7.99	38.47	138.31	2.31	4.63	3.65
65	14.8	1743	29.81	146.30	0.08	2.25	3.20	2.31	102	8.39	46.86	154.69	2.38	4.87	3.42
70	15.4	1652	30.93	163.03	0.10	2.33	3.35	2.16	91	8.49	55.36	171.52	2.45	5.04	3.17

从表6-50可以得看出：①林分随着年龄的增长，立木株数不断地减少，分析其原因一是因为部分样地交通不便，长期封禁，密度过大而产生自然稀疏；二是部分林地处人口稠密之地，交通便利，人为干扰强度大，因偷伐、滥伐而引起株数减少。②从理论上讲，现实收获表中的林分不会产生自然稀疏，但多期的林分调查又确认这种状况的存在，分析除了人为干扰的因素外，还与林分的分布结构有关。次生林的分布多呈不均匀的聚集性分布，造成整体上密度不大，但局部竞争强烈，产生枯损。这也是次生林不同于人工林的一个显著特点。

6.4.5 林分空间结构分析

6.4.5.1 边缘校正

利用 Voronoi 图确定林分空间结构单元，对 Voronoi 图进行边缘校正。以 2277 号样地14 期数据为例，经过边缘校正后的样地中，在缓冲区内的林木只作为边缘木参与计算，不作为中心木统计。人为设置缓冲区进行边缘校正，不仅简单易操作，能消除边缘效应，而且还能减少人为干扰的可能性。校正结果如图 6-16 所示。

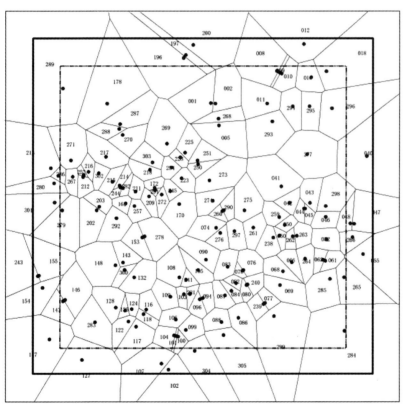

图 6-16　2277 号样地边缘校正图

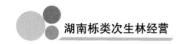

6.4.5.2 空间结构单元的确定

统计2277号样地中14期数据每株中心木的相邻木，结果如表6-51所示。

表6-51 2277号样地邻近木株数

树种	胸径(cm)	样木号	邻近木ID	邻近木株数
栎类	21.8	001	200、269、225、268、002、197、196	7
杨树	9.2	002	001、200、011、268、008	5
栎类	9.5	005	041、273、251、225、293、268	6
桦木	13.4	008	012、200、011、002、009	5
桦木	12.4	009	012、011、010、008	4
桦木	21.5	010	012、011、294、016、009	5
栎类	14.8	011	293、268、002、294、010、009、008	7
栎类	9.6	012	200、018、016、010、009、008	6
栎类	18.5	016	295、012、296、294、018、010	6
栎类	10.8	018	012、296、016	3
…	…	…	…	…
漆树	5.6	294	295、011、277、293、016、010	6

邻近木株数最多的有10株，最少的有3株，邻近木株数在4~7株之间的林木占86.7%，而邻近木株数为4株的林木仅有16%。若按照传统的4邻木计算，对于林分空间结构描述就会产生极大的偏差。通过Voronoi图计算得出的空间结构单元才能更加切实的描述林分中每株林木的分布情况。

6.4.5.3 全混交度的分析

传统的简单混交度只能辨别中心木与相邻木之间是否为同一树种，树种多样性混交度在简单混交度的基础上加入了树种多样性，可以辨别中心木与相邻木之间是否为同一树种，汤孟平等在2012年提出的全混交度，可以用来辨别中心木与每一株相邻木之间，每株相邻木与相邻木之间是否为同一树种。在定义混交强度时，按照混交度大小分为四种混交强度，即全混交度在(0~0.25)时为弱度混交；全混交度在[0.25~0.5)时为中度混交；全混交度在[0.5~0.75)时为强度混交；全混交度在[0.75~1)时为极强度混交。2277样地一共150株林木，其中经过边缘校正后有21株林木在缓冲区外，作为边缘木不参与计算。剩下的林木中，有34株林木全混交度为0，全为栎类。除去21株边缘木和34株0全混交度的栎类，剩下的样木按全混交度分布频数统计结果如表6-52，可以得出：①2277号样地中，林分全混交度平均为$\bar{M}=0.1596$属于弱度混交，而该林分中栎类为主要树种，占所有树种的75.6%，也属于弱度混交，由于林分中栎类较多，所以全混交度较低；②其他树种主要为中度混交，强度混交的树种株数较少；③2277号样地中没有极强度混交的林木，原因不仅因为栎类树种较多，其他树种株数过少也是造成这一方面的原因。

表 6-52 全混交度分析

树种名称	全混交度分布频数（株）			
	(0, 0.25]	(0.25, 0.5]	(0.5, 0.75]	(0.75, 1]
栎类	57	8	1	0
桦木	5	8	1	0
杨树	1	5	1	0
漆树	1	2	1	0
板栗	0	2	1	0
楠木	0	1	0	0

6.4.5.4 大小比数分析

大小比数的定义为：当相邻木 j 小于中心木 i 时，$k_{ij} = 0$；否则为 1。大小比数决定了中心木 i 是否处于竞争的优势位，大小比数越小说明中心木 i 直径越大，与相邻木 j 的竞争能力越强；反之，大小比数越大说明中心木 i 直径越小，与相邻木 j 的竞争能力越弱。当中心木 i 的大小比数 $U_i = 0$ 时，说明它周围的相邻木 j 的直径均比中心木 i 的小，那么中心木 i 极大概率为大径材林木。2277 号样地中大小比数平均为 $\bar{U} = 0.5086$，但 $U_i = 0$ 的中心木有 21 株，其中栎类占 20 株，桦木 1 株，由此可见，栎类占有整个林分中的绝对优势。从表 6-53 中可以看出，栎类的大径材林木较多，竞争能力强，处于竞争的优势位；桦木处于亚优势位，漆树、板栗、楠木等处于竞争劣势位，从林分整体的结构来看，为了保证树种多样性，林木的大小比数必须要持适中即大小比数趋于 0.5，这样使得大小林木分布更为均匀，减轻大小林木直径的竞争压力，让处于竞争劣势位的林木也能存活下来。

表 6-53 大小比数分析

树种名称	大小比数分布频数（株）			
	(0, 0.25]	(0.25, 0.5]	(0.5, 0.75]	(0.75, 1]
栎类	14	22	23	21
桦木	5	0	6	2
杨树	1	0	1	5
漆树	0	0	0	4
板栗	0	1	0	2
楠木	0	1	0	0

6.4.5.5 竞争指数分析

竞争指数直接地描述了单木之间竞争养分的能力，竞争指数的值越大，表明中心木 i 受到的竞争压力越大。适当的竞争可以促进林木之间的生长，但是过强的竞争压力则会抑制林木生长，会使得一些林木无法获取足够的养分，导致林木生长发育不良，影响其干型生长，对病虫害的抵抗能力也相应较弱，严重时会导致林木枯死。本研究用 Hegyi 竞争指数计算 2277 号样地林木竞争强度时竞争指数最大为 $CI = 32.6606$，$10 < CI < 32.6606$ 占

17.05%，剩下 82.95% 的林木竞争指数在 [0，10] 之间，所以将竞争指数的值分在表 6-54 的 5 个区间进行分析。

竞争指数在 (0，2.5] 时为极弱度竞争；竞争指数在 (2.5，5] 时为弱度竞争；竞争指数在 (5，7.5] 时为中度竞争；竞争指数在 (7.5，1] 时为强度竞争；竞争指数大于 10 则为极强度竞争。从表 6-54 中可以看出，大多数栎类林木的竞争压力不大，少数栎类属于极强度竞争，除楠木之外的其他树种都存在极强度竞争的情况，在抚育间伐时，选取竞争强度大的林木作为间伐木，竞争强度大的栎类可以优先考虑。

表 6-54　竞争指数分析

树种名称	竞争指数分布频数（株）				
	(0，2.5]	(2.5，5]	(5，7.5]	(7.5，10]	[10，+∞)
栎类	10	52	15	7	16
桦木	2	5	4	1	2
杨树	0	2	2	2	1
漆树	0	0	1	1	2
板栗	1	0	1	0	1
楠木	1	0	0	0	0

6.4.5.6　空间分布格局分析

2014 年封尧对角尺度进行改进，提出利用 Voronoi 图计算角尺度描述林分空间分布格局的标准，当角尺度均值 $\overline{W}$ 小于 0.327 时，林木分布格局为均匀分布；当角尺度均值 $\overline{W}$ 的取值范围在 [0.327，0.357] 时，林木分布格局趋于随机分布；当角尺度均值 $\overline{W}$ 大于 0.357 时，林木分布格局为团状分布。在 2277 号样地中，林分的平均角尺度 $\overline{W}=0.3702$，所以林分为团状分布。由表 6-55 可以看出，林分中处于均匀分布的林木占 31.01%，处于随机分布的林木占 12.40%，而处于团状分布的林木占 56.59%。当林分处于团状分布时，林分中幼树较多，随着林木年龄增加，幼树长大，每株幼树所需要的养分也会随着增加，幼树之间会出现竞争，竞争失败的幼树会死亡。如果一开始就将本应该死亡的幼树间伐掉，那么多出的养分就可以被其他幼树吸收，有利于其他幼树的生长，所以在进行抚育间伐的时候可以优先考虑处于团状分布的，且生长较差的幼树间伐。

表 6-55　空间分布格局分析

树种名称	空间分布格局（株）		
	均匀分布	随机分布	团状分布
	[0，0.327)	[0.327，0.357]	(0.357，1]
栎类	31	12	57
桦木	4	1	9
杨树	3	1	3
漆树	2	1	1

（续）

树种名称	空间分布格局（株）		
	均匀分布	随机分布	团状分布
	[0, 0.327)	[0.327, 0.357]	(0.357, 1]
板栗	0	0	3
总计	40	16	73
占比（%）	31.01	12.40	56.59

6.4.5.7　林分空间结构优化

构建林分空间结构的指数有 4 个，对林分的调整目标为提质增量，不仅要改善林分的结构，还要释放林分的生长活力，那么空间结构模型必然是一个多目标规划的模型。林分中各个空间结构指数相互影响，使得多目标规划求出最优解难以实现，因在林分结构优化经营中，混交度越大，树种空间隔离程度越好；竞争指数越小，林木竞争压力降低；大小比数越小，林木径阶分布越合理；同时调整角尺度，让林分越趋于均匀分布，则林分结构越好。故采用乘除法的原理进行模型构建，将需要增大的指数放在分子位，需要降低的指数放在分母位。

（1）目标函数的确定

Heuserr（1998）研究表明，结构多样性指数及其标准差可以描述经营活动后的林分结构和动态，因此在林分空间结构优化经营模型中利用全混交度、角尺度、大小比数和竞争指数 4 个空间结构指数与其相对应的标准差来描述林分的动态结构。并按照乘除法的原理，对以上 4 个子目标进行综合。同时为了让大小林木分布均匀，将大小比数的目标值设为 0.5；为了让林分空间分布格局处于随机分布，则要使得角尺度趋近于 0.35。综合以上要求构建的空间结构模型公式为：

$$Q(i) = \frac{\dfrac{M(i)}{\sigma_m}}{CI(i) \times \sigma_{CI} \times |U(i) - 0.5| \times \sigma_{|U-0.5|} \times |W(i) - 0.35| \times \sigma_{|W-0.35|}} \qquad (6\text{-}53)$$

式中：M 为林分全混交度；σ_M 为全混交度标准差；CI 为林分竞争指数；σ_{CI} 为林分竞争指数标准差；U 为林分大小比数；$\sigma_{|U-0.5|}$ 为大小比与 0.5 差值绝对值的标准差；W 为林分角尺度；$\sigma_{|W-0.35|}$ 为角尺度与 0.35 差值绝对值的标准差。

为了防止林木的某个空间结构指数取值为零导致整个公式的值为零或者公式无意义，所以将每一个空间结构指数取值均加 1。

$$Q(i) = \frac{\dfrac{1 + M(i)}{\sigma_m}}{[1 + CI(i)] \times \sigma_{CI} \times [1 + |U(i) - 0.5|] \times \sigma_{|U-0.5|} \times [1 + |W(i) - 0.35|] \times \sigma_{|W-0.35|}}$$

$$(6\text{-}54)$$

同时，在林分空间结构优化的目标函数外，还需要一些约束条件，包括树种多样性、直径结构、间伐强度的约束。其用数学模型描述为：

目标函数：
$$\max Z = Q(i) \tag{6-55}$$

约束条件：$D(i) = D_0$ 且间伐前后 q 值趋于稳定。

$$S(i) = S_0 \tag{6-56}$$

$$P \leqslant P_0 \tag{6-57}$$

林分断面积不能高于适宜断面积。

式中：$D(i)$ 为林分间伐后的径级个数；D_0 为林分间伐前的径级个数；q 为某一径级的株树与相邻较大径级株树之比；$S(i)$ 为林分间伐后树种个数；S_0 为林分间伐前的树种个数；P 为间伐强度；P_0 为规定的间伐强度，间伐强度不超过 30%。

（2）间伐木的确定标准

①计算样地中每株林木的综合空间结构指数（边缘木只作为相邻木，而不作为中心木参与计算）。将单株的综合空间结构指数值最低的林木作为拟定间伐木。

②假设拟定间伐木被伐除后，检查伐后的林分树种是否减少，同时判断是否满足约束条件，若以上条件均满足，则将其确定为间伐木。否则将其作为保留木，并综合空间结构指数除了保留木之外最低的林木作为拟定间伐木，继续按上述条件判断其是否为间伐木。

③在两株或多株综合空间结构指数相近的林木选取其中之一作为间伐木时，竞争压力过大，分布格局为团状分布，处于竞争劣势位（即大小比数大于 0.5）的小径阶栎类可以优先考虑作为间伐木。

④确定完一株间伐木后，林分的空间结构会发生改变，需要重新生成新的 Voronoi 图，计算新的综合空间结构指数，重复以上的①②③步骤。

⑤直到将林分断面积间伐至适宜断面积附近时，停止间伐。此时林分的结构调整结束。

6.4.5.8 结果分析

（1）空间结构指数变化

以 2277 号样地的 2014 年数据为例。林分中主要有栎类、桦木、漆树、杨树等树种，其中栎类为主要树种，占 76.7%，其他树种占 23.3%。林分平均直径 11.8cm，栎类平均直径 12.4m，其中栎类直径最大的有 22.3cm。对林木径阶统计，从 6 径阶开始一直到 24 径阶，一共 10 个径阶。

林分中全混交度平均为 0.1569，大小比数平均为 0.5086，角尺度平均 0.3702，竞争指数平均 6.3774，综合空间指数平均 5.4855。

为了能更直观地反映样地 2004 年至 2014 年样地三期数据不同的空间指数变化情况，在作图时，统一将竞争指数与综合空间指数缩小 10 倍，如图 6-17 所示，随时间推移，林分内幼树增加，老树枯死，林分的全混交度有所增加，大小比数上下波动，角尺度几乎没有变化，竞争指数有所降低，林分的综合空间指数有减有增，表明林分结构随着时间推移，林分结构也有细微的变化，但是结构变化较为随机且结构变化幅度不大。如果放任不管，让其结构自然改变，则在短时间内林分结构无法得到优化，不利于林木生长。故林分需要进行抚育间伐，人为地选定抚育间伐木以调整优化林分结构。

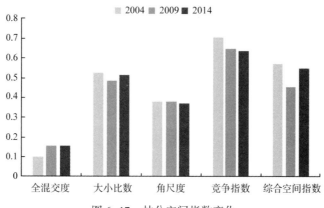

图 6-17　林分空间指数变化

（2）间伐木的确定标准

林分间伐木选取需要遵循空间结构优化模型的约束条件，即设置约束条件时，应综合考虑林分空间结构的约束条件和非空间结构的约束条件。在空间结构约束条件中，要保证林分的全混交度要提高、林分整体的竞争强度要降低、林分的林木大小多样性要分布均匀、林分的水平分布格局趋于随机分布状态；而在非空间结构中需要考虑保持林分的树种个数不能减少，林分的 q 值变化不能过大。

因此林分间伐木的选取要能保证：调整角尺度由聚集分布向随机分布发展，扩大林分的树种混交程度，减小林木间的竞争指数，保证树种的生长空间。以样地 2014 年数据为例。通过 Voronoi 图计算得出的全混交度平均为 0.1596，平均大小比数为 0.5086，平均角尺度 0.3702，平均竞争指数为 6.3774，平均空间综合结构指数为 5.4855。在角尺度调整林木趋于随机分布的基础上，将混交度<0.1596 的树优先伐除，同时将空间结构指数最低的林木作为拟定间伐木，若拟定间伐木的综合指数相近时，小径阶的栎类，全混交度趋于 0，大小比数趋于 1，竞争指数大于 10，角尺度大于 0.3702 的林木可以优先作为间伐木选取。并且每确定一株间伐木后需要重新计算样地的空间结构，因为每间伐一株林木后，林分内空间结构都将改变。

（3）间伐量及间伐株数的确定

9 地位指数的 2277 号样地 2014 年的林分年龄为 44 年，样地中林分总断面积为 29.317m²/hm²。此时 9 地位指数的适宜断面积为 27.174m²/hm²，将高于适宜断面积的部分作为最大间伐量，为 2.143m²/hm²，确定间伐木 21 株，间伐断面积为 2.126m²/hm²，株数间伐强度为 16.27%，间伐木信息如表 6-56，间伐原因如表 6-57 所示，间伐木位置如图 6-18 所示。

表 6-56　间伐木信息

树种	胸径（cm）	树木 ID	树木 ID	全混交度	大小比数	角尺度	竞争指数	单木空间指数
桦木	12.4	009	中心木	0.2450	0.7500	0.0000	13.3362	1.9060
栎类	12.2	045	中心木	0.1025	0.5000	0.2500	15.2652	2.2822
栎类	14.5	076	中心木	0.1193	0.0000	0.4286	11.1547	2.1080
栎类	13.1	078	中心木	0.0678	0.4000	0.4000	13.6202	2.3419
栎类	7.1	080	中心木	0.1582	1.0000	0.3333	18.2805	1.4588

（续）

树种	胸径(cm)	树木ID	树木ID	全混交度	大小比数	角尺度	竞争指数	单木空间指数
栎类	6.5	101	中心木	0.0000	0.8000	0.2000	32.6606	0.7360
栎类	6.2	106	中心木	0.0223	1.0000	0.5556	11.5703	1.6657
杨树	9.6	290	中心木	0.2850	0.2500	0.5000	24.5751	1.2945
漆树	7.5	291	中心木	0.3542	1.0000	0.0000	14.3437	1.6141
…	…	…	…	…	…	…	…	…
栎类	5.1	303	中心木	0.0000	1.0000	0.2000	10.2007	1.9168

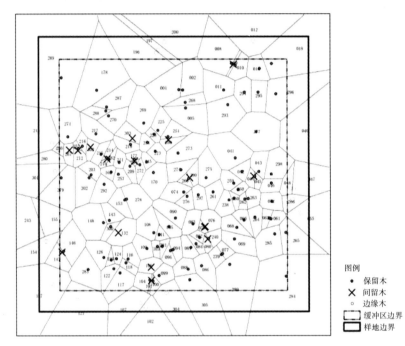

图例
- 保留木
× 间留木
○ 边缘木
▢ 缓冲区边界
▢ 样地边界

图6-18　间伐木位置图

表6-57　样木间伐原因

树种	胸径(cm)	树木ID	树木ID	间伐理由
桦木	12.4	009	中心木	与8、10号样木靠得太近，呈团状分布，竞争压力大
栎类	12.2	045	中心木	被44号样木挤压
栎类	14.5	076	中心木	大小比数为0，被78号样木挤压，竞争压力过大
栎类	13.1	078	中心木	被76号样木挤压，竞争压力过大
栎类	7.1	080	中心木	被240号样木挤压，大小比数过大，竞争压力过大
栎类	6.5	101	中心木	零混交度，竞争压力过大
栎类	6.2	106	中心木	大小比数过大，综合指数太小
杨树	9.6	290	中心木	竞争压力过大
漆树	7.5	291	中心木	被周围邻木挤压
…	…	…	…	…
栎类	5.1	303	中心木	零混交度，大小比数过大

样地间伐前后空间指数对比通过表6-58和图6-19可以看出，全混交度与间伐前比有所上升，因为样地树种数较少，所以全混交度较伐前比提高不多。大小比数和角尺度的变化也不大，但也向着目标要求靠近。将竞争强度大的林木间伐掉，可以改善林木之间的竞争压力，剩下的保留木生存空间得到改善，竞争指数随之大幅降低，综合空间指数相应增加，表明通过此次间伐能够在一定程度上改善林分空间结构。但是一次抚育间伐不能够实现我们对林分全过程结构优化的目的要求，需要经过长时间的多次抚育间伐才能使得林分空间结构得到大幅改善。

表6-58 间伐前后样地空间指数变化

结构指数	伐前	伐后	变化趋势	变化幅度（%）
径阶数	10	10	不变	
树种数	7	7	不变	
全混交度	0.1569	0.1627	增加	3.70
大小比数	0.5086	0.5064	略微降低	0.43
角尺度	0.3702	0.3685	略微降低	0.46
竞争指数	6.3774	4.3532	大幅降低	31.74
综合指数	5.4855	14.2691	大幅增加	160.12

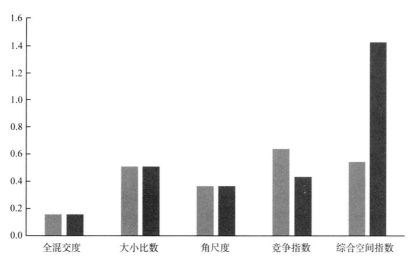

图6-19 结构调整后与未调整之前的空间结构对比

6.4.5.9 抚育间伐前后的生长量变化

表6-59是根据林分相容性生长收获模型分别对2277号样地2014年数据间伐前和间伐后的断面积进行5年和10年的预测。

表 6-59　间伐前后样地生长量预测

年龄间距 （年）	间伐对比	G_1 （m^2/hm^2）	G_2 （m^2/hm^2）	M_1 （m^3/hm^2）	M_2 （m^3/hm^2）	G_2-G_1 （m^2/hm^2）	M_2-M_1 （m^3/hm^2）
44~49	未间伐	29.317	31.127	134.632	148.315	1.810	13.683
	间伐后	27.174	29.076	125.109	138.860	1.902	13.751
44~54	未间伐	29.317	32.684	134.632	160.486	3.367	25.854
	间伐后	27.174	30.724	125.109	151.174	3.550	26.065

表中 G_1、G_2 分别代表期初断面积和期末预测断面积；M_1、M_2 分别代表期初蓄积和期末预测蓄积。从表 6-59 中可以直观地看出，样地经过抚育间伐后，断面积和蓄积量减少了，但是它 5 年和 10 年的生长量比间伐前的样地的生长量要大。虽然林分断面积降低了，但是减少一部分断面积的同时可以改善林分的空间结构，同时也能使林分生长活力得到释放，生长量得到提高。

主要参考文献

白晓航，张金屯．小五台山森林群落优势种的生态位分析[J]．应用生态学报，2017，28（12）：3815-3826.

曹小玉，李际平，封尧，等．杉木生态公益林林分空间结构分析及评价[J]．林业科学，2015，51(7)：37-48.

陈秋夏，廖亮，郑坚，等．光照强度对青冈栎容器苗生长和生理特征的影响[J]．林业科学，2011，12：53-59.

陈永富，杨秀森．海南岛热带天然山地雨林立地质量评价研究[J]．林业科学研究，2000，13(2)：134-140.

迪玮峙，康冰，高妍夏，等．秦岭山地巴山冷杉林的更新特征及影响因子[J]．西北农林科技大学学报：自然科学版，2012，40(6)：71-78.

杜纪山，唐守正，王洪良．天然林区小班森林资源数据的更新模型[J]．林业科学，2000，36(2)：26-32.

杜纪山．林木生长和收获预估模型的研究动态[J]．世界林业研究，1999，12(4)：19-22.

段爱国，张建国．杉木人工林优势高生长模拟及多形地位指数方程[J]．林业科学，2004，40(6)：13-19.

段爱国，张建国，童书振．6种生长方程在杉木人工林林分直径结构上的应用[J]．林业科学研究，2003，16(4)：423-429.

方精云，刘国华，徐嵩龄．我国森林植被的生物量和净生产量[J]．生态学报，1996，16(5)：497-508.

冯宗炜，王效科，吴刚．中国森林生态系统的生物量和生产力[M]．北京：科学出版社，1999：11-110.

国家林业局．第八次全国森林资源清查结果[J]．林业资源管理，2014(1)：1-2.

韩广轩，王光美，毛培利，等．山东半岛北部黑松海防林幼龄植株更新动态及其影响因素[J]．林业科学，2010，46(12)：158-164.

洪伟，吴承祯．邻体干扰指数模型的改进及其应用研究[J]．林业科学，2001 (S1)：1-5.

胡满，曾思齐，龙时胜．青冈栎次生林主要树种空间分布格局及其关联性研究[J]．中南林业科技大学学报，2019，39(6)：66-71.

胡艳波，惠刚盈，戚继忠，等．吉林蛟河天然红松阔叶林的空间结构分析[J]．林业科学研究，2003(5)：523-530.

黄新峰，亢新刚，杨华，等．5个林木竞争指数模型的比较[J]．西北农林科技大学学报：自然科学版，2012，40(7)：127-134.

惠刚盈，冯佳多．森林空间结构量化分析方法[M]．北京：中国科学技术出版社，2003.

惠刚盈，胡艳波，赵中华，等．基于交角的林木竞争指数[J]．林业科学，2013，49(6)：68-73.

惠刚盈. 角尺度——一个描述林木个体分布格局的结构参数[J]. 林业科学, 1999(1): 39-44.

惠刚盈. 一个新的林分空间结构参数——大小比数[J]. 林业科学研究, 1999, 1: 4-9.

金艳强, 包维楷. 四川柏木人工林林下植被生物量与林分结构的关系[J]. 生态学报, 2014, 34(20): 5849-5859.

康冰, 刘世荣, 王得祥, 等. 秦岭山地典型次生林木本植物幼苗更新特征[J]. 应用生态学报, 2011, 22(12): 3123-3130.

康冰, 王得祥, 崔宏安, 等. 秦岭山地油松群落更新特征及影响因子[J]. 应用生态学报, 2011, 22(7): 1659-1667.

康冰, 王得祥, 李刚, 等. 秦岭山地锐齿栎次生林幼苗更新特征[J]. 生态学报, 2012, 32(9): 2738-2747.

雷相东, 李希菲. 混交林生长模型研究进展[J]. 北京林业大学学报, 2003, 25(3): 105-110.

雷相东, 唐守正. 林分结构多样性指标研究综述[J]. 林业科学, 2002(3): 140-146.

雷相东, 唐守正, 符利勇, 等. 森林立地质量定量评价——理论方法应用[M]. 北京: 中国林业出版社, 2020.

黎芳, 潘萍, 宁金魁, 等. 飞播马尾松林林分空间结构对林下植被多样性的影响[J]. 东北林业大学学报, 2016(11): 31-35, 40.

李春明, 李利学. 基于非线性混合模型的栓皮栎树高与胸径关系研究[J]. 北京林业大学学报, 2009(4): 7-12.

李际平, 房晓娜, 封尧, 等. 基于加权 Voronoi 图的林木竞争指数[J]. 北京林业大学学报, 2015, 3: 61-68.

李建军, 张会儒, 刘帅, 等. 基于改进 PSO 的洞庭湖水源涵养林空间优化模型[J]. 生态学报, 2013, 33(13): 4031-4040.

李希菲, 洪玲霞. 用哑变量法求算立地指数曲线族的研究[J]. 林业科学研究, 1997, 10(2): 215-219.

李希菲, 唐守正, 王松龄. 大岗山实验局杉木人工林可变密度收获表的编制[J]. 林业科学研究, 1988, 1(4): 382-389.

李霄峰, 胥晓, 王碧霞, 等. 小五台山森林落叶层对天然青杨种群更新方式的影响[J]. 植物生态学报, 2012, 36(2): 109-116.

励龙昌, 郝文康. 以单木生长模型模拟林分生长[J]. 东北林业大学学报, 1991(3): 21-27.

林开敏. 洪伟, 俞新妥, 等. 杉木人工林林下植物生物量的动态特征和预测模型[J]. 林业科学, 2001, 37(S1): 99-105.

刘凤娇, 孙玉军. 林下植被生物量研究进展[J]. 世界林业研究, 2011, 24(2): 53-58.

刘红润, 李凤日. 红松天然林种内和种间竞争关系的研究[J]. 植物研究, 2010, 4: 479-484.

刘洵，曾思齐，龙时胜，等．湖南省栎类天然次生林胸径地位指数表研制［J］．森林与环境学报，2019（3）：265-272.

龙时胜，曾思齐，甘世书，等．基于林木多期直径测定数据的异龄林年龄估计方法［J］．中南林业科技大学学报，2018，38（9）：1-8.

陆元昌，雷相东，国红，等．西双版纳热带雨林直径分布模型［J］．福建林学院学报，2005，25（1）：1-4.

吕勇，钱升平，吕飞舟，等．青冈栎次生林林木综合竞争压力指数研究［J］．中南林业科技大学学报，2017，37（10）：1-6.

马姜明，刘世荣，史作民，等．川西亚高山暗针叶林恢复过程中岷江冷杉天然更新状况及其影响因子［J］．植物生态学报，2009，33（4）：646-657.

马炜，孙玉军．长白落叶松人工林立地指数表和胸径地位级表的编制［J］．东北林业大学学报，2013，41（12）：21-25.

马武，雷相东，徐光，等．蒙古栎天然林单木生长模型的研究——Ⅱ．树高—胸径模型［J］．西北农林科技大学学报：自然科学版，2015，43（3）：59-64.

孟宪宇，张弘．天然异龄兴安落叶松林地位质量评估方法的研究［J］．北京林业大学学报，1993，15（2）：46-53.

孟宪宇．测树学（第三版）［M］．北京：中国林业出版社，2006.

欧阳君祥．天然次生林择伐木的控制技术［J］．中南林业科技大学学报，2015，8：32-35.

欧芷阳，庞世龙，谭长强，等．林分结构对桂西南蚬木种群天然更新的影响［J］．应用生态学报，2017，28（10）：3181-3188.

邵国凡，赵士洞，舒噶特．森林动态模拟：兼论红松林的优化经营［M］．北京：中国林业出版社，1995.

汤孟平，娄明华，陈永刚，等．不同混交度指数的比较分析［J］．林业科学，2012，48（8）：46-53.

汤孟平，唐守正，雷相东，等．林分择伐空间结构优化模型研究［J］．林业科学，2004（5）：25-31.

汤孟平，周国模，陈永刚，等．基于 Voronoi 图的天目山常绿阔叶林混交度［J］．林业科学，2009，45（6）：1-5.

汤孟平．森林空间结构分析［M］．北京：科学出版社，2003.

唐守正，朗奎建，李海奎．统计和生物数学模型计算［M］．北京：科学出版社，2009.

唐守正，李希菲，孟昭和．林分生长模型研究的进展［J］．林业科学研究，1993（6）：672-679.

唐守正．广西大青山马尾松全林整体模型及其应用［J］．林业科学研究：森林资源现代化经营管理增刊，1991，4：8-13.

汪金松，范秀华，范娟，等．林木竞争对臭冷杉生物量分配的影响［J］．林业科学，2012，48（4）：14-20.

王冬至，张冬燕，张志东，等．基于非线性混合模型的针阔混交林树高与胸径关系［J］．

林业科学，2016，52（1）：30-36.

王飞，惠淑荣，韩玉库，等．利用修正指数分布描述长白山阔叶异龄林的林分结构［J］．沈阳农业大学学报，2005（1）：60-63.

王贺新，李根柱，于冬梅，等．枯枝落叶层对森林天然更新的障碍［J］．生态学杂志，2008，27（1）：83-88.

王明亮，李希菲．非线性树高曲线模型的研究［J］．林业科学研究，2000，13（1）：74-79.

王明亮，唐守正．标准树高曲线的研制［J］．林业科学研究，1997，10（3）：259-264.

王晓霞，张钦弟，毕润成，等．山西稀有濒危植物脱皮榆种内和种间竞争［J］．生态学杂志，2013，7：1756-1761.

王妍，杨华，李艳丽，等．基于结构方程模型的林木竞争指标研究［J］．北京林业大学学报，2015：28-37.

向博文，曾思齐，甘世书，等．湖南次生栎林空间结构优化［J］．中南林业科技大学学报，2019，39（8）：33-40.

肖锐，陈东升，李凤日，等．基于两水平混合模型的杂种落叶松胸径和树高生长模拟［J］．东北林业大学学报，2015，43（5）：33-37.

肖之强，石明，代俊，等．滇中雕翎山半湿润常绿阔叶林木本植物幼苗更新特征［J］．西南林业大学学报，2017，37（3）：53-58.

胥辉，全宏波，王斌．思茅松标准树高曲线的研究［J］．西南林学院学报，2000，20（2）：74-77.

徐振邦，代力民，陈吉泉，等．长白山红松阔叶混交林森林天然更新条件的研究［J］．生态学报，2001，21（9）：1413-1420.

杨昆，管东生，等．林下植被的生物量分布特征及其作用［J］．生态学杂志，2006，25（10）：1252-1256.

于飞，王得祥，史晓晓，等．不同生态条件下松栎混交林3种优势乔木种群的更新规律［J］．西北植物学报，2013，33（5）：1020-1026.

曾思齐，李俊，李东丽，等．南方集体林区南酸枣次生林林分结构研究［J］．中南林业科技大学学报，2012，32（4）：1-6.

曾伟生，唐守正．东北落叶松和南方马尾松地下生物量模型研建［J］．北京林业大学学报，2011，33（2）：1-6.

张柳桦，齐锦秋，李婷婷，等．林分密度对新津文峰山马尾松人工林林下物种多样性和生物量的影响［J］．生态学报，2019，39（15）：5709-5717.

张树梓，李梅，张树彬，等．塞罕坝华北落叶松人工林天然更新影响因子［J］．生态学报，2015，35（16）：5403-5411.

张思玉，郑世群．笔架山常绿阔叶林优势种群种内种间竞争的数量研究［J］．林业科学，2001，37（S1）：185-188.

张泽浦，方精云，菅诚．邻体竞争对植物个体生长速率和死亡概率的影响：基于日本落叶松种群试验的研究［J］．植物生态学报，2000（3）：340-345.

郑景明，张春雨，周金星，等．云蒙山典型森林群落垂直结构研究[J]．林业科学研究，2007，20(6)：768-774．

郑景明，周志勇，田子珩，等．北京山地天然栎林垂直结构研究[J]．北京林业大学学报，2010(S1)：67-70．

周国模，刘恩斌，施拥军，等．基于最小尺度的浙江省毛竹生物量精确估算[J]．林业科学，2011，47(1)：1-5．

周红敏，惠刚盈，赵中华，等．林分空间结构分析中样地边界木的处理方法[J]．林业科学，2009，45(2)：1-5．

周荣伍，安玉涛，王浩，等．西山国家森林公园人工侧柏林种内与种间竞争的数量关系[J]．北京林业大学学报，2010，6：27-32．

朱光玉，徐奇刚，吕勇．湖南栎类天然次生林林分空间结构对灌木物种多样性的影响[J]．生态学报，2018，38(15)：5404-5412．

朱光玉，吕勇，林辉，等．三种线性模型在杉木与马尾松地位指数相关关系研究中的比较[J]．生态学报，2010，30(21)：5862-5867．

朱光玉，徐奇刚，吕勇，等，湖南栎类天然次生林林分空间结构对灌木物种多样性的影响[J]．生态学报，2018(15)：5404-5412．

朱凯月，王庆成，吴文娟．林隙大小对蒙古栎和水曲柳人工更新幼树生长和形态的影响[J]．林业科学，2017，53(4)：150-157．

庄崇洋，黄清麟，马志波，等．典型中亚热带天然阔叶林各林层直径分布及其变化规律[J]．林业科学，2017，53(4)：18-27．

庄崇洋，黄清麟，马志波，等．林层划分方法综述[J]．世界林业研究，2014，27(6)：34-40．

庄崇洋，黄清麟，马志波，等．中亚热带天然阔叶林林层划分新方法——最大受光面法[J]．林业科学，2017，53(3)：1-11．

邹春静，韩士杰，张军辉．阔叶红松林树种间竞争关系及其营林意义[J]．生态学杂志，2001，20(4)：35-38．

邹春静，徐文铎．沙地云杉种内、种间竞争的研究[J]．植物生态学报，1998，22(3)：269-274．

Adame P, Mirendel R, Cañellas I. A mixed nonlinear height-diameter model for pyrenean oak (*Quercus pyrenaica* Willd.)[J]. Forest Ecology and Management, 2008, 256：88-98.

Andersen H E, McGaughey R J, Reutebuch S E. Forest measurement and monitoring using high-resolution airborne lidar[J]. USDA Forest Service, Pacific Northwest Research Station, General Technical Report, 2005, 642：109-120.

Andrés B O, Tomé M, Bravo F, et al. Dominant height growth equations including site attributes in the generalized algebraic difference approach[J]. Canadian Journal of Forest Research, 2008, 38(9)：2348-2358.

Arney J D. Quantifying competitive stress for Douglas-fir tree and stand growth prediction[J].

Submitted to Forest Science, 1973.

Ashton P S, Hall P. Comparisons of structure among mixed dipterocarp forests of north-western Borneo[J]. Journal of Ecology, 1992: 459-481.

Austin M P, Cunningham R B, Fleming P M. New approaches to direct gradient analysis using environmental scalars and statistical curve-fitting procedures [J]. Vegetatio, 1984, 55: 11-27.

Baker P J, Wilson J S. A quantitative technique for the identification of canopy stratification in tropical and temperate forests[J]. Forest Ecology and Management, 2000, 127(1): 77-86.

Bella I E. A new competition model for individual trees[J]. Forest Science, 1971, 17(3): 364-372.

Berrill J P, O'Hara K L. Estimating site productivity in irregular stand structures by indexing the basal area or volume increment of the dominant species [J]. Canadian Journal of Forest Research, 2014, 44(1): 92-100.

Biging G S, Dobbertin M. A Comparison of Distance-Dependent Competition Measures for Height and Basal Area Growth of Individual Conifer Trees [J]. Forest Science, 1992, 38(3): 695-720.

Bischof H, Bertin E, Bertolino P. Voronoi pyramids and Hopfield networks [P]. Pattern Recognition, 1994. Vol. 3 - Conference C: Signal Processing, Proceedings of the 12th IAPR International Conference on, 1994.

Brown J H, Stires J L. Notes: A Modified Growth Intercept Method for Predicting Site Index in Young White Pine Stands[J]. Forest Science, 1981, 27(1): 162-166.

Bruce D, Wensel L C. Modelling forest growth: approaches, definitions and problems[J]. In proceeding of IUFRO conference: Forest growth modelling and prediction, 1987(1): 1-8.

Bryndum H. Buchendurchforstungsversuche in Dänemark[J]. Allg Forst Jagdztg 1987, 158: 115-121.

Bull H. The use of polymorphic curves in determining site quality in young red pine plantations [J]. J Agric Res, 1931, 43: 1-29.

Buongiorno J. Growth and management of mixed species, uneven aged forests in the French Jura: implications for economic returns and tree diversity[J]. For Sci, 1995, 41(3): 397-429.

Calamaa R, Cañadasb N, Monteroa G. Inter-regional variability in site index models for even-aged stands of stone pine(*Pinus pinea* L.) in Spain[J]. Ann For Sci, 2003, 60: 259-269.

Cortini F, Comeau P G. Evaluation of competitive effects of green alder, willow and other tall shrubs on white spruce and lodgepolepine in Northern Alberta [J]. Forest Ecology and Management, 2008, 255(1): 82-91.

Davis T A W, Richards P W. The vegetation of Moraballi Creek, British Guiana: an ecological study of a limited area of tropical rain forest. Part I [J]. The Journal of Ecology, 1933: 350-384.

DeBell D S, Harrington C A. Density and rectangularity of planting influence 20-year growth and development of red alder[J]. Can J For Res, 2002, 32: 1244-1253.

Denslow J S, Sandra G G. Variation in stand structure, light and seedling abundance across a tropical moist forest chronosequence, panama[J]. Journal of Vegetation Science, 2000, 11 (2): 201-212.

Du X J, Guo Q F, Gao X M, et al. Seed rain, soil seed bank, seed loss and regeneration of *Castanopsis fargesii* (Fagaceae) in a subtropical evergreen broad—leaved forest[J]. Forest Ecology and Management, 2007, 238(1/3): 212-219.

Economou A. Growth intercept as an indicator of site quality for planted and natural stands of *Pinus nigra* var. *pallasiana* in Greece[J]. Forest Ecology and Management, 1990, 32(2): 103-115.

Eriksson H, Johansson U, Kiviste A. A site- index model for pure and mixed stands of Betula pendula and Betula pubescens in Sweden[J]. Scandinavian Journal of Forest Research, 1997, 12(2): 149-156.

Evans C F C. Distance to Nearest Neighbor as a Measure of Spatial Relationships in Populations [J]. Ecology, 1954, 35(4): 445-453.

Favrichon V. Modelling the dynamics and species composition of at ropical mixed species uneven aged natural forest: effects of alternative cuting regimes [J]. For Sci, 1998, 44 (1): 113-124.

Foster R W. Relation between site indices of eastern white pine and red maple[J]. Forest Science, 1959, 5: 279-281.

Gadow K V. Evaluating risk in forest planning models[J]. Silva Fennica, 2000, 34 (2): 181-191.

Gehrhardt E. Ueber Bestandes-Wachstumsgesetze und ihre Anwendung zur Aufstellung von Ertragstafeln[J]. Allg Forst Jagdztg, 1909, 85: 117-128.

Gehrhardt E. Eine neue Kiefern-Ertragstafel[J]. Allg Forst Jagdztg, 1921, 97: 145-156.

Gourlet S, Houllier F. Modelling diameter increment in a lowland evergreen rain forest in French Guiana[J]. For Ecol Manage, 2000, 131: 269-289.

Greene D F, Kneeshaw D D, Messier C, et al. Modelling silvicultural alternativesfor conifer regeneration in boreal mixedwood stands (aspen/white spruce/balsam fir) [J]. Forestry Chronicle, 2002, 78(2): 281-295.

Guo J, Wang J R. Comparison of height growth and growth intercept models of jack pine plantations and natural stands in northern Ontario[J]. Canadian journal of forest research, 2006, 36(9): 2179-2188.

Haara A, Maltamo M, Tokola T. The K-nearest-neighbour method for estimating basal-area diameter distribution[J]. Scandinavian Journal of Forest Research, 1997, 12(2): 200-208.

Harrington C A, Reukema D L. Initial shock and long-term stand development following thinning in a Douglas-fir plantation[J]. For Sci, 1983, 29: 33-46.

Hof, Bevers. Optimizing Forest Stand Management With Natural Regeneration and Single-Tree Choice Variables[J]. Forest Science, 2000, 46(2): 168-175.

Huang S, Titus S J. An index of site productivity for uneven-aged or mixed-species stands[J]. Can J For Res, 1993, 23(3): 558-562.

Huang S M, Titus S J. An individual tree diameter increment model for white spruce in Alberta [J]. Can J For Res, 1995, 25: 1455-1465.

Huuskonen S, Miina J. Stand-level growth models for young Scots pine stands in Finland [J]. Forest Ecology and Management, 2007, 241: 49-61.

Ishii H T, Tanabe S, Hiura T. Exploring the relationships among canopy structure, stand productivity, and biodiversity of temperate forest ecosystems[J]. Forest Science, 2004, 50 (3): 342-355.

Iwański M, Rudawska M. Ectomycorrhizal colonization of naturally regenerating *Pinus sylvestris* L. seedlings growing in different micro—habitats in boreal forest[J]. Mycorrhiza, 2007, 17(5): 461-467.

Johansson T. A site dependent top height growth model for hybrid aspen[J]. Journal of Forestry Research, 2013, 24(4): 691-698.

Kahriman A, Yavuz H, Ercanli I. Site index conversion equations for Picea abies and five broadleaved species in Sweden: Alnus glutinosa, Alnus incana, Betula pendula, Betula pubescens and Populus tremula[J]. Turk J Agric For, 2013, 37: 488-494.

Kerr G. Effects of spacing on the early growth of planted *Fraxinus excelsior* L. [J]. Can J For Res, 2003, 33: 1196-1207.

Knoke T, Plusczyk N. On economic consequences of transformation of a spruce [*Picea abies* (L.) Karst.] dominated stand from regular into irregular age structure [J]. Forest ecology and management, 2001, 151(1): 163-179.

Koike T, Kitao M, Maruyama Y, et al. Leaf morphology and photosynthetic adjustments among deciduous broad-leaved trees within the verticalcanopy profile[J]. Tree Physiology, 2001, 21 (12-13): 951-958.

Kooch Y. Ground Vegetation as Indicator of Soil Characteristics for an Ecological Site Classification of Southern Caspian Forests[J]. Annals of Biological Research, 2011.

Lanner R M. On the insensitivity of height growth to spacing[J]. For Ecol Manage, 1985, 13, 143-148.

Latham P A, Zuuring H R, Coble D W. A method for quantifying vertical forest structure[J]. Forest Ecology and Management, 1998, 104(1): 157-170.

Lemmon P E, Schumacher F X. Volume and diameter growth of ponderosa pine trees as influenced by site Index, density, age, and size[J]. Forest Science, 1962, 8: 237-249.

Lockhart B R, Guldiin J M, Foti T. Tree Species Composition and Structure in an Old Bottomland

Hardwood Forest in South-Central Arkansas[J]. Castanea, 2010, 75(3): 315−329.

Mailly D, Gaudreault M. Growth intercept models for black spruce, jack pine and balsam fir in Quebec[J]. The Forestry Chronicle, 2005, 81(1): 104−113.

Martin G L, EK A R. A comparison of comoetition measures and growth models for predicting plantation red pine diameter and height growth[J]. Forest Science, 1984, 30(3): 731−743.

Matsuda K, Shibuya M, Koike T. Maintenance and Rehabilitation of the Mixed Conifer-Broadleaf Forests in Hokkaido, Northern Japan[J]. Eurasian Journal of Forest Research, 2002, 5(2): 224−228.

McLintock T F, Bickford C A. 1957. A proposed site index for red spruce in the Northeast[J]. USDA For Serv Northeastern Exp Sta, Station Pap, 1975, 93: 30.

Mitchell K J. Dynamics and simulated yield of Douglas-fir[J]. For Sci Monogr, 1975, 17: 1−39.

Moore D M, Lees B G, Davey S M. A new method for predicting vegetation distributions using decision tree analysis in a geographic information system[J]. Environ Manage, 1990, 15: 59−71.

Mugasha W A, Eid T, Ole M, et al. Modelling diameter growth, mortality and recruitment of trees in miombo woodlands of Tanzania[J]. Journal of the South African Forestry Association, 2017, 79(1): 51−64.

Newham R M. The development of a stand model for Douglas-fir[J]. PhD thesis Forestry University B C, 1964, 21(5): 37−42.

Nigh G D. Site index conversion equations for mixed trembling aspen and white spruce stands in Northern British Columbia[J]. Silva Fennica, 2002, 36: 789−797.

Nilson K, Lundqvist L. Effect of stand structure and density on development of natural regeneration in two *Picea abies* Stands in Sweden[J]. Scandinavian Journal of Forest Research, 2001, 16(3): 253−259.

O'Brien M J, O'Hara K L, Erbilgin N, et al. Overstory and shrub effects on natural regeneration processes in native *Pinus radiata* stands[J]. Forest Ecology and Management, 2007, 240(1/3): 178−185.

Opie J E. Predictabilility of individual tree growth using various definitions of competing basal area[J]. Forest Science, 1968, 14(3): 314−323.

Ouzennou H, Pothier D, Raulier F. Adjustment of the age-height relationship for uneven-aged black spruce stands[J]. Canadian journal of forest research, 2008, 38(7): 2003−2012.

Perthuis de Laillevault R d. 1803 Traite' de l'ame'nagement et de larestauration des bois et forêts de la France[M]. Madame Huzard, 1803.

Peterson E B, Peterson N M, Weetman G F, et al. Ecology and Management of Sitka Spruce [M]. UBC Press, Vancouver, 1997.

Philip J Radtke, Harold E Burkhart. A comparison of methods for edge-bias compensation[J]. Canadian Journal of Forest Research, 1998, 28(6): 942−945.

Philip M S. Measuring Trees and Forests. 2nd edn[M]. CAB International Wallingford.

Pielou E C. Segregation and Symmetry in Two-Species Populations as Studied by Nearest-Neighbour Relationships[J]. Journal of Ecology, 1961, 49(2): 255-269.

Pommerening A . Evaluating structural indices by reversing forest structural analysis[J]. Forest Ecology and Management, 2006, 224(3): 0-277.

Pommerening A, Stoyan D. Reconstructing spatial tree point patterns from nearest neighbour summary statistics measured in small subwindows[J]. Canadian Journal of Forest Research, 2008, 38(5): 1110-1122.

Pommerening A. Approaches to quantifying forest structures [J]. Forestry, 2002, 75(3): 305-324.

Pretzsch H. Forest dynamics, growth and yield: from measurement to model[M]. Berlin: Springer, 2009.

Opie J E. Predictability of individual tree growth using various definitions of competing basal area [J]. Forest Science, 1968, 14(3): 314-323.

Reineke P J. Perfecting a Stand-Density Index for Evenaged Forests[J]. Agri Res, 1939, 46: 627-638.

Sjolte-Jørgensen J. The influence of spacing on the growth and development of coniferous plantations[J]. Int Rev For Res, 1967, 2: 43-94.

Skovsgaard J P, Vanclay J K. Forest site productivity: a review of the evolution of dendrometric concepts for even-aged stands[J]. Forestry, 2008, 81(1): 13-31.

Skovsgaard J P, Vanclay J K. Forest site productivity: a review of spatial and temporal variability in natural site conditions[J]. Forestry, 2013, 86(3): 305-315.

Souza D R, Souza A L, Gama J R V, et al. Multivariate analysis for vertical stratification of uneven-aged forests[J]. Revista Árvore, 2003, 27(1): 59-63.

Staebler G R. Growth and spacing in an even-aged stand of Douglas fir[D]. Master's Thesis, University of Michigan, 1951.

Temesgen H, Zhang C H, Zhao X H. Modelling tree height-diameter relationships in multi-species and multi-storeyed forests: a large observational study from Northeast China[J]. Forest Ecology and Management, 2014, 316: 78-89.

Tranquillini W. Physiological Ecology of the Alpine Timberline——Tree Existence at High Altitudes with Special Reference to the European Alps [M]. Berlin, Heidelberg: Springer, 1979.

Uzoh F C C, Oliver W W. Individual tree height increment model for managed even-aged stands of ponderosa pine throughout the western United States using linear mixed effects models[J]. Forest Ecology and Management, 2006, 221(1): 147-154.

Vanclay J K, Henry N B. Assessing site productivity of indigenous cypress pine forest in southern Queensland[J]. The Commonwealth Forestry Review, 1988: 53-64.

Vanclay J K. Assessing site productivity in tropical moist forests: a review[J]. Forest Ecology and Management, 1992, 54(1): 257-287.

Vanclay J K. Modelling forest growth and yield applications to mixed tropical forests[M]. CAB Int ernational, 1994.

Weiner J. Neighborhood interference amongst Pinus rigid individuals [J]. J Ecol, 1984, 72: 183-195.

Wiant H V, Ramirez M A, Barnard J E. Predicting oak site index by species composition in West Virginia J For, 1975, 73: 666-667.

Woolery M E, Olson K R, Dawson J O, et al. Using soil properties to predict forest productivity in southern Illinois[J]. Journal of soil and water conservation, 2002, 57(1): 37-45.

Yarie J. Boreal forest ecosystem dynamics. I. A new spatial model[J]. Canadian Journal of Forest Research, 2000, 30(6): 998-1009.

Zas R, Alonso M. Understory vegetation as indicators of soil characteristics in northwest Spain [J]. Forest Ecology & Management, 2002, 171: 101-111.

Zenner E K, Hibbs D E. A new method for modeling the heterogeneity of forest structure[J]. Forest Ecology and Management, 2000, 129(1-3): 0-87.

Zhu G, Hu S, Chhin S, et al. Modelling site index of Chinese firplantations using a random effects model across regional site types in Hunan province, China[J]. Forest Ecology and Management, 2019: 143-150.